全国高职高专建筑类专业规划教材

建筑工程量清单计量与计价

（第2版）

主　编　邵正荣　刘连臣　张碧莹
副主编　高传彬　武锡颖　孙　宵
　　　　李红娟　秦娇娇
主　审　吴志强

黄河水利出版社
·郑州·

内 容 提 要

本书是全国高职高专建筑类专业规划教材，是根据教育部对高职高专教育的教学基本要求及中国水利教育协会职业技术教育分会高等职业教育教学研究会组织制定的建筑工程量清单计量与计价课程标准编写完成的。本书根据《建设工程工程量清单计价规范》(GB 50500—2013)和《山西2018建筑工程预算定额及装饰工程预算定额》编写，全书由工程量清单与计价基础知识、建筑工程工程量清单计价、建筑工程工程量清单编制、装饰工程工程清单编制、工程量清单计价与招标投标等5个单元组成。

本书主要作为高职高专工程造价专业的教学用书，也可作为高职高专院校建筑工程管理专业、房地产经营与估价专业、建筑经济管理专业、建筑工程技术专业及工程监理等专业的教材，还可作为土建类工程技术人员继续教育和造价员岗位的培训教材以及作为造价管理人员和相关专业工程技术人员的参考书。

图书在版编目(CIP)数据

建筑工程量清单计量与计价/邵正荣，刘连臣，张碧莹主编. —2版. —郑州：黄河水利出版社，2018.5
全国高职高专建筑类专业规划教材
ISBN 978-7-5509-2042-2

Ⅰ.①建… Ⅱ.①邵… ②刘… ③张… Ⅲ.①建筑造价管理-高等职业教育-教材 Ⅳ.①TU723.31

中国版本图书馆CIP数据核字(2018)第107513号

组稿编辑：王路平 电话：0371-66022212 E-mail：hhslwlp@163.com

出 版 社：黄河水利出版社 网址：www.yrcp.com
地址：河南省郑州市顺河路黄委会综合楼14层 邮政编码：450003
发行单位：黄河水利出版社
发行部电话：0371-66026940、66020550、66028024、66022620(传真)
E-mail：hhslcbs@126.com
承印单位：河南承创印务有限公司
开本：787 mm×1 092 mm 1/16
印张：17.5
字数：400千字 印数：1—4 100
版次：2010年8月第1版 印次：2018年5月第1次印刷
2018年5月第2版

定价：45.00元

第2版前言

本书是贯彻落实《国家中长期教育改革和发展规划纲要(2010~2020年)》、《国务院关于加快发展现代职业教育的决定》(国发〔2014〕19号)、《现代职业教育体系建设规划(2014~2020年)》等文件精神,在中国水利教育协会指导下,由中国水利教育协会职业技术教育分会高等职业教育教学研究会组织编写的第二轮建筑类专业规划教材。本套教材力争实现项目化、模块化教学模式,突出现代职业教育理念,以学生能力培养为主线,体现出实用性、实践性、创新性的教材特色,是一套理论联系实际、教学面向生产的高职教育精品规划教材。

本书第1版自2010年8月出版以来,因其层次分明、条理清晰、结构合理,内容全面等特点,受到全国高职高专院校土建类专业师生及广大造价从业人员的喜爱。随着我国经济建设的发展,新规范、新材料、新技术、新方法不断推广应用;同时,职业教育的发展,也促使课程教学手段、方法不断更新,需要有新体例的教材与之相适应。为此,编者在第1版的基础上对原教材内容进行了全面修订和完善。

本教材修订后,具有以下特点:

针对性强:切合高职教育的培养目标,侧重技能传授,弱化理论,强化实践内容,强调对理论与实际相结合的"复合型人才"培养。

体例新颖:从人类常规的思维模式出发,对教材的内容编排进行全新的尝试,打破传统教材的编写框架,采用项目化案例任务驱动教学法;做到"教、学、做"一体;符合老师的教学要求,方便学生透彻地理解理论知识在实际中的运用。

内容立体:内容以项目化案例任务驱动教学模式,采取一套完整附图,贯穿整个教学内容的形式进行,理论与实训相结合,有效解决课堂教学与实训环节的脱节问题,使教材内容实用且符合行业发展的要求,实现"岗、课、证"相融通,从而达到提升技能型人才培养的目标。

本教材编写人员及编写分工如下:河南职业技术学院高传彬(单元1课题1.1、课题1.2),辽宁水利职业学院秦娇娇(单元1课题1.3、课题1.4),黄河水利职业技术学院李红娟(单元2),山西水利职业技术学院邵正荣(单元3课题3.1、课题3.2、课题3.3、课题3.4、课题3.5),河南水利与环境职业学院武锡颖(单元3课题3.6、课题3.7),山西水利职业技术学院孙宵(单元3课题3.8、课题3.9、课题3.10、课题3.11、课题3.12及附录),山东水利职业学院刘连臣(单元4),内蒙古机电职业技术学院张碧莹(单元5)。本书由邵正荣、刘连臣、张碧莹担任主编,并由邵正荣负责全书统稿,由四川水利职业技术学院吴志强担任主审。

本书在编写中引用了大量的规范、教材、专业文献和资料,恕未在书中一一注明。在此,对有关作者表示诚挚的谢意。对书中存在的缺点和疏漏,恳请广大读者批评指正。

编　者
2018 年 2 月

目 录

单元1　工程量清单计价基础知识

【知识要点】 工程量清单计价模式;建筑工程消耗量定额的概念、特性、编制原则、依据及步骤;人工、材料、机械台班消耗定额的确定;建筑工程消耗量定额的应用;建筑工程费用构成及计算方法;综合单价的计算。

【教学目标】 能够陈述工程量清单计价模式的基本内容;能够陈述定额的性质、作用、分类,正确使用当地现行消耗量定额;能够陈述工程造价的组成及其计算方法;能够做出综合单价的计算方法。

课题1.1　建筑工程计价概述

1　基本建设概述

1.1　基本建设的概念

基本建设是国民经济各个部门为了扩大再生产而进行的增加固定资产的建设工作,也就是指建造、购置和安装固定资产的活动以及与此有关的其他工作。

基本建设的内容很广,主要有:

(1)建筑安装工程。包括各种土木建筑、矿井开凿、水利工程建筑、生产、动力、运输、试验等需要安装的机械设备的装配,以及与设备相连的工作台等装设工程。

(2)设备购置。即购置设备、工具和器具等。

(3)勘察、设计、科学研究试验、征地、拆迁、试运转、生产职工培训和建设单位管理工作等。

基本建设是形成固定资产的生产活动。固定资产是指在其有效使用期内重复使用而不改变其实物形态的主要劳动资料,它是人们生产和活动的必要物质条件。基本建设是一个物质资料生产的动态过程,这个过程概括起来,就是将一定的物资、材料、机器设备通过购置、建造和安装等活动把它转化为固定资产,形成新的生产能力或使用效益的建设工作。

1.2　基本建设的作用

基本建设在国民经济中具有十分重要的作用,具体表现为:

(1)实现社会主义扩大再生产。基本建设为国民经济各部门增加新的固定资产和生产能力,对建立新的生产部门、调整原有经济结构、促进生产力的合理配置、提高生产技术水平等具有重要的作用。

(2)改善和提高人民的生活水平。在增强国家经济实力的基础上,提供大量住宅和科研、文教卫生设施以及城市基础设施,对改善和提高人民的物质文化生活水平具有直接的作用。

基本建设在整个国民经济中占有重要地位,近年来,随着国民经济的不断发展,基本建设投资日益增加。

1.3 基本建设项目的种类

(1)按建设的性质可以分为新建项目、扩建项目、改建项目、迁建项目和恢复项目。新建项目是从无到有、平地起家的建设项目;扩建和改建项目是在原有企业、事业、行政单位的基础上,扩大产品的生产能力或增加新的产品生产能力,以及对原有设备和工程进行全面技术改造的项目;迁建项目是原有企业、事业单位,由于各种原因,经有关部门批准搬迁到另地建设的项目;恢复项目是指对由于自然、战争或其他人为灾害等原因而遭到毁坏的固定资产进行重建的项目。

(2)按建设的用途可以分为生产性基本建设项目和非生产性基本建设项目。生产性基本建设是用于物质生产和直接为物质生产服务的项目的建设,包括工业建设、建筑业和地质资源勘探事业建设和农林水利建设等;非生产性基本建设是用于人民物质和文化生活项目的建设,包括住宅、学校、医院、托儿所、影剧院以及国家行政机关和金融保险业的建设等。

(3)按建设规模和总投资的大小可以分为大型建设项目、中型建设项目、小型建设项目。

(4)按建设阶段可以分为预备项目、筹建项目、施工项目、建成投资项目、收尾项目。

(5)按隶属关系可以分为国务院各部门直属项目、地方投资国家补助项目、地方项目和企事业单位自筹建设项目。

1.4 基本建设项目的划分

为了便于进行基本建设工程管理、确定工程造价、组织材料供应、组织招标投标、安排施工、控制投资、进行质量控制、拨付工程款项、进行经济核算等生产经营管理的需要,通常按项目本身的内部组成,将其划分为建设项目、单项工程、单位工程、分部工程和分项工程五个基本层次。

1.4.1 建设项目

建设项目也称为基本建设项目,是指具有经过有关部门批准的立项文件和设计任务书,在经济上实行独立核算,行政上实行统一管理的工程项目。它由一个或几个单项工程组成,一般情况下一个建设单位就是一个建设项目。

在工业建设中,一般以拟建厂矿企业单位为一个建设项目,如一座玩具厂、一座钢铁厂、一座汽车厂等。在民用建设中,一般以拟建机关事业单位为一个建设项目,如一所学校、一所医院。在农业建设中,以一个农场、一座拖拉机站等为一个建设项目。

1.4.2 单项工程

单项工程是建设项目的组成部分。单项工程具有独立的设计文件,建成后可以独立发挥生产能力或效益。例如,一个工厂的生产车间,一所学校的教学楼、办公楼、实验楼、学生公寓等。一个建设项目可以是一个单项工程,也可以包括几个单项工程。

单项工程是具有独立存在意义的完整的工程项目,是一个复杂的综合体,它由多个单位工程组成。

1.4.3 单位工程

单位工程是单项工程的组成部分,是指具有独立的设计文件,可以独立组织施工和单独成为核算对象,但建成后不能独立发挥其生产能力或使用效益的项目。

在工业与民用建筑中一般包括土建工程、装饰装修工程、电气照明工程、设备安装工程等多个单位工程。一个单位工程又由多个分部工程组成。

1.4.4 分部工程

分部工程是单位工程的组成部分,是指按工程的结构形式、工程部位、构件性质、使用材料、设备种类等不同划分的项目,一般以建筑物的主要部位或工种来划分。例如,房屋建筑工程可以划分为土(石)方工程、桩与地基基础工程、砌筑工程、混凝土及钢筋混凝土工程、厂库房大门和特种门及木结构工程、金属结构工程、屋面及防水工程、防腐隔热保温工程等多个分部工程。一个分部工程由多个分项工程组成。

1.4.5 分项工程

分项工程是分部工程的组成部分,是指按选用的施工方法、所使用材料及结构构件规格的不同等因素划分的,用较为简单的施工过程就能完成的,以适当的计量单位就可以计算工料消耗的最基本构成项目。如混凝土及钢筋混凝土分部工程,根据施工方法、材料种类及规格等因素的不同,可进一步划分为带形基础、独立基础、满堂基础、设备基础、矩形柱、异形柱等分项工程。

分项工程是单项工程组成部分中最基本的构成因素。每个分项工程都可以用一定的计量单位计算,并能求出完成相应计量单位分项工程所需消耗的人工、材料、机械台班的数量及其预算价值。

综上所述,一个建设项目是由一个或若干个单项工程组成的,一个单项工程是由若干个单位工程组成的,一个单位工程又可划分为若干个分部工程,一个分部工程又可划分为若干个分项工程。建筑工程造价的计算就是从最基本的构成因素开始的。

2 建筑工程造价概述

2.1 工程造价概述

2.1.1 工程造价的含义

工程造价的直意就是工程的价格。工程,泛指一切建设工程,其范围和内涵具有很大的不确定性;造价,是指进行某项工程建设所花费的全部费用。

工程造价有两种含义:

(1)指建设一项工程的全部固定资产投资费用。显然,这一含义是从投资者(业主)的角度来定义的。投资者选定一个投资项目,为了获得预期的效益,就要通过项目评估进行决策,然后进行设计招标、工程招标,直至竣工验收等一系列投资管理活动。在投资活动中所支付的全部费用形成了固定资产,所有这些开支就构成了工程造价。从这个意义上说,工程造价就是工程投资费用,建设项目工程造价就是建设项目固定资产投资。

(2)指工程价格。即为建成一项工程,在土地市场、设备市场、技术劳务市场,以及承包市场等交易活动中所形成的建设工程价格,可以理解为承发包价格。显然,在这里工程的范围和内涵既可以是涵盖范围很大的一个建设项目,也可以是一个单项工程,甚至可以是整个建设工程中的某个阶段,如建筑安装工程、装饰工程,或是其中的某个组成部分。随着经济发展中技术的进步、分工的细化和市场的完善,工程建设的中间产品也会越来越多,工程价格的种类和形式也会更加丰富。

本书中所讲的“工程造价”,一般是指第二种含义。

2.1.2 工程造价的特点

由工程建设的特点所决定,工程造价有以下特点:

(1)工程造价的大额性。能够发挥投资效益的一项工程,不仅实物形体庞大,而且造价高昂,动辄数百万元、数千万元、甚至上亿元,特大型工程项目的造价可达百亿元、千亿元。工程造价的大额性使其关系到有关各方面的重大经济利益,同时会对宏观经济产生重大影响。

(2)工程造价的个别性、差异性。任何一项工程都有特定的用途、功能、规模。因此,对每一项工程的结构、造型、空间分割、设备配置和内外装饰都有具体的要求,因而使工程内容和实物形态都具有个别性、差异性。产品的差异性决定了工程造价的个别性差异。同时,每项工程所处地区、地段都不相同,使这一特点得到强化。

(3)工程造价的动态性。任何一项工程从决策到竣工交付使用,都有一个较长的建设期,而且由于不可控因素的影响,在预计工期内,许多影响工程造价的动态因素,如工程变更,设备材料价格,工资标准以及费率、利率、汇率会发生变化,这种变化必然会影响到造价的变动。所以,工程造价在整个建设期中处于不确定状态,直至竣工决算后才能最终确定工程的实际造价。

(4)工程造价的层次性。造价的层次性取决于工程的层次性。一个建设项目往往含有多个能够独立发挥设计效能的单项工程。一个单项工程又是由能够各自发挥专业效能的多个单位工程组成的。与此相适应,工程造价有三个层次:建设项目总造价、单项工程造价和单位工程造价。如果专业分工更细,单位工程(如土建工程)的组成部分——分部分项工程也可以成为交换对象,如大型土方工程、基础工程、装饰工程等,这样工程造价的层次就增加分部工程和分项工程而成为5个层次。即使从造价的计算和工程管理的角度看,工程造价的层次性也是非常突出的。

2.1.3 工程造价的作用

(1)工程造价是项目决策的依据。建设工程投资大、生产和使用周期长等特点决定了项目决策的重要性。工程造价决定着项目的一次投资费用。投资者是否有足够的财务能力支付这笔费用,是否认为值得支付这项费用,是项目决策中要考虑的主要问题。

(2)工程造价是制订计划和控制投资的依据。工程造价是通过多次预估,最终通过竣工决算确定下来的。每一次预估的过程就是对造价的控制过程;而每一次估算对下一次估算又都是对造价的严格控制。

(3)工程造价是筹集建设资金的依据。工程造价基本决定了建设资金的需求量,从而为筹集资金提供了比较准确的依据。

(4)工程造价是评价投资效果的重要指标。工程造价是一个包含着多层次工程造价的体系,就一个工程项目来说,它既是建设项目的总造价,又包含单项工程的造价和单位工程的造价,同时包含单位生产能力的造价。所有这些,使工程造价自身形成了一个指标

体系，它能够为评价投资效果提供多种评价指标，并能够形成新的价格信息，为今后类似项目的投资提供参考依据。

2.1.4　工程造价的职能

建筑产品也属于商品，所以建筑产品价格的职能也具有一般商品价格的职能。此外，由于建筑产品的特殊性，它还有一些特殊的职能。

(1)预测职能。工程造价的大额性和多变性，无论投资者还是建筑商都要对拟建工程进行预先测算。投资者预先测算工程造价不仅是项目决策的依据，同时是筹集资金、控制造价的依据。承包商对工程造价的测算，既为投标决策提供依据，也为投标报价和成本管理提供依据。

(2)控制职能。工程造价的控制职能表现在两方面：一方面是它对投资的控制，即在投资的各个阶段，根据对工程造价的多次性预估，对工程造价进行全过程多层次的控制；另一方面是对承包商为代表的商品和劳务供应企业的成本控制。在价格一定的条件下，企业实际成本开支决定企业的盈利水平。成本越高盈利越低，成本高于价格就危及企业的生存。所以，企业要以工程造价来控制成本，利用工程造价提供的信息资料作为控制成本的依据。

(3)评价职能。工程造价是评价总投资和分项投资合理性和投资效益的主要依据之一。评价土地价格、建筑安装产品和设备价格的合理性时，就必须利用工程造价资料；在评价建设项目偿贷能力、获利能力和宏观效益时，也可依据工程造价。工程造价也是评价建筑安装企业管理水平和经营成果的重要依据。

(4)调控职能。工程建设直接关系到经济增长，也直接关系到国家重要资源分配和资金流向，对国计民生都产生重大影响。所以，国家对建设规模、结构进行宏观调控是在任何条件下都不可缺少的，对政府投资项目进行直接调控和管理也是非常必要的。这些都要用工程造价作为经济杠杆，对工程建设中的物资消耗水平、建设规模、投资方向等进行调控和管理。

2.2　工程计价的特点

工程计价是对投资项目工程造价的计算。具体是指工程造价人员在项目实施的各个阶段，根据各个阶段的不同要求，遵循计价的原则、程序，采用科学的计价方法，对投资项目最可能实现的合理价格做出科学的推测和判断，从而确定投资项目工程造价的经济文件。本书中，计价主要是指计算建筑工程造价即计算建筑工程产品的价格。

由于建筑产品价格的特殊性，与一般工业产品价格的计价方法相比，采取了特殊的计价模式及其方法，即按定额计价模式和按工程量清单计价模式。

建筑产品的庞体性及其施工的长期性(工期长)、建筑产品的固定性及其施工的流动性、建筑产品的多样性及其施工的单项性(个别性)、建筑产品的综合性及其施工的复杂性决定了工程计价具有单件性、多次性、组合性、动态性等特点。

2.2.1　单件性计价

建筑产品的个体差别性决定每个工程项目都必须单独计算造价。

每个工程项目都有其特定的功能、用途，因而也就有不同的结构、造型和装饰，不同的体积和面积，建筑设计时要采用不同的工艺设备和建筑材料。同时，工程项目的技术指标还要适应当地的风俗习惯,再加上不同地区构成投资费用的各种价值要素的差异,导致建设项目不能像对工业产品那样按品种、规格、质量成批地定价,只能是单件计价。也就是说一般不能由国家或企业规定统一的价格,只能就单个项目通过特殊的程序(编制估算、概算、预算、结算及最后确定竣工决算等)来计价。

2.2.2 多次性计价

建设工程周期长、规模大、造价高,因此要按建设程序分阶段进行,相应地也要在不同阶段多次计价,以保证工程造价确定与控制的科学性。多次性计价是个逐步深化、逐步细化和逐步接近实际造价的过程。从投资估算、设计概算、施工图预算到招标承包合同价,再到各项工程的结算价和最后在结算价的基础上编制的竣工决算,整个计价过程是一个由粗到细、由浅到深、多层次的计价过程。计价过程各环节之间相互衔接,前者控制后者,后者补充前者。

2.2.3 组合性计价

一个建设项目是一个工程综合体,这个综合体可以分解为许多有内在联系的能独立的和不能独立的工程。建设项目的这种组合性决定了计价的过程是一个逐步组合的过程,在计算工程价格时,一般都是由单个到综合,由局部到总体,逐个计价,层层汇总而成的。其计算过程和计算顺序是:分部分项工程造价—单位工程造价—单项工程造价—建设项目总造价。若编制建设项目的总概算,先要编制各单位工程的概算,再编制各单项工程的综合概算,最终汇总得到建设项目总概算。

2.2.4 动态性计价

任何一项工程从决策阶段开始到竣工交付使用,都要经历一个较长的建设时间。在此期间,工程造价受价值规律、货币流通规律和商品供求规律的支配。因此,工程造价将受许多不确定因素的影响,如工程变更、设备材料价格、投资额度、工资标准及费率、利率、汇率、建设期等。综上所述,工程计价在工程建设的全过程中具有动态性,建筑工程造价应根据建设程序不同阶段的不同条件分别计价。

2.2.5 计价方法多样性

为了适应多次性计价有不同的计价依据,以及对造价的不同精度的要求,计价方法有多样性特征。不同的方法利弊不同,适应条件也不同,所以计价时要加以选择。目前,我国工程造价计价方法主要有定额计价和工程量清单计价两种。

2.2.6 计价依据复杂性

由于影响造价的因素较多,导致计价依据复杂、种类繁多,主要可以分为以下七类:

(1)计算设备和工程量的依据。包括项目建议书、可行性研究报告、设计文件等。

(2)计算人工、材料、机械等实物消耗量的依据。包括投资估算指标、概算定额、预算定额等。

(3)计算工程单价的依据。包括人工单价、材料价格、机械台班费等。

(4)计算其他有关费用的依据。

(5)计算设备单价的依据。包括设备原价、设备运杂费、进口设备关税等。

(6)政府规定的税金率、费率。

(7)物价指数和工程造价指数。

依据的复杂性不仅使计算过程复杂，而且要求计价人员熟悉各类计价依据，并能正确应用。

3 定额计价模式

定额计价模式是在我国计划经济时期及计划经济向市场经济转型时期，所采用的行之有效的计价模式。其基本方法是“单位估价法”，即根据国家或地方颁布的统一预算定额规定的消耗量及其单价，以及配套的取费标准和材料预算价格，计算出相应的工程数量，套用相应的定额单价计算出定额直接费，再在直接费的基础上计算各种相关费用及利润和税金，最后汇总形成建筑产品的造价。按定额计价的基本数学模型是：

$$\text{土建工程造价} = [\sum(\text{工程量} \times \text{定额单价})] \times (1 + \text{各种费用的费率} + \text{利润率}) \times (1 + \text{税金率}) \quad (1\text{-}1)$$

$$\text{装饰安装工程造价} = [\sum(\text{工程量} \times \text{定额单价}) + \sum(\text{工程量} \times \text{定额人工费单价}) \times (\text{各种费用的费率} + \text{利润率})] \times (1 + \text{税金率}) \quad (1\text{-}2)$$

定额计价的基本方法和程序如图1-1所示，从图中可看出工程量计算和工程计价是编制工程造价的两个最基本过程。建筑产品价格定额计价的基本方法和程序可以用公式表述如下：

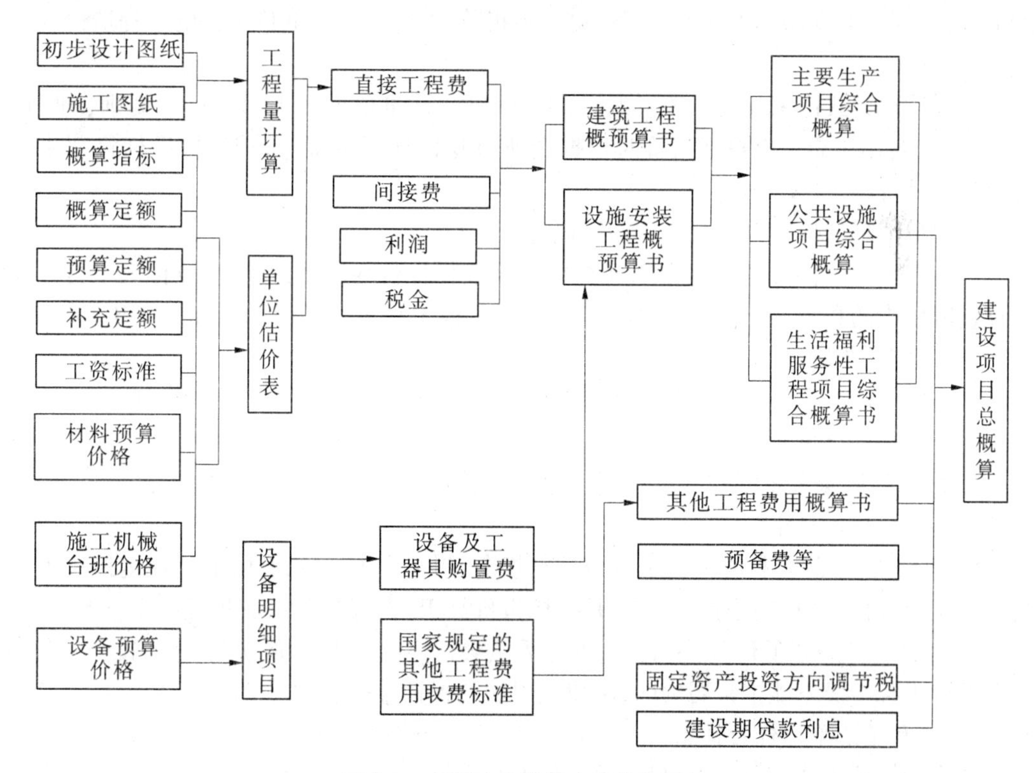

图1-1 定额计价的基本方法和程序

(1)假定建筑产品的直接费单价 = 人工费 + 材料费 + 机械费　　(1-3)

其中　人工费 = $\sum$(概预算定额人工消耗量 × 人工工资单价)　　(1-4)

材料费 = ∑(概预算定额材料消耗量 × 相应材料预算价格 + 其他材料费)　(1-5)

机械费 = ∑(概预算定额台班消耗量 × 相应机械台班使用费)　(1-6)

(2)直接工程费 = ∑(假定建筑产品工程量 × 直接费单价) + 其他直接费 + 现场经费　(1-7)

(3)单位工程概预算造价 = 直接工程费 + 间接费 + 利润 + 税金　(1-8)

(4)单项工程综合概算造价 = ∑单位工程概预算造价 + 设备、工器具购置费　(1-9)

(5)建设项目总概算造价 = ∑单项工程综合概算造价 + 有关的其他费用 + 预备费　(1-10)

按定额计价模式确定建筑工程造价,在一定程度上防止了高估冒算和压级压价,体现了工程造价的规范性、统一性和合理性。但对市场的竞争起到了抑制作用,不利于促进施工企业改进技术、加强管理、提高劳动效率和市场竞争力。

4　工程量清单计价模式

4.1　概念、特点及基本数学模型

4.1.1　工程量清单计价的概念

工程量清单计价,是建设工程招标投标中,招标人按照国家统一的工程量计算规则提供工程量清单,由投标人依据工程量清单自主报价,经评审合理低价中标的工程造价计价模式。

这种计价模式国家仅统一项目编码、项目名称、计量单位和工程量计算规则(即“四统一”),由各施工企业在投标报价时根据企业自身情况自主报价,在招标投标过程中形成建筑产品价格。

工程量清单计价有以下几个方面的概念:

(1)工程量清单由招标人提供,招标标底及投标标价均应据此编制,投标人不得改变工程量清单中的数量。工程量清单遵守《建设工程工程量清单计价规范》(GB 50500—2013)中规定的规则。

(2)工程量清单计价虽属招标投标范畴,但相应的建设工程施工合同签订、工程竣工结算均应执行该计价相关规定。

(3)根据“国家宏观调控,市场竞争形成价格”的价格确定原则,国家不再统一定价,工程造价由投标人自主确定。

(4)“低价中标”是核心。为了有效控制投资,制止哄抬标价,有的地区规定招标人应公布控制价或标底(称“拦标价”),凡是投标报价高于“拦标价”的,其投标应予拒绝。

(5)低价中标的“低价”,是指经过评标委员会评定的合理低价,并非恶意低价。对于恶意低价中标造成不能正常履约的,法律上以履约保证金来制约。

4.1.2　工程量清单计价的特点

与定额计价方式相比,工程量清单计价方式具有以下特点。

4.1.2.1　提供了一个平等竞争的平台

在招标投标过程中,采用施工图预算(即定额计价模式)来投标报价,由于设计图纸的缺陷和不同投标人的不同理解等因素,计算出的工程量不同,报价相差甚远,容易产生

纠纷。工程量清单报价为投标人提供了一个平等竞争的平台，在相同的工程量条件下，由投标人根据自身的实力来填报不同的综合单价，体现了市场竞争的公平、公开原则。

4.1.2.2 满足竞争的需要

工程量清单计价让投标人自主报价，把属于反映企业水平的施工方法、施工措施和工料机消耗量水平及取费等因素留给企业来确定。

投标人根据招标人给出的工程量清单，结合自身的生产力水平和管理水平，按市场价确定综合单价和各项措施项目费进行投标报价，通过市场竞争获得承包工程，反映了企业的整体实力，也是市场竞争的需要。

4.1.2.3 有利于工程款的结算

企业中标后，清单报价成为拨付工程款的依据。业主根据施工企业已完成的清单工程量拨付工程进度款。工程竣工后，可依据清单报价和工程变更的调整情况结算工程最终造价。

4.1.2.4 有利于风险的合理分担

采用工程量清单报价方式后，投标人只对所报的综合单价负责，对于工程量的变更或计算错误的风险则由业主承担。

4.1.2.5 有利于业主对工程造价的控制

采用施工图预算的定额计价模式，业主对因设计变更、工程量增减所引起的工程造价变化不敏感，往往等到竣工结算时才知道这些项目对工程造价产生的影响。而采用工程量清单计价方式，在进行设计变更时，能很快知道其对工程造价的影响程度。这时，业主就能根据投资情况来决定是否变更或进行方案比较，同时采用恰当的处理方法。

4.1.3 工程量清单计价的基本数学模型

按工程量清单计价模式的造价计算方法是招标方给出工程量清单，投标方根据工程量清单组合分部分项工程综合单价，并计算出分部分项工程的费用，再计算出税金，最后汇总成总造价。其基本数学模型是：

$$\text{建筑工程造价}=[\sum(\text{工程量}\times\text{综合单价})+\text{措施项目费}+\text{其他项目费}+\text{规费}]\times(1+\text{税金率}) \tag{1-11}$$

4.2 工程量清单计价的原则

工程量清单计价应遵循公平、合法、诚实信用的原则。

4.2.1 公平

客观、公正、公平是市场经济活动的基本原则。在计价活动中要求计价活动有高度的透明性，工程量清单的编制要实事求是、不弄虚作假，招标要机会均等，一视同仁地对待所有投标人。投标人结合本企业的实际情况合理报价，不能低于成本报价，不能串通报价。双方应本着互利互惠、双赢的原则进行招标投标活动，既要保证投资方在质量高、工期短的前提下少投资，又要保证承包方有正常的利润。一方面，严格禁止招标方恶意压价以及投标方恶意低价中标，避免豆腐渣工程；另一方面，严格禁止抬高价格，增加投资。

4.2.2 合法

工程量清单计价活动是政策性、经济性、技术性很强的工作，涉及国家的法律法规和标准规范，所以工程量清单计价活动必须符合建筑法、招标投标法、合同法、价格法和中华人民共和国住房和城乡建设部2013年第16号令《建筑工程施工发包与承包计价管理办法》(以下简称16号令),以及涉及工程质量、安全及环境保护等方面的工程建设强制性标准规范。

4.2.3 诚实信用

不仅在计价过程中遵守职业道德,做到计价公平合理,诚信为本,在合同签订、履行以及办理工程竣工结算过程中也应遵循诚信原则,恪守承诺。

4.3 工程量清单计价的依据

工程量清单计价的依据主要有招标文件、工程量清单、施工图纸及图纸答疑、定额、《建设工程工程量清单计价规范》(以下简称《计价规范》)、施工组织设计或施工方案、工料机市场价格、费用标准、现场踏勘情况等。

4.3.1 招标文件

招标文件的具体要求是工程量清单计价的前提条件,只有清楚地了解招标文件的具体要求,如招标范围、内容、施工现场条件等,才能正确计价。

4.3.2 工程量清单

工程量清单是由招标人发布的拟建工程的招标工程量,是投标人计价的重要依据。其内容包括:分部分项工程项目名称及其数量、措施项目名称及其数量、其他项目名称及其数量以及工程量清单说明。

4.3.3 施工图纸及图纸答疑

清单工程量是分部分项工程量清单项目中的主项工程量,不一定反映全部工程内容,所以投标人在投标报价时,需要根据施工图和施工方案计算计价工程量。因此,施工图纸及图纸答疑是编制工程量清单的依据,也是计价的重要依据。

4.3.4 定额

定额有两种,一种是由建设行政主管部门发布的社会平均消耗量定额,如预算定额;另一种是反映企业平均先进水平的企业定额。

消耗量定额是由建设行政主管部门根据合理的施工组织设计,按照正常施工条件制定的,生产合格的单位产品所需人工、材料、机械台班的社会平均消耗量定额。

企业定额是施工企业根据本企业的施工技术和管理水平,以及有关工程造价资料制定的,供本企业使用的人工、材料、机械台班消耗量。企业定额是本企业投标计价时的重要依据。

4.3.5 《计价规范》

《计价规范》是采用工程量清单计价时必须遵照执行的强制性标准。在工程量清单计价活动中,《计价规范》是工程量清单计算的重要依据。在工程计价时,要了解工程量清单包含的内容就必须了解《计价规范》。

4.3.6 施工组织设计或施工方案

施工组织设计或施工方案是计算施工技术措施费用的依据。如降水措施,土方施工措施,某型号规格的大型施工机械、脚手架等。

4.3.7 工料机市场价格

工料机市场价格是确定分部分项工程量清单综合单价的重要依据。

4.3.8　费用标准

费用包括措施费、规费、管理费等。费用是根据计费基础(如直接费、或人工费和机械费、或人工费)乘以一定比例的系数计算的,所以费用比例系数的大小直接影响最终的工程造价。费用比例系数的测算应根据企业自身具体情况而定。

4.3.9　现场踏勘情况

到工程建设地点了解现场实际情况,便于编制施工措施项目。

4.4　工程量清单计价的程序

4.4.1　工程量清单计价的基本过程

工程量清单计价的基本过程可以描述为:在统一的工程量计算规则和统一的清单项目设置规则的基础上,根据具体工程的施工图纸计算出各个清单项目的工程量,再根据各种渠道所获得的工程造价信息和经验数据计算得到工程造价。这一基本计价程序见表1-1。

表1-1　工程量清单计价的基本计价程序

序号	名称	计算办法
1	分部分项工程费	Σ(清单工程量×综合单价)
2	措施项目费	按规定计算(包括利润)
3	其他项目费	按招标文件规定计算
4	规费	(1+2+3)×费率
5	不含税工程造价	1+2+3+4
6	税金	5×税率,税率按税务部门的规定计算
7	含税工程造价	5+6

从工程量清单计价的过程可以看出,其编制过程可以分为两个阶段:工程量清单的编制和利用工程量清单来编制投标报价。投标报价是在业主提供的工程量计算结果的基础上,根据企业自身所掌握的各种信息、资料,结合企业定额编制得出的。

4.4.2　工程量清单计价的一般程序

工程量清单计价的一般程序如图1-2所示,具体如下。

4.4.2.1　熟悉施工图纸及相关资料、了解现场情况

熟悉施工图纸及相关资料、了解现场情况是正确编制工程量清单及清单报价的前提。熟悉施工图纸,以及图纸答疑、地质勘察报告便于编制分部分项工程项目名称,到工程建设地点了解现场实际情况便于编制施工措施项目名称。

4.4.2.2　编制工程量清单

工程量清单包括总说明、分部分项工程量清单、措施项目清单、其他项目清单四部分。工程量清单是由招标人或其委托人,根据招标文件、施工图纸及图纸答疑、计价规范,以及现场踏勘情况,经过精心计算编制而成的,是工程计价的基础。

4.4.2.3　组合综合单价

组合综合单价(简称组价)是标底编制人(指招标人或其委托人)或标价编制人(指投

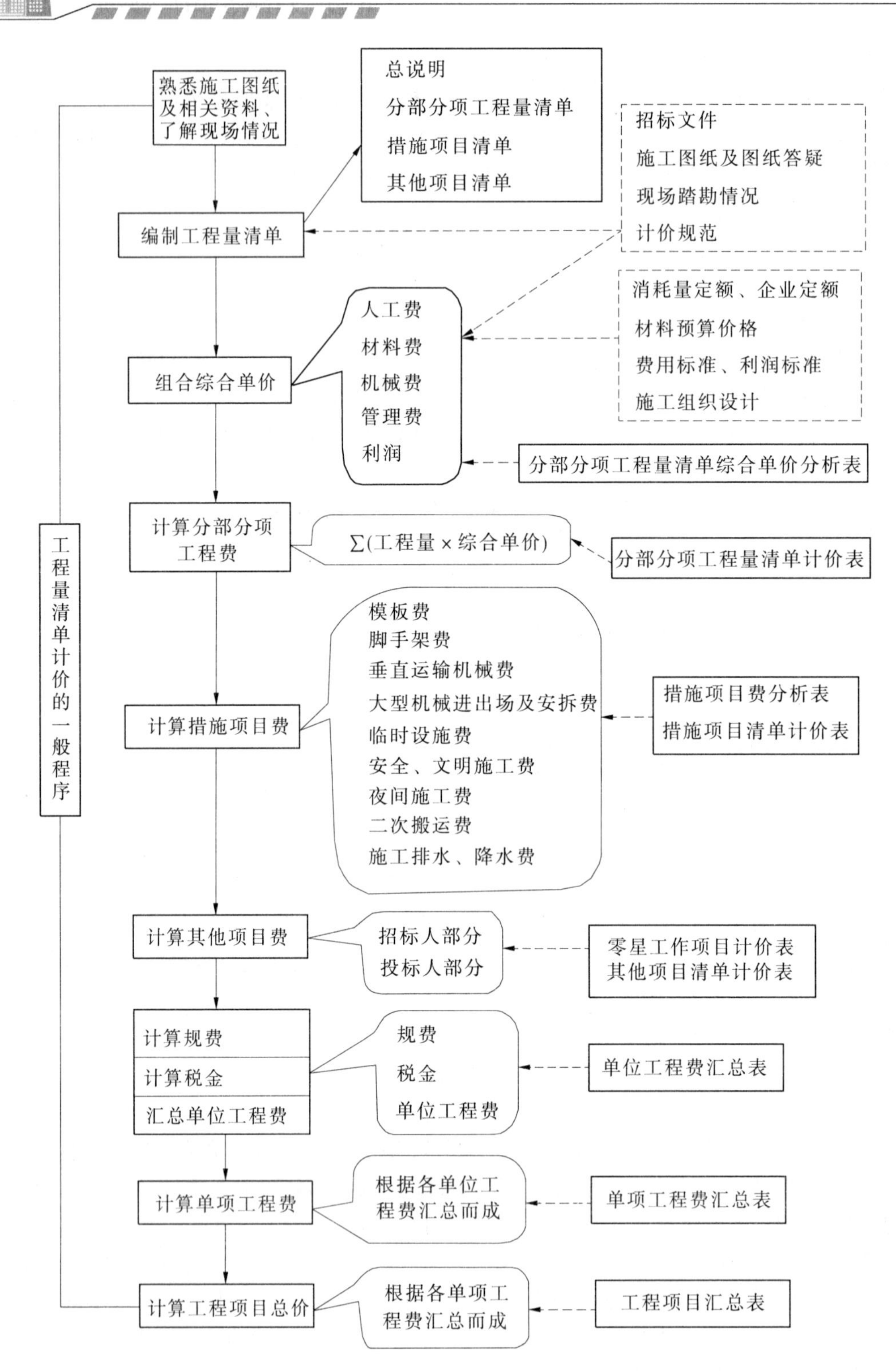

图1-2　工程量清单计价的一般程序

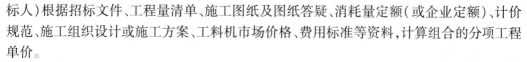

标人）根据招标文件、工程量清单、施工图纸及图纸答疑、消耗量定额（或企业定额）、计价规范、施工组织设计或施工方案、工料机市场价格、费用标准等资料，计算组合的分项工程单价。

综合单价的内容包括人工费、材料费、机械费、管理费、利润五部分，并考虑风险因素。

4.4.2.4 计算分部分项工程费

在组合综合单价完成之后，根据工程量清单及综合单价，按单位工程计算分部分项工程费用。

$$分部分项工程费 = \sum(工程量 \times 综合单价) \tag{1-12}$$

4.4.2.5 计算措施项目费

措施项目包括通用项目、建筑工程措施项目、装饰装修工程措施项目、安装工程措施项目和市政工程措施项目，措施项目综合单价的构成与分部分项工程单价构成类似。

措施项目费根据工程量清单提供的内容及企业自身情况计算。

4.4.2.6 计算其他项目费

其他项目费由招标人和投标人两个部分的内容组成，根据工程量清单列出的内容计算。

4.4.2.7 计算单位工程费

前面各项内容计算完成之后，将整个单位工程费包括的内容汇总起来，形成整个单位工程费。在汇总单位工程费之前，要计算各种规费及该单位工程的税金。

$$单位工程报价 = 分部分项工程费 + 措施项目费 + 其他项目费 + 规费 + 税金 \tag{1-13}$$

4.4.2.8 计算单项工程费

在各单位工程费计算完成之后，将属同一单项工程的各单位工程费汇总，形成该单项工程的总费用。

$$单项工程报价 = \sum 单位工程报价 \tag{1-14}$$

4.4.2.9 计算工程项目总价

各单项工程费计算完成之后，将各单项工程费汇总，形成整个项目的总价。

$$建设项目总报价 = \sum 单项工程报价 \tag{1-15}$$

4.5 工程量清单计价的方法

工程量清单计价，按照中华人民共和国住房和城乡建设部第16号令《建筑工程施工发包与承包计价管理方法》的规定，有综合单价法和工料单价法两种方法。

4.5.1 综合单价法

综合单价法的基本思路是：先计算出分部分项工程的综合单价，再用综合单价乘以工程量清单给出的工程量，得到分部分项工程费，接着计算措施项目费、其他项目费及规费，然后用分部分项工程费、措施项目费、其他项目费、规费的总和乘以税率得到税金，最后汇总得到单位工程费。用公式表示为

$$单位工程造价 = [\sum(工程量 \times 综合单价) + 措施项目费 + 其他项目费 + 规费] \times (1 + 税金率) \tag{1-16}$$

综合单价法的重点是综合单价的计算。综合单价的内容包括：人工费、材料费、机械费、管理费及利润五个部分，并考虑风险因素。措施项目费、其他项目费及规费是在单位

工程费计算完成之后才计算的。

《计价规范》明确综合单价法为工程量清单的计价方法,也是目前普遍采用的方法。

4.5.2 工料单价法

工料单价法的基本思路是:先计算出分项工程的工料单价,再用工料单价乘以工程量清单给出的工程量,得到分部分项工程的直接费;接着在直接费的基础上计算管理费、利润;再加措施项目费、其他项目费及规费,然后用分部分项工程费、措施项目费、其他项目费、规费的总和乘以税率得到税金,最后汇总得到单位工程费。用公式表示为

$$单位工程造价 = [\sum(工程量 \times 工料单价) \times (1 + 管理费率 + 利润率) + 措施项目费 + 其他项目费 + 规费] \times (1 + 税金率) \quad (1\text{-}17)$$

工料单价法的重点是工料单价的计算。工料单价的内容包括人工费、材料费、机械费三个部分,管理费及利润在直接费计算完成后计算,这是其与综合单价法不同之处。

显然,工料单价法的工料单价是不完全单价,不如综合单价直观,所以《计价规范》未采用此种方法。

4.6 招标标底、投标报价、工程结算计价

4.6.1 招标标底

设有标底的招标工程,标底由招标人或受其委托具有相应资质的工程造价咨询机构或招标代理机构编制。

标底编制应按照当地建设行政主管部门发布的消耗量定额、工程造价管理机构发布的工程造价信息,结合拟建工程的工程量清单、施工图纸、施工现场实际情况、合理的施工手段和招标文件的有关规定等进行编制。

4.6.2 投标报价

投标报价由投标人或其委托的具有相应资质的工程造价咨询机构编制。

投标报价由投标人根据招标文件的有关要求、工程量清单、施工现场实际情况,结合投标人自身技术和管理水平、经营状况、机械配备以及制订的施工组织设计或施工方案、本企业编制的企业定额(或参考当地建设行政主管部门发布的消耗量定额)、市场价格信息进行编制。投标人的投标报价由投标人自主确定。

4.6.3 工程结算计价

工程量清单中所列的项目名称和工程量,以及投标人报的综合单价,是投标人与招标人进行招标与投标、签订施工合同、办理工程竣工结算的依据。

4.6.3.1 工程项目内容及数量变更

(1)工程项目内容变更。招标人提供的工程量清单项目内容与投标人实际完成的工程项目内容不符时,应根据实际完成的项目名称和工程量,按投标文件和合同约定的办法进行调整。

(2)工程项目数量变更。实际完成的工程量与招标人提供的分部分项工程量清单中给定的工程量的差值在15%以上(合同另有约定的除外)时,允许调整投标报价中的综合单价,其具体调整办法应当在招标文件或合同中明确。

4.6.3.2 工程综合单价变更

除合同另有约定外,工程变更后综合单价的确定,按下列方法进行:

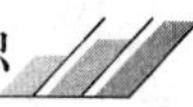

(1)清单报价中已有适用于变更工程的综合单价,按已有的综合单价结算工程价款。

(2)原清单报价中有类似变更工程综合单价的,可参照类似的综合单价计算。

(3)原清单报价中没有适用或类似于变更工程综合单价的,由承包人提出适当的变更单价,经发包人(或工程师)确认后,作为结算的依据。

5　定额计价模式与工程量清单计价模式的区别与联系

5.1　定额计价模式与工程量清单计价模式的区别

5.1.1　计价依据不同

5.1.1.1　依据不同定额

定额计价按照相关政府主管部门发布的预算定额计算各项消耗量;工程量清单计价按照企业定额计算各项消耗量,也可以选择其他合适的定额(包括预算定额)计算各项消耗量,选择什么样的定额,由投标人自主确定。

5.1.1.2　采用不同单价

定额计价的人工单价、材料单价、机械台班单价采用预算定额基价或政府指导价;工程量清单计价的人工单价、材料单价、机械台班单价采用市场价,由投标人自主确定。

5.1.1.3　费用项目不同

定额计价的费用计算,根据相关政府主管部门发布的费用计算程序规定的项目和费率计算;工程量清单计价的费用计算按照《计价规范》的规定,并结合拟建项目和本企业的具体情况由企业自主确定实际的费用项目和费率。

5.1.2　费用构成不同

定额计价模式的工程造价费用构成一般由直接费(包括直接工程费和措施费)、间接费(包括规费和企业管理费)、利润和税金(包括营业税、城市维护建设税和教育费附加)构成;工程量清单计价模式的工程造价费用由分部分项工程费、措施项目费、其他项目费、规费和税金构成。

5.1.3　采用的计价方法不同

定额计价模式常采用单位估价法和实物金额法计算直接费,然后计算间接费、利润和税金;工程量清单计价模式则采用综合单价的方法计算分部分项工程费,然后计算措施项目费、其他项目费、规费和税金。

5.1.4　本质特性不同

定额计价模式确定的工程造价具有计划价格的特性,工程量清单计价模式确定的工程造价具有市场价格的特性,两者有着本质上的区别。

5.2　定额计价模式与工程量清单计价模式的联系

从发展过程来看,我们可以把工程量清单计价模式看成是在定额计价模式的基础上发展起来的、适应市场经济条件的、新的计价模式,这两种计价模式之间具有传承性。

5.2.1　两种计价模式的目标相同

不管是何种计价模式,其目标都是正确确定建设工程造价。

5.2.2　两种计价模式的编制程序主线条基本相同

工程量清单计价模式和定额计价模式都要经过识图、计算工程量、套用定额、计算费用、汇总工程造价等主要程序来确定工程造价。

5.2.3　两种计价模式的重点都是要准确计算工程量

工程量计算是两种计价模式的共同重点。该项工作涉及的知识面较宽,计算的依据较多,花的时间较长,技术含量较高。

两种计价模式计算工程量的不同点主要是项目划分的内容不同、采用的计算规则不同。工程量清单计价模式根据《计价规范》的附录进行列项和计算工程量,定额计价模式根据预算定额来列项和计算工程量。应该指出,在工程量清单计价模式下,也会产生上述两种不同的工程量计算,即工程量清单计价模式按照《计价规范》计算,定额计价模式按照采用的定额计算。

5.2.4　两种计价模式发生的费用基本相同

不管是工程量清单计价模式还是定额计价模式,都必然要计算直接费、间接费、利润和税金。其不同点是,两种计价模式的费用划分方法、计算基数、采用的费率不一致。

5.2.5　两种计价模式的计费方法基本相同

计费方法是指应该计算哪些费用、计费基数是什么、计费费率是多少等。在工程量清单计价模式和定额计价模式中都有如何取费、取费基数、取费费率的规定,不同的是各项费用的取费基数及费率有差别。

课题 1.2　建筑工程消耗量定额

1　概　述

1.1　建筑工程消耗量定额概念、作用、特性、分类

1.1.1　概念

建筑工程消耗量定额,是指在正常的施工条件下,为了完成质量合格的单位建筑工程产品,所必须消耗的人工、材料(或构配件)、机械台班的数量标准。

1.1.2　作用

建筑工程消耗量定额,在我国工程建设中具有十分重要的地位和作用,主要表现在以下几个方面:

(1)建筑工程消耗量定额是总结先进生产方法的手段。建筑工程消耗量定额比较科学地反映出生产技术和劳动组织的合理程度。我们可以以建筑工程消耗量定额的标定方法为手段,对同一工程产品在同一施工操作条件下的不同生产方式进行观察、分析和总结,从而得出一套比较完整的先进生产方法。

(2)建筑工程消耗量定额是确定工程造价的依据和评价设计方案经济合理性的尺度。根据设计文件的工程规模、工程数量,结合施工方法,采用相应消耗量定额规定的人工、材料、施工机械台班消耗标准,以及人工、材料、机械单价和各种费用标准可以确定分项工程的综合单价。同时,建设项目投资的大小又反映出各种不同设计方案技术经济水平的高低。

(3)建筑工程消耗量定额是施工企业编制工程计划、组织和管理施工的重要依据。

为了更好地组织和管理建设工程施工生产,必须编制施工进度计划。在编制工程计划、组织和管理施工生产中,要以各种定额作为计算人工、材料和机械需用量的依据。

(4)建筑工程消耗量定额是施工企业和项目部实行经济责任制的重要依据。工程建设改革的突破口是承包责任制。施工企业根据定额编制投标报价,对外投标承揽工程任务;工程施工项目部进行进度计划的编制和进度控制,或进行成本计划的编制和成本控制,均以建筑工程消耗量定额为依据。

此外,建筑工程消耗量定额还有利于建筑市场公平竞争,有利于完善市场的信息系统,既是投资决策依据又是价格决策依据,具有节约社会劳动和提高生产效率的作用。

1.1.3 特性

1.1.3.1 科学性

建筑工程消耗量定额是应用科学的方法,在认真研究客观规律的基础上,通过长期观察、测定、总结生产实践和广泛收集资料后制定的。它需要对工时、动作、现场布置、工具设备改革以及生产技术与组织的合理配合等各方面或进行综合分析研究,具有科学性。

1.1.3.2 系统性

一种专业定额有一个完整独立的体系,能全面地反映建筑工程所有的工程内容和项目,与建筑工程技术标准、技术规范相配套。定额各项目之间都存在着有机的联系,相互协调,相互补充。

1.1.3.3 时效性

定额反映了一定时期内的生产技术与管理水平。随着生产力水平的不断发展,工人的劳动生产率和技术装备水平会不断地提高,各种资源的消耗量也会有所下降。因此,必须及时地、不断地修改与调整定额,以保持其与实际生产力水平相一致。

1.1.3.4 指导性

定额的指导性是指地区定额具有一定的指导作用。地区定额体现了一定时期内该地区的平均生产力水平,是确定建筑产品地区平均价格的重要依据,具有适用性和指导性。

1.1.4 分类

建筑工程定额传统的分类方法,与实行工程量清单计价后的分类方法有所不同。传统的分类方法如图1-3所示,这是在国家实行“量、价、费”控制时期的分类方法;实行工程量清单计价后,由于国家不再对“量、价、费”实行控制,取消了预算定额,建筑工程定额的分类如图1-4所示。

1.1.4.1 按生产要素分

生产活动包括劳动者、劳动手段、劳动对象三个不可缺少的要素。劳动者是指生产活动中各专业工种的工人,劳动手段是指劳动者使用的生产工具和机械设备,劳动对象是指原材料、半成品和构配件。按照这三要素可分为人工消耗定额、材料消耗定额、机械台班消耗定额。

1.1.4.2 按专业分类

(1)建筑工程消耗量定额。建筑工程消耗量定额是指建筑工程人工、材料及机械的消耗量标准。

(2)装饰工程消耗量定额。装饰工程是指房屋建筑的装饰装修工程。装饰工程消耗

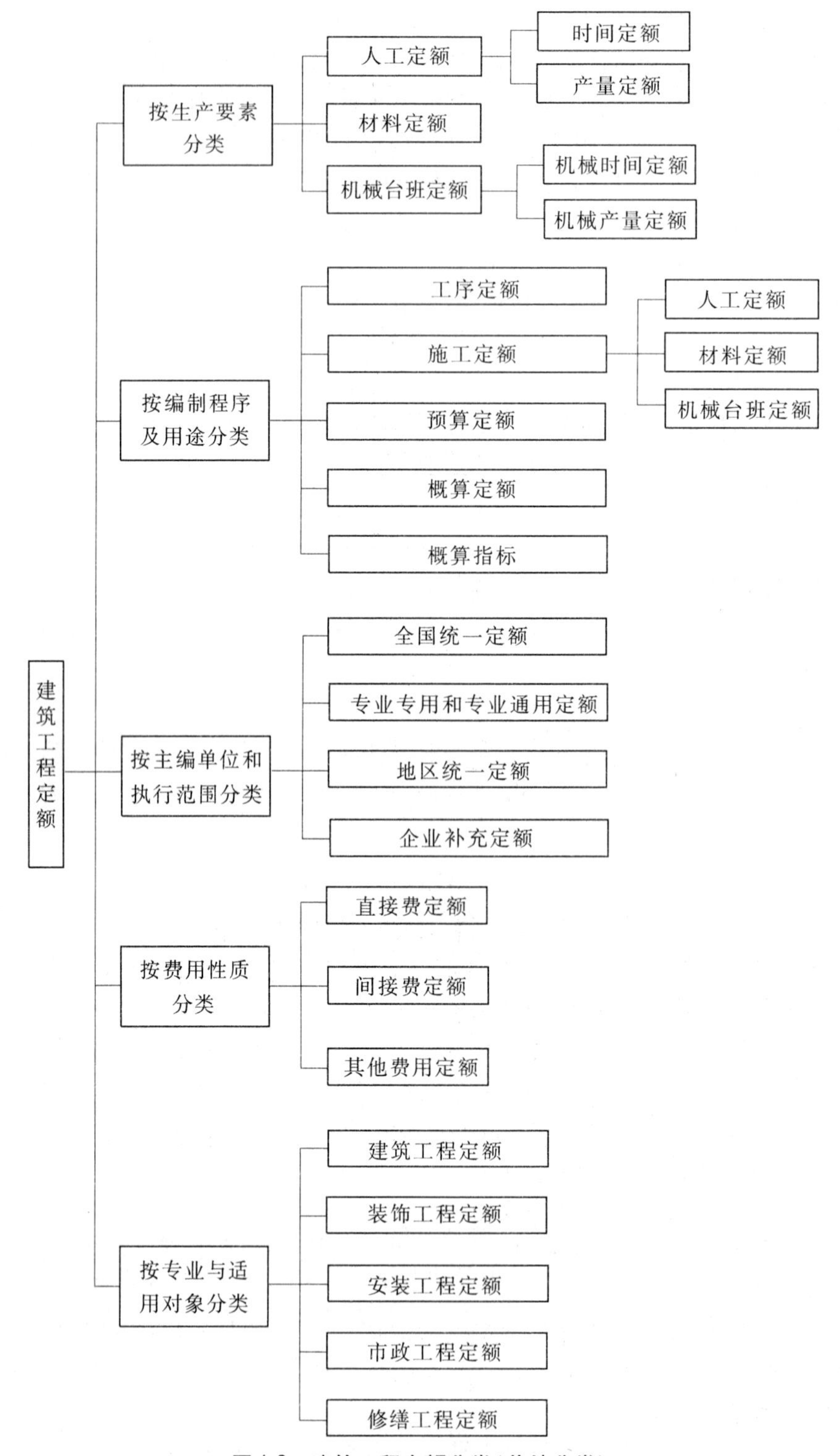

图 1-3　建筑工程定额分类(传统分类)

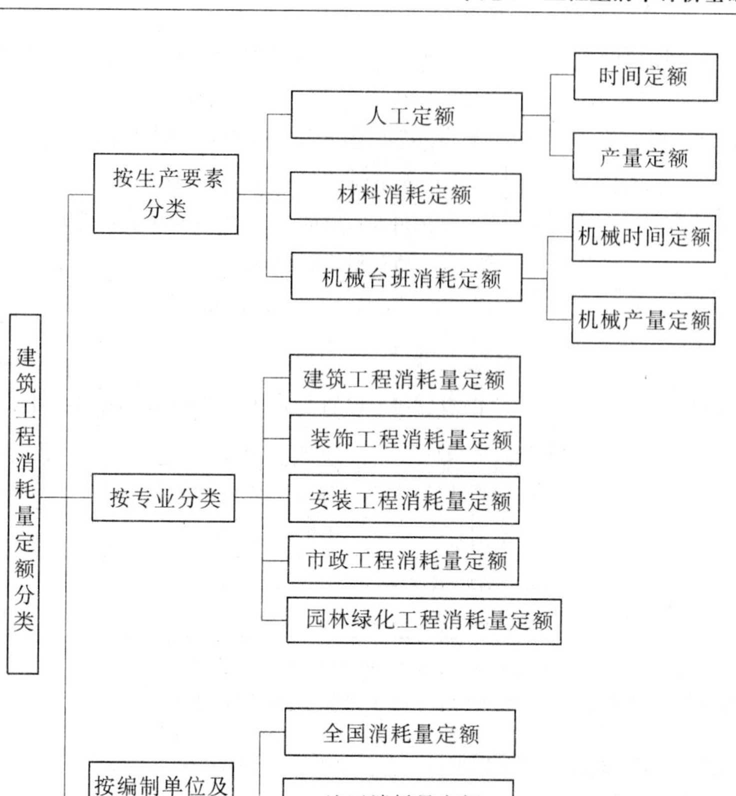

图1-4 建筑工程定额分类

量定额是指建筑装饰装修工程人工、材料及机械的消耗量标准。

(3)安装工程消耗量定额。安装工程是指各种管线、设备等的安装工程。安装工程消耗量定额是指安装工程人工、材料及机械的消耗量标准。

(4)市政工程消耗量定额。市政工程是指城市的道路、桥梁等公共设施及公用设施的建设工程。市政工程消耗量定额是指市政工程人工、材料及机械的消耗量标准。

(5)园林绿化工程消耗量定额。园林绿化工程消耗量定额是指园林绿化工程消耗量定额人工、材料及机械的消耗量标准。

1.1.4.3 按编制单位及使用范围分类

建筑工程消耗量定额按编制单位及使用范围分类有:全国消耗量定额、地区消耗量定额及企业消耗量定额。

(1)全国消耗量定额。全国消耗量定额是指由国家主管部门编制,作为各地区编制地区消耗量定额依据的消耗量定额。如《全国统一建筑工程基础定额》和《全国统一建筑装饰装修工程消耗量定额》。

(2)地区消耗量定额。地区消耗量定额是指由本地区建设行政主管部门根据合理的施工组织设计,按照正常施工条件制定的,生产分项工程合格单位产品所需人工、材料、机械台班的社会平均消耗量定额。它是编制投标控制价或标底的依据,在施工企业没有本企业定额的情况下也可作为投标的参考依据。

(3)企业消耗量定额。企业消耗量定额是指施工企业根据本企业的施工技术和管理水平,以及有关工程造价资料制定的,供本企业使用的人工、材料和机械消耗量定额。

全国消耗量定额、地区消耗量定额和企业消耗量定额三者的异同见表1-2。

表1-2 消耗量定额比较表

异同点	定额名称		
	全国消耗量定额	地区消耗量定额	企业消耗量定额
1. 编制内容相同	确定分项工程的人工、材料和机械台班消耗量标准		
2. 定额水平不同	全国社会平均水平	本地区社会平均水平	本企业个别水平
3. 编制单位不同	国家主管部门	各省、市、区主管部门	施工企业
4. 使用范围不同	全国	本地区	本企业
5. 定额作用不同	作为各地区编制本地区消耗量定额的依据	本地区编制标底,或供施工企业参考	本企业内部管理及投标使用

注:定额水平是指规定消耗在单位产品上的人工、材料和机械台班数量的多少。定额的水平与消耗量成反比,定额的水平越高,则定额的消耗量越低;定额的水平越低,则定额的消耗量越高。

1.2 建筑工程消耗量定额编制原则

1.2.1 定额水平

企业消耗量定额应体现本企业平均先进水平的原则;地区消耗量定额应体现本地区平均水平的原则。

所谓平均先进水平,就是在正常施工条件下,多数施工班组和多数工人经过努力才能够达到和超过的水平。它高于一般水平,而低于先进水平。

1.2.2 定额形式简明适用

消耗量定额编制必须便于使用。既要满足施工组织生产的需要,又要简明适用。要能反映现行的施工技术、材料的现状,项目齐全、步距适当、方便使用。

1.2.3 定额编制坚持"以专为主、专群结合"

定额的编制具有很强的技术性、实践性和法规性。不但要有专门的机构和专业人员组织把握方针政策,经常性地积累定额资料,还要专群结合,及时了解定额在执行过程中的情况和存在的问题,以便及时将新工艺、新技术、新材料反映在定额中。

1.3 建筑工程消耗量定额的编制依据

(1)现行的人工定额、材料消耗定额和机械台班消耗定额。

(2)现行的设计规范、建筑产品标准、技术操作规程、施工及验收规范、工程质量检查评定标准和安全操作规程。

(3)通用的标准设计和定型设计图集,以及有代表性的设计资料。

(4)有关科学实验、技术测定、统计资料。

(5)有关的建筑工程历史资料及定额测定资料。

(6)新技术、新结构、新材料、新工艺和先进施工经验的资料。

1.4　建筑工程消耗量定额的编制步骤

建筑工程消耗量定额的编制分为准备工作、编制初稿、终审定稿三个阶段，如图1-5所示。

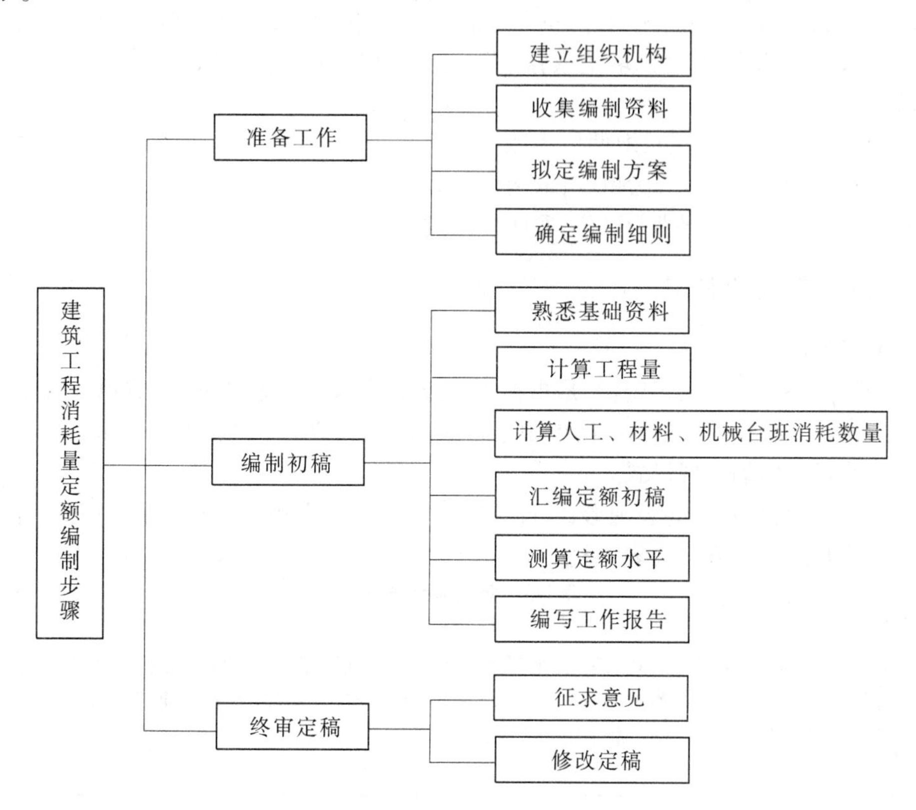

注：在定额基本单位确定后，常采用所取基本单位的10倍、100倍等倍数的扩大计量单位来编制定额。

图1-5　建筑工程消耗量定额编制步骤

2　确定定额的计量单位

定额项目计量单位的确定一定要合理，应根据分项工程的特点，本着准确、贴切、方便计量的原则设置，通常按照分项工程的形体特征和变化规律来确定。

2.1　计量单位的确定

(1)凡物体的长、宽、高(或厚)三个数值都会发生变化时，采用体积(m^3)为计量单位。如土石方、砌筑、混凝土及钢筋混凝土工程等。

(2)当物体厚度固定，而长度和宽度不固定时，采用面积(m^2)为计量单位。如楼地面、屋面工程等。

(3)当物体截面形状固定，而长度不固定时，采用延长米(m)为计量单位。如栏杆、装饰线、管道等。

(4)当物体体积和面积相同，而重量和价格差异很大时，采用重量单位千克(kg)或吨(t)计算。

(5)有的分项工程实物结构复杂，可按个、组、座、套、件、台等自然计量单位计算。

2.2 小数位数的取定

定额项目表中数量单位的小数位数取定(取位的数值按四舍五入规则处理):

(1)人工:以"工日"为单位,取两位小数。

(2)主要材料及半成品:木材以"m^3"为单位,取三位小数;钢材、钢筋以"t"为单位,取三位小数;水泥以"kg"为单位,取整数;砂浆、混凝土以"m^3"为单位,取两位小数;其余材料一般取两位小数。

(3)单价:以"元"为单位,取两位小数。

(4)其他材料费:以"元"为单位,取两位小数。

(5)施工机械:以"台班"为单位,取两位小数。

3 人工消耗定额的确定

3.1 人工消耗定额的概念

人工消耗定额,简称人工定额,是指在正常施工技术组织条件下,完成单位合格产品所必需的人工消耗量的标准。人工定额应反映生产工人劳动生产率的平均水平。

3.2 人工消耗定额的表现形式

人工定额有两种基本的表现形式,即时间定额和产量定额。定额表中有单式、复式两种表示方法,复式表示方法见表1-3。

表1-3 复式表示方法

砖 墙

工作内容:包括砌墙面艺术形式、墙垛、平磁及安装平磁模板,梁板头砌砖,梁板下塞砖,楼楞间砌砖,留楼梯踏步斜槽,留孔洞,砌各种凹进处,山墙泛水槽,安放木砖、铁件,安放60 kg以内的预制混凝土门窗过梁、隔板、垫块以及调整立好后的门窗框等。

每1 m^3 砌体的人工定额

项目		双面清水				单面清水					序号
		0.5砖	1砖	1.5砖	2砖及2砖以外	0.5砖	0.75砖	1砖	1.5砖	2砖及2砖以外	
综合	塔吊	1.49/0.671	1.2/0.833	1.14/0.877	1.06/0.943	1.45/0.69	1.41/0.709	1.16/0.862	1.08/0.926	1.01/0.99	一
综合	机吊	1.69/0.592	1.41/0.709	1.34/0.746	1.26/0.794	1.64/0.61	1.61/0.621	1.37/0.73	1.28/0.781	1.22/0.82	二
砌砖		0.996/1	0.69/1.45	0.62/1.62	0.54/1.85	0.952/1.05	0.908/1.1	0.65/1.54	0.563/1.78	0.494/2.02	三
运输	塔吊	0.412/2.43	0.418/2.39	0.418/2.39	0.418/2.39	0.412/2.43	0.415/2.41	0.418/2.39	0.418/2.39	0.418/2.39	四
运输	机吊	0.61/1.64	0.619/1.62	0.619/1.62	0.169/1.62	0.61/1.64	0.613/1.63	0.169/1.62	0.619/1.62	0.169/1.62	五
调制砂浆		0.081/12.3	0.096/10.4	0.101/9.9	1.102/9.8	0.081/12.3	0.085/11.8	0.096/10.4	0.101/9.9	0.102/9.8	六
编号		4	5	6	7	8	9	10	11	12	

3.2.1 时间定额

时间定额又称工时定额,是指某种专业的工人班组或个人,在合理的劳动组织与合理

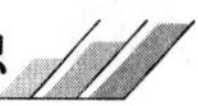

使用材料的条件下，完成质量合格的单位产品所必需的工作时间。

时间定额一般采用工日为计量单位，即工日/m^3、工日/m^2、工日/m……。每个工日工作时间，按现行制度规定为8 h。

时间定额的计算公式为

$$时间定额=\frac{工人工作时间}{完成产品数量} \tag{1-18}$$

3.2.2　产量定额

产量定额又称每工产量，是指某种专业的工人班组或个人，在合理的劳动组织与合理使用材料的条件下，单位工日应完成符合质量要求的产品数量。

产量定额的计量单位，通常是以一个工日完成合格产品的数量表示，即m^3/工日、m^2/工日、m/工日……。

产量定额的计算公式为

$$产量定额=\frac{完成产品数量}{工人工作时间} \tag{1-19}$$

3.2.3　时间定额与产量定额的关系

时间定额与产量定额是互为倒数关系，即

$$时间定额\times产量定额=1 \tag{1-20}$$

或

$$时间定额=\frac{1}{产量定额} \tag{1-21}$$

3.3　工人工作时间分类

工人工作时间按其消耗的性质，基本可以分为两大类：必需消耗的时间和损失时间，如图1-6所示。必需消耗的时间是编制定额的主要内容，但损失时间中的偶然时间和非施工本身造成的停工时间，在编制定额时应予以适当的考虑。

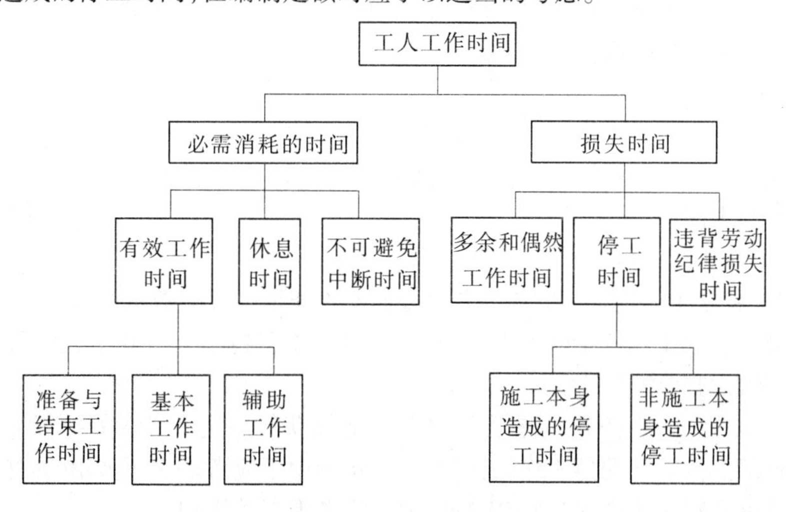

图1-6　工人工作时间分类

3.3.1　必需消耗的时间

必需消耗的时间是工人在正常施工条件下，为完成一定合格产品（工作任务）所消耗的时间,包括有效工作时间、休息时间和不可避免中断时间。有效工作时间从生产效果来看是与产品生产直接有关的时间消耗,它又可分为准备与结束工作时间、基本工作时间、辅助工作时间。

3.3.1.1 准备与结束工作时间

准备与结束工作时间是指执行任务前或任务完成后所消耗的工作时间,如工作地点、劳动工具和劳动对象的准备工作时间、工作结束后的整理工作时间等。其时间消耗的多少与任务的复杂程度有关,而与工人接受任务的数量大小无直接关系。

3.3.1.2 基本工作时间

基本工作时间是指工人完成能够生产一定产品的施工工艺过程所消耗的时间。通过这些工艺过程可以使材料改变外形结构与性质,可以使预制构配件安装组合成型,也可以改变产品外部及表面的性质。基本工作时间所包括的内容根据工作性质的不同而不同,其时间消耗的多少与任务量的大小成正比。

3.3.1.3 辅助工作时间

辅助工作时间是指为保证基本工作能够顺利完成所做辅助工作消耗的时间。在辅助工作时间里,辅助工作不能改变产品的形状大小、性质或发生位置,其时间消耗的多少与任务量的大小成正比。

3.3.1.4 休息时间

休息时间是指工人在施工过程中为恢复体力所必需的短暂的间歇及因个人需要而消耗的时间。其目的是保证工人精力充沛地进行工作,但午休时间不包括在休息时间之中。休息时间的长短和劳动条件有关,劳动繁重紧张、劳动条件差(如高温天气),则工作休息时间需要长。

3.3.1.5 不可避免中断时间

不可避免中断时间又称法定中断或工艺中断时间,是指在施工过程中由于技术或组织的原因而引起的工作中断时间。

3.3.2 损失时间

损失时间是指和产品生产无关,而和施工组织和技术上的缺点有关,与工人在施工过程中的个人过失或某些偶然因素有关的时间消耗,包括多余和偶然工作时间、停工时间、违背劳动纪律损失时间。

3.3.2.1 多余和偶然工作时间

多余工作,就是工人进行了完成任务以外而又不能增加产品数量的工作,如重砌质量不合格的墙体。多余工作的工时损失,一般都是由于工程技术人员和工人的差错而引起的,不应计入定额时间中。

偶然工作也是工人在任务外进行的工作,但能够获得一定产品。如抹灰工不得不补上偶然遗漏的墙洞等。从偶然工作的性质看,在定额中不应考虑它所占用的时间,但是由于偶然工作能够获得一定产品,拟定定额时要适当考虑它的影响。

3.3.2.2 停工时间

停工时间是指在工作班内停止工作造成的工时损失。停工时间按其性质可分为施工本身造成的停工时间和非施工本身造成的停工时间两种。施工本身造成的停工时间,是

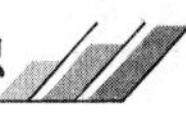

由于施工组织不善、材料供应不及时、工作面准备工作做得不好、工作地点组织不良等情况引起的停工时间。非施工本身造成的停工时间,是由于停电等外因引起的停工时间。

3.3.2.3　违背劳动纪律损失时间

违背劳动纪律损失时间是指工人迟到、早退、擅离工作岗位、工作时间内聊天等造成的工时损失。

3.4　人工定额的编制方法

3.4.1　人工定额测定方法

人工定额测定方法如图1-7所示。

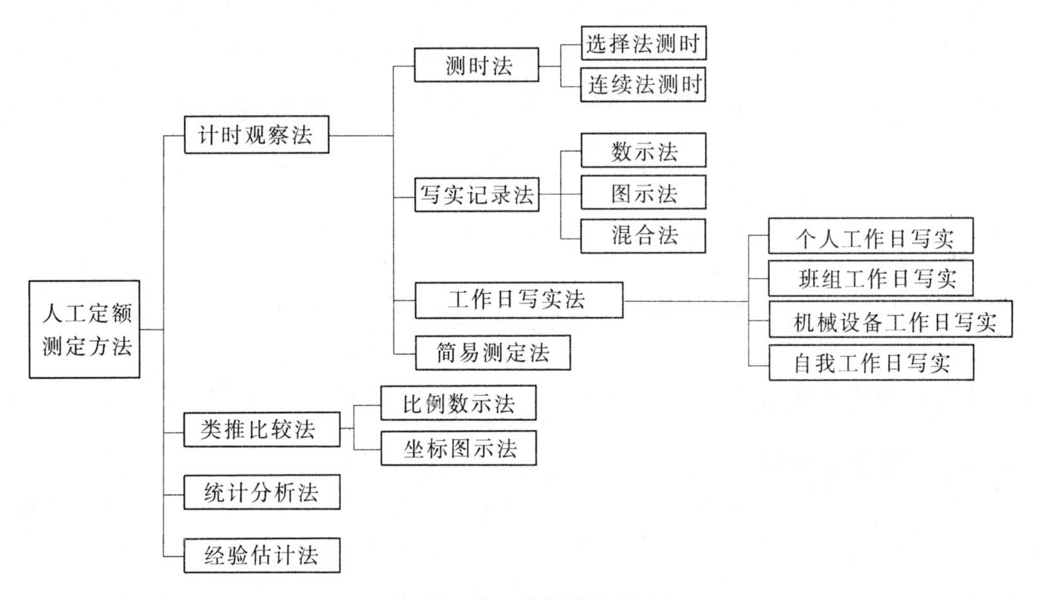

图1-7　人工定额测定方法

3.4.2　确定人工定额消耗量的基本方法

3.4.2.1　分析基础资料,拟订编制方案

(1)确定工时消耗影响因素。包括技术因素和组织因素。

(2)整理计时观察资料。采用平均修正法,剔除或修正那些偏高、偏低的可疑数据。

(3)整理分析日常积累的资料。

(4)拟定定额的编制方案。包括拟定定额水平,拟定定额册、章、节、分项的目录,拟定计量单位,拟定表格形式和内容。

3.4.2.2　确定正常的施工条件

(1)确定工作地点的组织。

(2)确定工作组成。

(3)确定施工人员编制。

3.4.2.3　确定人工定额消耗量

基本工作时间是时间定额中的主要时间,通常根据计时观察法的资料确定。其他几项时间可按计时观察法的资料确定,也可按工时规范中规定的占工作日或基本工作时间的百分比计算。利用工时规范计算时间定额的公式为

$$工序作业时间=\frac{基本工作时间}{1-辅助工作时间(\%)} \tag{1-22}$$

$$定额时间=\frac{工序作业时间}{1-规范时间(\%)} \tag{1-23}$$

或

$$定额时间=\frac{基本工作时间}{1-规范时间(\%)} \tag{1-24}$$

将定额时间换算为以工日为单位,即为人工定额的时间定额,再根据时间定额算出其产量定额。

【例1-1】 根据施工现场测定资料和工时规范:人力双轮车运标准砖运距25 m,每运1千块所需消耗的基本工作时间为133.88 min,准备与结束时间、辅助工作时间、休息时间各占工作日的1.5%、3%、15%。试计算运标准砖的时间定额和产量定额。

解

$$定额时间=\frac{133.88}{1-(1.5\%+3\%+15\%)}=166.31(\text{min}/千块)$$

$$时间定额=\frac{166.31}{60\times 8}=0.35(工日/千块)$$

$$产量定额=\frac{1}{时间定额}=2.89(千块/工时)$$

4 材料消耗定额的确定

4.1 材料消耗定额的概念

材料消耗定额,简称材料定额,是指在正常施工和合理使用材料的条件下,生产合格的单位产品所必需消耗的原材料、成品、半成品等材料的数量标准。

材料消耗定额由两部分组成(见图1-8):一部分是直接构成工程实体的材料用量,称为材料净用量;另一部分是生产操作过程中损耗的材料量,称为材料损耗量。材料损耗量通常采用材料损耗率表示,即材料的损耗量与材料净用量的百分比表示。其计算公式为

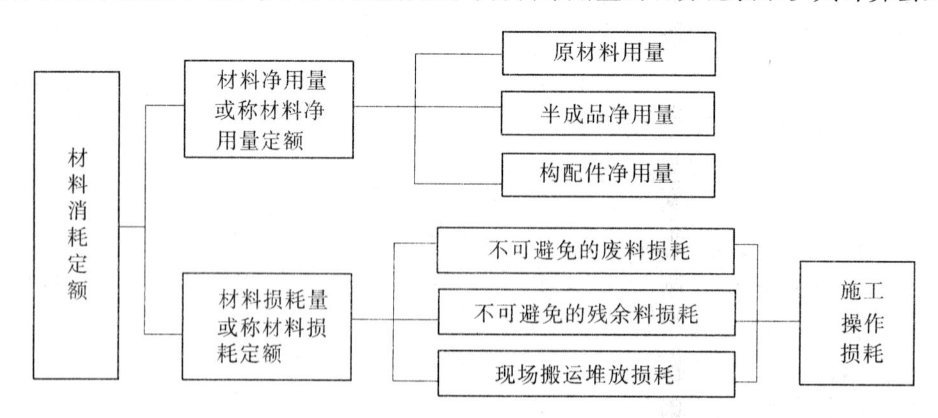

图1-8 材料消耗定额的组成

$$材料损耗率=\frac{材料损耗量}{材料净用量}\times 100\% \tag{1-25}$$

$$材料消耗量 = 材料净用量 + 材料损耗量$$
$$= 材料净用量 \times (1 + 损耗率) \quad (1\text{-}26)$$

一般材料损耗率,见表1-4。

4.2 材料消耗定额的表现形式

根据材料使用次数的不同,建筑材料可分为非周转性材料和周转性材料两类,因此在定额中的消耗量,也分为非周转性材料消耗量和周转性材料摊销量两种。

4.2.1 非周转性材料消耗量

非周转性材料消耗量又称直接性材料消耗量。非周转性材料是指在建筑工程施工中构成工程实体的一次性消耗材料、半成品,如砖、砂浆、混凝土等。

表1-4 工程材料、成品、半成品损耗率

材料名称	工程项目	损耗率(%)	材料名称	工程项目	损耗率(%)
标准砖	基础	0.4	陶瓷锦砖		1
标准砖	实砖墙	1	铺地砖	(缸砖)	0.8
标准砖	方砖柱	3	砂	混凝土工程	1.5
白瓷砖		1.5	砾石		2
生石灰		1	混凝土(现浇)	地面	1
水泥		1	混凝土(现浇)	其余部分	1.5
砌筑砂浆	砖砌体	1	混凝土(预制)	桩基础、梁、柱	1
混合砂浆	抹墙及墙裙	2	混凝土(预制)	其余部分	1.5
混合砂浆	抹顶棚	3	钢筋	现浇、预制混凝土	4
石灰砂浆	抹顶棚	1.5	铁件	成品	1
石灰砂浆	抹墙及墙裙	1	钢材		6
水泥砂浆	抹顶棚	2.5	木材	门窗	6
水泥砂浆	抹墙及墙裙	2	玻璃	安装	3
水泥砂浆	地面、屋面	1	沥青	操作	1

4.2.2 周转性材料摊销量

周转性材料摊销量是指一次投入,经多次周转使用,分次摊销到每个分项工程上的材料数量,如脚手架材料、模板材料、支撑垫木、挡土板等。它们根据不同材料的耐用期、残值率和周转次数计算单位产品所应分摊的数量。

4.3 材料消耗定额的编制方法

4.3.1 非周转性材料消耗量的确定

非周转性材料消耗量的确定方法有现场观察法、实验试验法、统计分析法、理论计算法等。

4.3.1.1 现场观察法

现场观察法是通过对建筑工程实际施工中进行现场观察和测定,并对所完成的建筑工程施工产品数量与所消耗的材料数量进行分析、整理和计算,确定材料损耗的一种方法。通常用于确定材料的损耗量。

4.3.1.2 实验试验法

实验试验法是在实验室或施工现场内对测定材料进行材料试验,通过整理计算制定材料消耗定额的方法。此法适用于测定混凝土、砂浆、沥青、油漆涂料等材料的消耗定额。

4.3.1.3 统计分析法

统计分析法是指通过对各类已完成工程拨付的工程材料数量,竣工后的工程材料剩余数量和完成建筑工程产品数量的统计、分析研究、计算确定建筑工程材料消耗定额的方法。此法不能将施工过程中材料的合理损耗与不合理损耗区别开来,这样得出的材料消耗量准确性不高。

4.3.1.4 理论计算法

理论计算法是根据建筑工程施工图所确定的建筑构件类型和其他技术资料,运用一定的理论计算公式制定材料消耗定额的方法。理论计算法主要适用于按件论块、不易损耗、废品容易确定的现成制品材料消耗量的计算。

1. 每立方米砖砌体材料消耗量计算

(1)砖的消耗量。

$$\text{砖净用量}=\frac{\text{墙厚砖数}\times 2}{\text{墙厚}\times(\text{砖长}+\text{灰缝})\times(\text{砖厚}+\text{灰缝})}\quad(\text{块})\qquad(1\text{-}27)$$

$$\text{砖消耗量}=\text{砖净用量}\times(1+\text{损耗率})\quad(\text{块})\qquad(1\text{-}28)$$

(2)砂浆的消耗量。

$$\text{砂浆消耗量}=(1-\text{砖净用量}\times\text{单块砖体积})\times(1+\text{损耗率})\quad(\text{m}^3)\qquad(1\text{-}29)$$

【例1-2】 计算每立方米120厚标准砖墙砖和砂浆的消耗量(灰缝为10 mm)。已知损耗率为:砖1.0%,砂浆1.0%。

解 (1)计算砖用量。

$$\text{砖净用量}=\frac{0.5\times 2}{0.115\times(0.24+0.01)\times(0.053+0.01)}=552(\text{块})$$

$$\text{砖消耗量}=552\times(1+0.01)=557.62(\text{块})$$

(2)计算砂浆用量。

$$\text{砂浆消耗量}=(1-552\times 0.24\times 0.115\times 0.053)\times(1+0.01)=0.194(\text{m}^3)$$

2. 块料面层材料消耗量计算

块料是指瓷砖、锦砖、缸砖、预制水磨石块、大理石、花岗岩板等。块料面层定额以100 m^{2}为计量单位。

$$\text{面层块材用量}=\frac{100}{(\text{块料长}+\text{灰缝})\times(\text{块料宽}+\text{灰缝})}\times(1+\text{损耗率})\quad(\text{块})\qquad(1\text{-}30)$$

$$灰缝砂浆用量=(100-块料净用量\times块料长\times块料宽)\times块料厚度\times(1+损耗率)\quad(m^3) \tag{1-31}$$

【例1-3】 釉面砖规格为200 mm×300 mm×8 mm，灰缝宽度为1 mm，釉面砖损耗率为1.5%，砂浆损耗率为2%。试计算100 m^2墙面釉面砖及灰缝砂浆的消耗量。

解

$$\begin{aligned}釉面砖消耗量&=\frac{100}{(0.2+0.001)\times(0.3+0.001)}\times(1+0.015)\\&=1\ 652.87\times(1+0.015)\\&=1\ 677.66(块)\end{aligned}$$

$$\begin{aligned}灰缝砂浆消耗量&=(100-1\ 652.87\times0.2\times0.3)\times0.008\times(1+0.02)\\&=0.007(m^3)\end{aligned}$$

4.3.2 周转性材料消耗量的确定

根据现行的工程造价计价方法，周转性材料部分资源消耗支付已列为施工措施项目。按其使用特点制定消耗量时，应当按照多次使用、分期摊销方法进行计算。周转性材料消耗量通常用摊销量表示，计算公式为

$$摊销量=\frac{一次使用量\times(1+损耗率)}{周转次数} \tag{1-32}$$

或

$$摊销量=一次使用量\times摊销率 \tag{1-33}$$

5 机械台班消耗定额的确定

5.1 机械台班消耗定额的概念

机械台班消耗定额又称机械台班使用定额，简称机械定额，是指在合理组织施工和合理使用机械的正常施工条件下，完成单位合格产品所必需消耗的一定品种、规格的机械台班数量标准。

5.2 机械台班消耗定额的表现形式

机械定额也有时间定额和产量定额两种基本表现形式，通常以机械产量定额为主。机械定额的表示方法(见表1-5)为

$$\frac{时间定额}{台班产量}和\frac{时间定额}{台班产量}\Bigg|台班工日$$

5.2.1 机械时间定额

机械时间定额是指在合理组织施工和合理使用机械的条件下，某种类型的机械为完成质量合格的单位产品所必需消耗的机械工作时间，单位以“台班”或“台时”表示。一台机械工作8小时为一个台班。

5.2.2 机械产量定额

机械产量定额是指在合理组织施工和合理使用机械的条件下，某种类型的机械在单位机械工作时间内，应完成的质量合格产品数量。

5.2.3 机械时间定额和机械产量定额的关系

机械时间定额和机械产量定额互为倒数关系。

表 1-5　机械定额的表示方法

混凝土楼板梁、连系梁、悬臂梁、过梁安装

工作内容:包括 15 m 以内构件移位、绑扎起吊、对正中心线、安装在设计位置上、校正、垫好垫铁。

每 1 台班的机械定额

项目		施工方法	楼板梁(t 以内)			连系梁、悬臂梁、过梁(t 以内)			序号
			2	4	6	1	2	3	
安装高度(层以内)	三	履带式	$\frac{0.22}{59}\Big\vert 13$	$\frac{0.271}{48}\Big\vert 13$	$\frac{0.317}{41}\Big\vert 13$	$\frac{0.217}{60}\Big\vert 13$	$\frac{0.245}{53}\Big\vert 13$	$\frac{0.277}{47}\Big\vert 13$	一
	三	轮胎式	$\frac{0.26}{50}\Big\vert 13$	$\frac{0.317}{41}\Big\vert 13$	$\frac{0.317}{35}\Big\vert 13$	$\frac{0.255}{51}\Big\vert 13$	$\frac{0.289}{45}\Big\vert 13$	$\frac{0.325}{40}\Big\vert 13$	二
	三	塔式	$\frac{0.191}{68}\Big\vert 13$	$\frac{0.236}{55}\Big\vert 13$	$\frac{0.277}{47}\Big\vert 13$	$\frac{0.188}{69}\Big\vert 13$	$\frac{0.213}{61}\Big\vert 13$	$\frac{0.241}{61}\Big\vert 13$	三
	六	塔式	$\frac{0.21}{62}\Big\vert 13$	$\frac{0.25}{52}\Big\vert 13$	$\frac{0.302}{43}\Big\vert 13$	$\frac{0.232}{56}\Big\vert 13$	$\frac{0.26}{50}\Big\vert 13$	$\frac{0.31}{42}\Big\vert 13$	四
	七	塔式	$\frac{0.232}{56}\Big\vert 13$	$\frac{0.283}{46}\Big\vert 13$	$\frac{0.342}{38}\Big\vert 13$				五
编号			676	677	678	679	680	681	

5.3　机械工作时间分类

机械工作时间按其消耗的性质,基本可以分为两大类:必需消耗的时间和损失时间,如图 1-9 所示。制定机械工作定额时,只考虑机械的有效工作时间中的正常负荷下的工作时间、有根据地降低负荷下的工作时间和不可避免的无负荷工作时间、不可避免的中断时间,而不考虑机械的多余工作时间、停工时间、违背劳动纪律引起的机械的时间损失以及低负荷下的工作时间,这就在一定程度上保证了定额的先进性和合理性。

5.3.1　必需消耗的时间

在必需消耗的工作时间里,包括有效工作时间、不可避免的无负荷工作时间和不可避免的中断时间三项。机械的有效工作时间是指机械直接为生产产品而进行工作的时间,它又可分为正常负荷下、有根据地降低负荷下和低负荷下工作的工时消耗。

5.3.1.1　正常负荷下的工作时间

正常负荷下的工作时间是指机械在与机械说明书规定的计算负荷相符的情况下进行工作的时间。

5.3.1.2　有根据地降低负荷下的工作时间

有根据地降低负荷下的工作时间是指在个别情况下由于技术上的原因,机械在低于其计算负荷下工作的时间。如汽车运输重量轻而体积大的货物时,不能充分利用汽车的载重吨位,因而不得不降低其计算负荷。

5.3.1.3　低负荷下的工作时间

低负荷下的工作时间是指由于工人或技术人员的过失以及机械的故障等因素,施工机械在降低负荷情况下工作的时间,此项工作时间不能作为计算时间定额的基础。如工人装车的砂石数量不足引起的汽车在低负荷情况下工作所延续的时间。

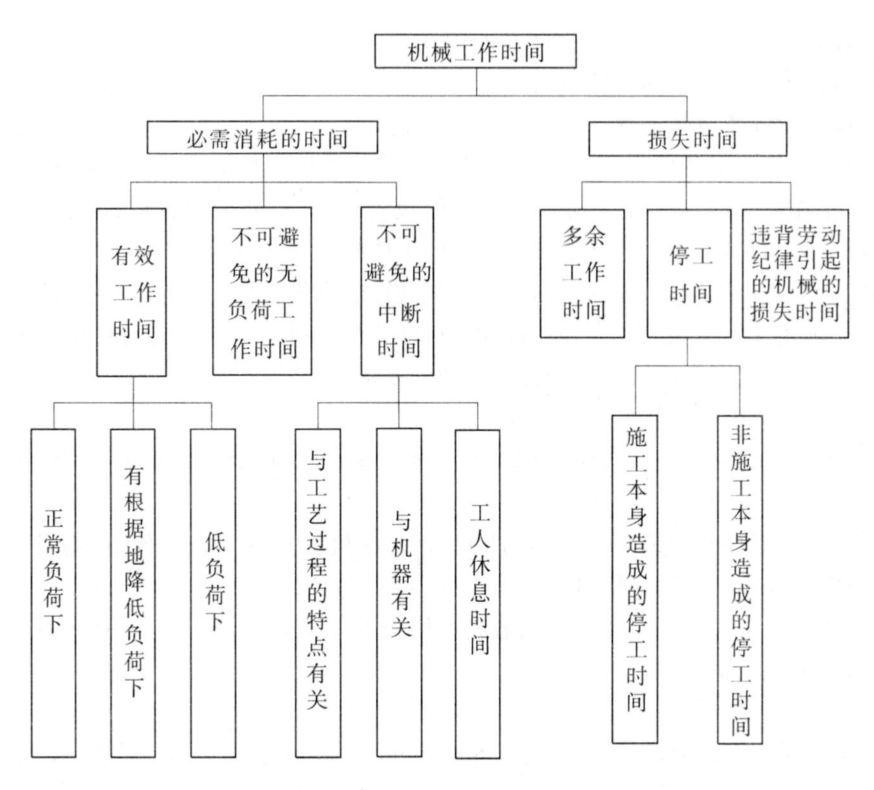

图1-9　机械工作时间分类

5.3.1.4　不可避免的无负荷工作时间

不可避免的无负荷工作时间是指由施工过程和机械结构的特点造成的机械无负荷工作时间。如筑路机在工作区末端调头等。

5.3.1.5　不可避免的中断工作时间

不可避免的中断工作时间是指由于工人进行准备与结束工作或辅助工作时，机械停止工作而引起的中断工作时间，它与机械的使用与保养有关。

5.3.2　损失时间

损失的工作时间中，包括多余工作时间、停工时间和违背劳动纪律引起的机械的损失时间。

5.3.2.1　多余工作时间

多余工作时间是指机械进行任务内和工艺过程内未包括的工作而延续的时间。如工人没有及时供料而使机械空运转的时间。

5.3.2.2　停工时间

停工时间按其性质可分为施工本身造成的停工时间和非施工本身造成的停工时间。前者是由施工组织得不好而引起的停工现象，如未及时供给机械燃料而停工；后者是由气候条件所引起的停工现象，如暴雨时压路机的停工。上述停工中延续的时间，均为机械的停工时间。

5.3.2.3　违背劳动纪律引起的机械的损失时间

违背劳动纪律引起的机械的损失时间是指由于工人迟到早退或擅离岗位等引起的机

械停工时间。

5.4 机械台班消耗定额的编制方法

5.4.1 确定正常的施工条件

确定正常的施工条件主要是拟定工作地点的合理组织和合理的工人编制。

拟定工作地点的合理组织,是指对机械的放置位置、材料的放置位置、工人的操作场地等做出合理的布置,最大限度地发挥机械的工作性能。

拟定合理的工人编制,是指根据施工机械的性能和设计能力、工人的专业分工和劳动工效,合理确定操纵机械的工人和直接参加机械化施工过程的工人的编制人数,应满足保持机械的正常生产率和工人正常的劳动工效的要求。

5.4.2 确定机械1小时纯工作正常生产率

机械纯工作的时间包括机械的有效工作时间、不可避免的无负荷工作时间和不可避免的中断时间。

机械纯工作时间(台班)的正常生产率,就是在机械正常工作条件下,由具备必需的知识与技能的技术工人操作机械工作1小时(台班)的生产效率。

单位机械工作时间能生产的产品数或者机械工作时间的消耗量,可通过现场观测并参考机械产品说明书确定。

5.4.2.1 循环动作机械

$$\text{机械1次循环的正常延续时间} = \sum(\text{循环各组成部分的正常延续时间}) - \text{交叠时间} \tag{1-34}$$

$$\text{机械纯工作1小时正常循环次数} = \frac{60 \times 60(\mathrm{s})}{\text{1次循环的正常延续时间}} \tag{1-35}$$

$$\text{机械纯工作1小时正常生产率} = \text{机械纯工作1小时正常循环次数} \times \text{1次循环生产的产品数量} \tag{1-36}$$

5.4.2.2 连续动作机械

$$\text{机械纯工作1小时正常生产率} = \frac{\text{工作时间内生产的产品数量}}{\text{工作时间(h)}} \tag{1-37}$$

5.4.3 确定施工机械的正常利用系数

施工机械的正常利用系数又称机械时间利用系数,是指工作班纯工作时间占工作班延续时间的百分数。

$$\text{施工机械的正常利用系数}(K_B) = \frac{\text{工作班纯工作时间}}{\text{工作班延续时间}} \tag{1-38}$$

5.4.4 确定施工机械台班定额消耗量

5.4.4.1 施工机械台班产量定额

$$\text{施工机械台班产量定额} = \text{机械纯工作1小时正常生产率} \times \text{工作班纯工作时间} \tag{1-39}$$

或

$$\text{施工机械台班产量定额} = \text{机械纯工作1小时正常生产率} \times \text{工作班延续时间} \times \text{施工机械的正常利用系数} \tag{1-40}$$

5.4.4.2　施工机械时间定额

$$施工机械时间定额 = \frac{1}{施工机械台班产量定额} \tag{1-41}$$

【例1-4】 某沟槽土方量为4 351 m^3(密实状态),采用挖斗容量为0.5 m^3的反铲挖掘机挖土,载重量为5 t的自卸汽车将开挖土方量的60%运走,运距为3 km,其余土方就地堆放。经现场测试的有关数据如下:

(1)假设土的松散系数为1.2,松散状态容重为1.65 t/m^3。

(2)假设挖掘机的铲斗充盈系数为1.0,每循环一次时间为2 min,机械的正常利用系数为0.85。

(3)自卸汽车每次装卸往返需24 min,机械的正常利用系数为0.80。

试确定所选挖掘机、自卸汽车的台班产量及台班数;如果需11 d内将土方工程完成,至少需要多少台挖掘机和自卸汽车?

解　(1)计算挖掘机台班产量、台班数、台数。

①每小时循环次数 $=60 \div 2=30$(次)。

②每小时生产率 $=30 \times 0.5 \times 1.0=15$($m^3/h$)。

③台班产量 $=15 \times 8 \times 0.85=102$($m^3$/台班)。

④台班数 $=4\ 351 \div 102=42.66$(台班)。

⑤台数 $=42.66 \div 11=3.88$(台),取4台。

(2)计算自卸汽车台班产量、台班数、台数。

①每小时循环次数 $=60 \div 24=2.5$(次)。

②每小时生产率 $=2.5 \times 5 \div 1.65=7.58$($m^3/h$)。

③台班产量 $=7.58 \times 8 \times 0.80=48.51$($m^3$/台班)。

④台班数 $=4\ 351 \times 60\% \times 1.2 \div 48.51=64.58$(台班)。

⑤台数 $=64.58 \div 11=5.87$(台),取6台。

6　建筑工程消耗量定额的组成与应用

注:以《全国统一建筑装饰装修工程消耗量定额》(GYD 901—2002)为例。

6.1　建筑工程消耗量定额的组成

在建筑工程消耗量定额中,除规定各项资源消耗的数量标准外,还规定了它应完成的工程内容和相应的质量标准等。建筑工程消耗量定额的内容,由文字说明、定额项目表、附录等三部分组成。

6.1.1　文字说明

文字说明是建筑工程消耗量定额使用的重要依据,包括目录、总说明、分部工程说明及工程量计算规则等。

6.1.1.1　总说明

总说明主要阐述消耗量定额的用途和适用范围、消耗量定额的编制原则和依据、定额中已考虑和未考虑的因素、使用中应注意的事项和有关问题的规定等。

6.1.1.2　分部工程说明及工程量计算规则

分部工程说明主要说明本分部所包括的主要分项工程,以及本分部在使用时的一些基本原则,在该分部中还包括各分项工程的工程量计算规则。

6.1.2 定额项目表

定额项目表是建筑工程消耗量定额的核心内容,它是以各类定额中各分部工程归类,又以若干不同的分项工程排列的项目表。包括分项工程工作内容,计量单位,分项工程人工、材料、机械消耗量指标等,其表达形式见表1-6、表1-7。

表1-6 定额项目表(一)

砖基础、砖墙　　　　计量单位:10 m^3

工作内容:1. 砖基础:调运砂浆、铺砂浆、运砖、清理基槽坑、砌砖等。

2. 砖墙:调、运、铺砂浆,运砖;砌砖包括窗台虎头砖、腰线、门窗套;安放木砖、铁件等。

定额编号			4-1	4-2	4-3	4-4	4-5	4-6
项目		单位	砖基础	单面清水砖墙				
				$\frac{1}{2}$砖	$\frac{3}{4}$砖	1砖	$1\frac{1}{2}$砖	2砖及2砖以上
人工	综合工日	工日	12.18	21.97	21.63	18.87	17.88	17.14
材料	水泥砂浆M5	m^3	2.36					
	水泥砂浆M10	m^3		1.95	2.13			
	混合砂浆M2.5	m^3				2.25	2.40	2.45
	烧结普通砖	千块	5.236	5.641	5.510	5.314	5.35	5.31
	水	m^3	1.05	1.13	1.10	1.06	1.07	1.06
机械	灰浆搅拌机200 L	台班	0.39	0.33	0.35	0.38	0.40	0.41

注:本表摘自《全国统一建筑工程基础定额》(GJD 101—95)。

表1-7 定额项目表(二)

水刷石　　　　计量单位:m^2

工作内容:1. 清理、修补、湿润墙面;堵墙眼;调运砂浆;清扫落地灰。

2. 分层抹灰、刷浆、找平、起线拍平、压实、刷面(包括门、窗侧壁抹灰)。

定额编号				2-001	2-002	2-003	2-004
项目				水刷豆石			
				砖、混凝土墙面12+12	毛石墙面18+12	柱面	零星项目
名称		单位	代码	数量			
人工	综合工人	工日	000001	0.369 2	0.385 3	0.492 2	0.974
材料	水	m^3	AV0280	0.028 8	0.030 0	0.028 6	0.028 6
	水泥砂浆1:3	m^3	AX0684	0.013 9	0.020 8	0.013 3	0.013 3
	水泥豆石浆1:1.25	m^3	AX0710	0.014 0	0.014 0	0.013 4	0.013 4
	107胶素水泥浆	m^3	AX0841	0.001 0	0.001 0	0.001 0	0.001 0
机械	灰浆搅拌机200 L	台班	TM0200	0.004 7	0.005 6	0.004 4	0.004 4

注:本表摘自《全国统一建筑装饰装修工程消耗量定额》(GYD 901—2002)。

6.1.3　附录

附录是使用定额的参考资料，通常列在定额的最后，一般包括混凝土配合比表、砂浆配合比表等，可作为定额换算和编制补充定额的基本依据。

6.2　建筑工程消耗量定额的使用方法

6.2.1　认真阅读总说明和分部工程说明，了解附录的使用

这是正确掌握定额的关键。因为它指出了定额编制的指导思想、原则、依据、适用范围、已经考虑和未考虑的因素，以及其他有关问题和使用方法。特别是对于客观条件的变化，一时难以确定的情况下，往往在说明中允许据实加以换算（增或减或乘以系数等），通常称为“活口”，是十分重要的，要正确掌握。

如：定额中注有“×××以内”或“×××以下”者均包括×××本身，“×××以外”或“×××以上”者，则不包括×××本身。

项目中砂浆是按常用规格、强度等级列出，如与设计不同，可以换算。

混凝土已按常用强度等级列出，如与设计不同，可以换算。

6.2.2　逐步掌握定额项目表各栏的内容

弄清定额子目的名称和步距划分，以便能正确列项。

6.2.3　掌握分部分项工程定额包括的工作内容和计量单位

对常用项目的工作内容应通过日常工作实践加深了解，否则会出现重复列项或漏项。

熟记定额的计量单位（m^3、m^2、m、t 或 kg 等）以便正确计算工程量，并注意定额计量单位是否扩大了倍数，如 m^3、10 m^3、100 m^3等。

6.2.4　要正确理解和熟记建筑面积及工程量计算规则

“规则”就是要求遵照执行的，无论建设方、设计方还是施工方都不能自行其是。按照统一规则计算是十分重要的，它有利于统一口径，便于工程造价审查工作的开展。

6.2.5　掌握定额换算的各项具体规定

通过对定额及说明的阅读，了解定额中哪些允许换算，哪些不允许换算，以及怎样换算等。

6.3　建筑工程消耗量定额的直接套用

当施工图纸的设计要求与所套用的相应定额项目内容一致时，可直接套用定额。在确定分项工程人工、材料、机械台班的消耗量时，绝大部分属于这种情况。直接套用定额项目的方法步骤如下：

（1）根据施工图纸设计的工程项目内容，从定额目录中查出该项目所在定额中的部位，选定相应的定额项目与定额编号。

（2）在套用定额前，必须注意核实分项工程的名称、规格、计量单位，与定额规定的名称、规格、计量单位是否一致。施工图纸设计的工程项目与定额规定的内容一致时，可直接套用定额。

（3）将定额编号和定额工料消耗量分别填入工料计算表内。

（4）确定工程项目的人工、材料、机械台班需用量。

计算公式为

$$分项工程工料机需用量 = 定额工料机消耗指标 \times 分项工程量 \tag{1-42}$$

【例 1-5】 某工程 M2.5 水泥混合砂浆砌筑 1 砖厚混水砖墙,工程量为 156.80 m^3,试确定该分项工程的人工、材料、机械台班需用量。

解 (1)从定额目录中,查得 1 砖厚混水砖墙工程的定额项目在《全国统一建筑工程基础定额》(GYD 901—2002)的第四章第一节,其部位为该章的第 10 个子项目。

(2)通过分析可知,1 砖厚混水砖墙分项工程内容与定额规定的内容完全相符,即可直接套用定额项目。

(3)从定额项目表中查得该项目定额编号为"4－10",每 10 m^3 砖墙消耗指标如下:综合人工为 16.08 工日、水泥混合砂浆(M2.5)2.25 m^3、标准砖 5.314 千块、水 1.06 m^3、灰浆搅拌机(200 L)0.38 台班。

(4)确定该工程 1 砖厚混水砖墙分项人工、材料、机械台班的需用量。

综合人工: 16.08 × 15.80 = 254.06(工日)

水泥混合砂浆(M2.5): 2.25 × 15.80 = 35.55(m^3)

标准砖: 5.314 × 15.80 = 83.96(千块)

水: 1.06 × 15.80 = 16.75(m^3)

灰浆搅拌机(200 L): 0.38 × 15.80 = 6.00(台班)

【例 1-6】 某工程楼地面铺贴 500 mm × 500 mm(单色)天然花岗岩板 185.60 m^2,试确定该分项工程的人工、材料、机械台班需用量。

解 根据《全国统一建筑装饰装修工程消耗量定额》(GYD 901—2002):

(1)从定额目录中,查出天然花岗岩板楼地面的定额项目在《全国统一建筑装饰装修工程消耗量定额》(GYD 901—2002)的第一章第一节,其部位为该章的第 8 个子项目。

(2)通过分析可知,花岗岩板楼地面分项工程内容与定额规定的内容完全相符,即可直接套用定额项目。

(3)从定额项目表中查得该项目定额编号为"1－008",每平方米花岗岩板楼地面消耗指标如下:综合人工 0.253 工日、白水泥 0.103 kg、花岗岩板 1.02 m^2、石料切割锯片 0.004 2片、棉纱头 0.01 kg、水 0.026 m^3、锯木屑 0.006 m^3、水泥砂浆(1:3)0.030 3 m^3、素水泥浆 0.001 m^3、灰浆搅拌机(200 L)0.005 2 台班、石料切割机 0.020 1 台班。

(4)确定该工程花岗岩板楼地面人工、材料、机械台班的需用量。

综合人工: 0.253 × 185.60 = 49.96(工日)

白水泥: 0.103 × 185.60 = 19.12(kg)

花岗岩板 500 mm × 500 mm: 1.02 × 185.60 = 189.31(m^2)

石料切割锯片: 0.004 2 × 185.60 = 0.78(片)

棉纱头: 0.01 × 185.60 = 1.86(kg)

水: 0.026 × 185.60 = 4.83(m^3)

锯木屑: 0.006 × 185.60 = 1.11(m^3)

水泥砂浆(1:3): 0.030 3 × 185.60 = 5.62(m^3)

素水泥浆: 0.001 × 185.60 = 0.19(m^3)

灰浆搅拌机(200 L): 0.005 2 × 185.60 = 0.97(台班)

石料切割机：　　　　　　　　　　$0.0201 \times 185.60 = 3.73$（台班）

6.4　建筑工程消耗量定额的换算

当施工图的设计要求与选套的相应定额项目内容不一致时，应在定额规定的范围内进行换算。对换算后的定额项目，应在其定额编号后注明“换”字以示区别，如“4－10换”。消耗量定额换算的实质就是按定额规定的换算范围、内容和方法，对消耗量定额中某些分项工程的“三量”消耗指标进行调整。

定额换算的基本思路是：根据设计图纸所示建筑、装饰分项工程的实际内容，选定某一相关定额子目，按定额规定换入应增加的人工、材料和机械，减去应扣除的人工、材料和机械。该思路可以用下式表述：

换算后的消耗量＝分项定额工料机消耗量＋换入的工料机消耗量－换出的工料机消耗量　(1-43)

下面以《全国统一建筑装饰装修工程消耗量定额》(GYD 901—2002)为例，说明建筑装饰工程预算中常见定额的换算方法。

6.4.1　材料配合比不同的换算

配合比材料，包括混凝土、砂浆、保温隔热材料等，由于混凝土、砂浆配合比的不同而引起相应消耗量变化时，定额规定必须进行换算。计算公式为

换算后的材料消耗量＝分项定额材料消耗量＋配合比材料定额用量×（换入配合比材料原材单位用量－换出配合比材料原材单位用量）　(1-44)

【例1-7】　某工程M5.0水泥混合砂浆砌筑1砖厚混水砖墙，试确定该分项工程的人工、材料、机械台班需用量。

解　根据设计说明的工程内容，所采用砌筑砂浆的强度等级不同，则需调整水泥、中砂、石灰膏、水的用量，查《全国统一建筑工程基础定额》(GJD 101—95)得：

确定换算定额编号为：“4－10换”

原定额材料耗量为：

水泥：　　　　$2.25 \times 117 = 263.25$(kg)

中砂：　　　　$2.25 \times 1.02 = 2.30$(m^3)

石灰膏：　　　$2.25 \times 0.18 = 0.41$(m^3)

水：　　　　　$2.25 \times 0.60 = 1.35$(m^3)

由《全国统一建筑工程基础定额》(GJD 101—95)附录“砌筑砂浆配合比表”得：

M2.5水泥混合砂浆中原材单位用量：

水泥：　　　　117 kg/m^3

中砂：　　　　1.02 m^3/m^3

石灰膏：　　　0.18 m^3/m^3

水：　　　　　0.60 m^3/m^3

M5水泥混合砂浆中原材单位用量：

水泥：　　　　194 kg/m^3

中砂：　　　　1.02 m^3/m^3

石灰膏：　　　0.14 m^3/m^3

水：　　　　　　　　$0.40\ m^3/m^3$

应用式(1-44)换算定额材料耗量：

定额水泥耗量 $=263.25+2.25\times(194-117)=436.50(kg/10\ m^3)$

定额中砂耗量 $=2.30+2.25\times(1.02-1.02)=2.30(m^3/10\ m^3)$

定额石灰膏耗量 $=0.41+2.25\times(0.14-0.18)=0.32(m^3/10\ m^3)$

定额水泥耗量 $=1.35+2.25\times(0.40-0.60)=0.90(m^3/10\ m^3)$

其余工料机消耗量同原定额消耗量。

6.4.2 抹灰厚度不同的换算

对于抹灰砂浆的厚度，如设计与定额取定不同，除定额有注明厚度的项目可以换算，其他一律不作调整。其换算公式为：

$$\text{分项定额换算后的消耗量}=\text{分项定额消耗量}\times\frac{\text{设计厚度}}{\text{定额厚度}} \tag{1-45}$$

【例1-8】 某工程外墙面水刷石，1∶1.25 水泥豆石浆面层厚度为 18 mm，工程量为 195.6 m^2，试确定该分项工程的人工、材料、机械台班需用量。

解 (1)根据《全国统一建筑装饰装修工程消耗量定额》(GYD 901—2002)：

查定额项目表，定额取定水泥豆石浆面层厚度为 12 mm。

(2)根据《全国统一建筑装饰装修工程消耗量定额》(GYD 901—2002)的有关规定，工程墙面装饰设计采用 1∶1.25 水泥豆石浆面层厚度 18 mm，与分项定额中面层厚度不相同，则分项工程的面层砂浆用量不相同。

(3)分项工程定额人工、材料、机械消耗量。定额计量单位为 m^2。

综合人工：　　　　0.369 2 工日

水泥砂浆(1∶3)：　　$0.013\ 9\ m^3$

水泥豆石浆(1∶1.25)：　$0.014\ 0\ m^3$

灰浆搅拌机(200 L)：　0.004 7 台班

(4)该工程分项人工、材料、机械需用量，根据式(1-45)计算。

综合人工：　　　　$0.369\ 2\times(18\div12)\times195.6=108.32$(工日)

水泥砂浆(1∶3)：　　$0.013\ 9\times195.6=2.72(m^3)$

水泥豆石浆(1∶1.25)：　$0.014\ 0\times(18\div12)\times195.6=4.11(m^3)$

灰浆搅拌机(200 L)：　$0.004\ 7\times(18\div12)\times195.6=1.38$(台班)

6.4.3 门窗断面面积的换算

门窗断面面积的换算方法是按断面比例调整材料用量的。

《全国统一建筑工程基础定额》(GJD 101—95)门窗及木结构工程说明规定：当设计断面与定额取定的断面不同时，应按比例进行换算。框断面以边框断面为准(框裁口如为钉条者加贴条的断面)；扇料以立梃断面为准。其计算公式为：

$$\text{分项定额换算后的材积}=\frac{\text{设计断面(加刨光损耗)}}{\text{定额断面}}\times\text{定额材积} \tag{1-46}$$

6.4.4 乘系数的换算

乘系数的换算是根据定额规定的系数，对定额项目中的人工、材料、机械等进行调整

一种方法。此类换算比较多见，方法也较简单，但在使用时应注意以下几个问题：

(1)正确确定项目换算的被调整内容和计算基数。

(2)要按照定额规定的系数进行换算。

(3)要注意正确区分定额换算系数和工程量换算系数。前者是换算定额分项中的人工、材料、机械的消耗量，后者是换算工程量，二者不得混用。

其计算公式为

$$\text{分项定额换算后的消耗量} = \text{分项定额消耗量} \times \text{调整系数} \quad (1\text{-}47)$$

6.4.5 运距换算

根据定额中的基本运距和增加运距的倍数确定分项工程的人工、材料、机械台班需用量。

$$\text{增加运距的倍数} = \frac{\text{运距} - \text{基本运距}}{\text{步距}} \quad (1\text{-}48)$$

上式中的计算结果取整数，有小数时均往上取。

【例1-9】 某工程人工外运土方240 m^3，运距75 m。试确定该分项工程的人工、材料、机械台班需用量。

解 根据《全国统一建筑工程基础定额》(GJD 101—95)：

增加运距的倍数 $= \dfrac{75-20}{20} = 2.75$，取3。

定额编号为："1－49、1－50"。

该工程人工外运土方75 m分项的人工需用量计算如下：

综合人工：$(20.4+3\times4.56)\times2.4=81.79$(工日)

本例只有人工，无材料和机械。

6.4.6 厚度增减换算

根据定额中的基本厚度和每增减厚度确定分项工程的人工、材料、机械台班需用量。

【例1-10】 试确定40 mm厚C20细石混凝土找平层的人工、材料、机械台班需用量。已知其工程量为98.79 m^3。

解 根据《全国统一建筑工程基础定额》(GJD 101—95)：

定额编号为："8－21、8－22"。

该工程40厚C20细石混凝土找平层分项的人工、材料、机械台班需用量计算如下：

综合人工：$(8.12+2\times1.41)\times0.9879=10.81$(工日)

素水泥浆：$0.10\times0.9879=0.10$(m^3)

水：$0.60\times0.9879=0.59$(m^3)

细石混凝土(C20)：$(3.03+2\times0.51)\times0.9879=4.00$($m^3$)

混凝土搅拌机(400 L)：$(0.30+2\times0.05)\times0.9879=0.40$(台班)

混凝土振动器(平板式)：$(0.24+2\times0.04)\times0.9879=0.32$(台班)

6.4.7 其他换算法

其他换算法包括直接增加工料法和实际材料用量换算法等。

6.4.7.1 直接增加工料法

必须根据定额的规定具体增加有关内容的消耗量。

【例1-11】 某工程水磨石楼面嵌铜条,工程量为296 m^2。试确定该分项工程的人工、材料、机械台班需用量。

解 根据《全国统一建筑装饰装修工程消耗量定额》(GYD 901—2002):

(1)从定额目录中,查得水磨石工程的定额项目在《全国统一建筑装饰装修工程消耗量定额》的第一章第三节,其部位为该章的第58子项目。

(2)通过分析可知,工程量计算规则规定水磨石地面使用铜嵌条时,应增加铜条的消耗量,扣减定额子目中的玻璃用量。

(3)从定额项目表中查得该项目定额编号为1-058,每平方米水磨石地面消耗指标如下:综合人工为0.589工日、水泥白石子浆(1:2.5)0.017 3 m^3、平板玻璃(3 mm厚)3.06 m,灰浆搅拌机(200 L)0.003 1台班、平面磨石机(3 kW)0.107 8台班。

(4)确定该工程水磨石地面分项人工、材料、机械台班的消耗量。

综合人工: 0.589×296=174.34(工日)

水泥白石子浆(1:2.5): 0.017 3×296=5.12(m^3)

平板玻璃3 mm厚: 0(规定取消内容)

铜嵌条: 3.06×296=905.76(m)(规定增加内容)

灰浆搅拌机(200 L): 0.003 1×296=0.92(台班)

平面磨石机3 kW: 0.107 8×296=31.91(台班)

6.4.7.2 实际材料用量换算法

主要是由于施工图纸设计采用材料的品种、规格与选套定额项目取定的材料品种、规格不同所致。换算的基本思路是,材料的实际耗用量按设计图纸计算。

【例1-12】 某工程制作安装铝合金地弹门20樘,该地弹门为双扇带上亮无侧亮,门洞尺寸(宽×高)为1 800 mm×3 000 mm,上亮高600 mm,框料规格为101.6 mm×44.5 mm×2 mm,按框外围尺寸(1 750 mm×2 975 mm,a=2 400 mm)计算型材实际耗用量为744.94 kg(已含6%的损耗)。试确定该工程人工、材料、机械台班的需用量。

解 根据《全国统一建筑装饰装修工程消耗量定额》(GYD 901—2002):

(1)查消耗量定额知,铝合金型材(框料规格101.6 mm×44.5 mm×1.5 mm)定额用量为6.327 5 kg/m^2。

(2)计算定额单位铝合金型材实际用量(定额规定铝合金型材可按实际用量计算,其余工料不变)。

地弹门工程量:1.8×3×20=108(m^2)

每平方米洞口面积型材实际用量:744.94÷108=6.898(kg)

(3)其他工料消耗量。除铝合金型材外的其他工料未变,其消耗量直接利用定额消耗量。

6.5 建筑工程消耗量定额的补充

施工图纸中的某些工程项目,由于采用了新结构、新材料和新工艺等,没有类似定额项目可供套用,就必须编制补充定额项目。

编制补充工程计价定额的方法通常有两种:一种是按照本节所述消耗量定额的编制方法,计算人工、材料和机械台班消耗量指标;另一种是参照同类工序、同类型产品消耗量

定额的人工、机械台班指标，而材料消耗量则按施工图纸进行计算或实际测定。

7　企业定额的编制

7.1　企业定额的概念、特点及编制意义

7.1.1　企业定额的概念

企业定额是指建筑安装企业根据本企业的技术水平和管理水平编制的完成单位合格产品所必需的人工、材料和机械台班的消耗量，以及其他生产经营要素消耗的数量标准。企业定额反映企业的施工生产与生产消费之间的数量关系，是施工企业生产力水平的体现，每个企业均应拥有反映自己企业能力的企业定额。

7.1.2　企业定额的特点

(1)企业定额水平要比社会平均水平高，应充分体现其先进性。

(2)企业定额应表现出本企业在某些方面的技术优势。

(3)企业定额应表现出本企业局部或全面管理方面的优势。

(4)企业定额中所有的人、材、机单价都是动态的，具有市场性。

(5)企业定额与企业相应的施工技术及施工组织方案能全面匹配并接轨。

(6)企业定额只在企业内部使用，是企业的商业秘密。

7.1.3　企业定额的编制意义

目前大部分施工企业是以国家或行业制定的预算定额作为进行施工管理、工料分析和计算施工成本的依据。但是在工程量清单计价模式下，承包商在进行投标报价时要计算各分部分项工程项目和措施项目等的综合单价，这就要求承包商必须根据市场行情、项目状况和自身实力报价，所以施工企业必须参照建设行政主管部门发布的预算定额和消耗量定额，逐步建立起反映企业自身施工管理水平和技术装备的企业定额，并根据企业定额进行综合单价的计算，进行工程投标报价及项目成本核算，提高其管理水平和竞争能力，这样企业才能参与建筑市场中的竞争，才能满足企业生存和发展的需要。所以，企业定额是施工企业进行施工管理和投标报价的基础和依据，是企业参与市场竞争核心竞争能力的具体表现，是企业技术水平和管理优势的综合反映。

7.2　企业定额的作用

企业定额是建筑安装企业管理工作的基础，也是工程建设定额体系中的基础。其作用主要表现在以下几个方面：

(1)企业定额是企业计划管理的依据。企业定额在企业计划管理方面的作用，表现在它既是企业编制施工组织的依据，也是企业编制施工作业计划的依据。

施工组织设计是指导拟建工程进行施工准备和施工生产的技术经济文件，其基本任务是根据招标文件及合同协议的规定，确定出经济合理的施工方案，在人力和物力、时间和空间、技术和组织上对拟建工程做出最佳安排。施工作业计划则是根据企业的施工计划、拟建工程的施工组织设计和现场实际情况编制的。这些计划的编制必须依据企业定额，因为施工组织设计中包括三部分内容，即资源需用量、使用这些资源的最佳时间安排和平面规划。施工中实物工程量和资源需要量的计算均要以企业定额的分项和计量单位为依据。施工作业计划是施工单位计划管理的中心环节，编制时也要用企业定额进行劳

动力、施工机械和运输力量的平衡,计算材料、构件等分期需用量和供应时间,计算实物工程量和安排施工形象进度。

(2)企业定额是组织和指挥施工生产的有效工具。企业组织和指挥施工班组进行施工,是按照作用计划通过下达施工任务单和限额领料单来实现的。

施工任务单,既是下达施工任务的技术文件,也是班组进行经济核算的原始凭证。它列出了应完成的施工任务,也记录着班组实际完成任务的情况,并且进行班组工人的工资结算。施工任务单上的工程计量单位、产量定额和计件单位,均需取自企业定额,工资结算也要根据工程完成情况,依据企业定额计算。

限额领料单是施工队随施工任务单同时签发的领取材料的凭证,这一凭证是根据施工任务和施工材料定额填写的。其中,领料的数量是班组为完成规定的工程任务消耗材料的最高限额,这一限额也是评价班组完成任务情况的一项重要指标。

(3)企业定额是计算工人劳动报酬的依据。企业定额是衡量工人劳动数量和质量,提供成果和效益的标准,所以企业定额是计算工人工资的基础依据。只有这样才能做到完成定额情况好,工资报酬就多,达不到定额,工资报酬就会减少,真正实现多劳多得,少劳少得的分配原则。

(4)企业定额是企业激励工人的重要依据。激励在实现企业管理目标中占有重要位置。所谓激励,就是采取某些措施激发和鼓励员工在工作中的积极性和创造性。激励只有在满足人们某种需要的情形下才能起到作用,完成和超额完成定额,不仅能获取更多的工资报酬,而且能得到满足感,得到他人和社会的认可,并且进一步发挥个人潜力,从而体现自我价值。如果没有企业定额这种标准尺度,就会缺少必要的手段激励人们去争取更多的工资报酬。

(5)企业定额有利于推广先进技术。企业定额水平中包含着某些已成熟的先进施工技术和经验,工人要达到和超过定额,就必须掌握和运用这些先进技术,如果工人要想大幅度超过定额,他就必须有创造性地劳动和超常规地发挥。因此,第一,企业在工作中就会注意改进工具、技术和操作方法,注意节约原材料,避免浪费。第二,在企业定额中往往明确要求采用某些较先进的施工工具和施工方法,所以贯彻企业定额也就意味着推广先进技术。第三,企业为了推行企业定额,往往要组织技术培训,以帮助工人能达到和超过定额,这样就可以大大普及先进技术和先进操作方法。

(6)企业定额是编制施工预算和加强企业成本管理的基础。施工预算是施工单位用以确定单位工程人工、机械、材料需要量的计划文件。施工预算以企业定额(或施工定额)为编制基础,既要反映设计图样的要求,也要考虑在现有的条件下可能采取的节约人工、材料和降低成本的各项具体措施。这样就能够有效地控制施工中人力、物力的消耗,节约成本开支。

施工中人工、机械和材料的费用,是构成工程成本中直接费用的主要内容,对间接费用的开支也有着很大的影响。严格执行企业定额不仅可以起到控制成本、降低费用开支的作用,同时为企业加强班组核算和增加盈利创造了良好的条件。

(7)企业定额是施工企业进行工程投标、编制工程投标报价的基础和主要依据。作为企业定额,它反映了本企业施工生产的技术水平和管理水平,在进行工程投标报价时,首先是依据企业定额计算出施工企业拟完成投标工程需要发生的计划成本；在掌握工程成本的基础上，再根据所处的环境和条件，确定在该工程上拟获得的利润、预计的工程风险费用和其他应考虑的因素，从而确定投标报价。因此，企业定额是施工企业计算投标报价的基础。

特别是在推行的工程量清单计价中，施工企业根据本企业的企业定额进行的投标报价最能反映企业实际施工生产的技术水平和管理水平，体现出本企业在某些方面的技术优势，使本企业在激烈的市场竞争中占据有利的位置，立于不败之地。

由此可见，企业定额在建筑安装企业管理的各个环节中都是不可缺少的，企业定额管理是企业的基础性工作，具有十分重要的作用。

7.3 企业定额编制的原则

(1)平均先进性原则。平均先进是就定额水平而言的。定额水平，是指规定消耗在单位产品上的人工、机械和材料数量的多少。也可以说，它是按照一定的施工程序和工艺条件所规定的施工生产劳动中的消耗水平。所谓平均先进水平，就是指在正常的施工条件下，大多数施工队组和大多数生产者经过努力能够达到和超过的水平。

企业定额是以企业平均先进水平为基准制定的。企业定额的制定，要使多数单位和员工经过努力，能够达到或超过企业平均先进水平，而其各项平均消耗要比社会平均水平低，这样才能保持企业定额的先进性和可行性。

(2)简明适用性原则。简明适用是就企业定额的内容和形式而言的，即要方便于定额的贯彻和执行。制定企业定额的目的就在于适用于企业内部管理，具有可操作性。

定额的简明性和适用性，是既有联系，又有区别的两个方面，编制企业定额时应全面加以贯彻，当二者发生矛盾时，定额的简明性应服从适应性的要求。

贯彻定额的简明适用性原则，关键是要做到定额项目设置完全，项目划分粗细适当，还应正确选择产品和材料的计量单位，适当利用系数，并辅以必要的说明和附注。总之，贯彻简明适用性原则，要努力使企业定额达到项目齐全、粗细恰当、步距合理的效果。

(3)以专家为主、专群结合编制的原则。制定企业定额，要以专家为主，这是实践经验的总结。企业定额的编制要求有一支经验丰富、技术与管理知识全面、有一定政策水平的稳定的专家队伍，同时要注意必须走群众路线，尤其是在现场测试和组织新定额试点时，这一点非常重要。

(4)独立自主的原则。企业独立自主地制定定额，主要是自主地确定定额水平，自主地划分定额项目，自主地根据需要增加新的定额项目。但是，企业定额毕竟是一定时期企业生产力水平的反映，它不可能也不应该割断历史。因此，企业定额应是对原有国家、部门和地区性施工定额的继承和发展。

(5)时效性原则。企业定额是一定时期内技术发展和管理水平的反映，所以在一段时期内表现出稳定的状态，这种稳定性又是相对的，它还有显著的时效性。如果企业定额不再适应市场竞争和成本监控的需要，它就要重新编制和修订，否则就会挫伤群众的积极性，甚至产生负面效应。

(6)保密原则。企业定额的指标体系及标准要严格保密。建筑市场强手林立，竞争激烈。就企业现行的定额水平来说，工程项目在投标中如被竞争对手获取，会使本企业陷入十分被动的境地，给企业带来不可估量的损失。所以，企业要有自我保护意识和相应的加密措施。

7.4 企业定额的编制方法

编制企业定额的关键工作是根据本企业的技术水平和管理水平，参照本地区消耗量定额，编制出完成单位合格产品所必需的人工、材料和施工机械台班的消耗量，以及其他生产经营要素消耗的数量标准。

人工消耗量的确定，首先是根据企业环境拟定正常的施工作业条件，分别计算出测定基本用工和其他用工的工日数，进而拟定施工作业的定额时间。

材料消耗量的确定是通过企业历史数据的统计分析、理论计算、实验室试验、实地考察等方法计算确定包括周转材料在内的净用量和损耗量，从而拟定材料消耗的定额指标。

机械台班消耗量的确定，同样需要按照企业的环境，拟定机械工作的正常施工条件，确定机械工作效率和利用系数，从而拟定施工机械作业的定额台班与机械作业相关的工人小组的定额时间。

7.5 企业定额与其他工程定额的区别

(1)企业定额与施工定额的区别。企业定额和施工定额都是以施工过程为研究对象，都是施工企业内部用于施工管理和成本核算的依据。但是施工定额是本地区主管部门和施工企业的有关职能机构根据大多数施工企业的平均先进水平制定的，而企业定额是某一施工企业完全根据自身的技术管理水平及相应优势制定的。

(2)企业定额与消耗量定额的区别。消耗量定额由国家、行业或地区建设主管部门编制，是国家、行业或地区建设工程造价计价权威性的标准，是业主进行招标标底编制的主要依据，消耗量定额是按社会平均水平编制的，考虑的是一般情况，具有较强的综合性、普遍性和复杂性。企业定额是施工企业根据自己的技术水平和管理优势编制的，它考虑的是企业施工的个别特殊情况，特别是针对某项工程具体施工技术水平考虑得更多些。所以，企业定额比消耗量定额更为先进、更为具体。

课题 1.3 建筑工程费用

建设项目总投资的构成，包括建筑工程费、设备购置费、安装工程费、固定资产其他费用等；建筑工程费用项目组成，包括直接费、间接费、利润、税金；建筑工程费用的计算方法；工程量清单计价下的费用构成。

1 建设费用的构成

1.1 建设项目总投资的构成

建设项目总投资的构成见表 1-8。

1.2 工程费用

1.2.1 建筑工程费

建筑工程费是指包括房屋建筑物、构筑物以及附属工程等在内的各种工程费用。建筑工程有广义和狭义之分，这里的建筑工程是指广义建筑工程。狭义的建筑工程一般是

指房屋建筑工程，广义的建筑工程包括以下内容：

表1-8　建设项目总投资的构成

<table>
<tr><th>可研阶段</th><th colspan="4">费用构成</th><th colspan="2">初设阶段</th></tr>
<tr><td rowspan="26">建设项目估算总投资</td><td rowspan="23">建设投资</td><td rowspan="16">固定资产费用</td><td colspan="2">建筑工程费</td><td rowspan="3">第一部分工程费用</td><td rowspan="26">建设项目概算总投资</td></tr>
<tr><td colspan="2">设备及工器具购置费</td></tr>
<tr><td colspan="2">安装工程费</td></tr>
<tr><td rowspan="13">固定资产其他费用</td><td>建设管理费</td><td rowspan="18">第二部分工程建设其他费用</td></tr>
<tr><td>可行性研究费</td></tr>
<tr><td>研究试验费</td></tr>
<tr><td>勘察设计费</td></tr>
<tr><td>环境影响评价费</td></tr>
<tr><td>劳动安全卫生评价费</td></tr>
<tr><td>场地准备及临时设施费</td></tr>
<tr><td>引进技术和引进设备其他费</td></tr>
<tr><td>工程保险费</td></tr>
<tr><td>联合试运转费</td></tr>
<tr><td>特殊设备安全监督检验费</td></tr>
<tr><td>市政公用设施建设及绿化费</td></tr>
<tr><td>…</td></tr>
<tr><td colspan="2" rowspan="3">无形资产费用</td><td>建设用地费</td></tr>
<tr><td>专利及专有技术使用费</td></tr>
<tr><td>…</td></tr>
<tr><td colspan="2" rowspan="2">其他资产费用（递延资产）</td><td>生产准备及开办费</td></tr>
<tr><td>…</td></tr>
<tr><td rowspan="2">预备费</td><td colspan="2">基本预备费</td><td rowspan="2">第三部分预备费</td></tr>
<tr><td colspan="2">涨价预备费</td></tr>
<tr><td colspan="4">建设期利息</td><td rowspan="3">第四部分专项费用</td></tr>
<tr><td colspan="4">流动资金（项目报批总投资和概算总投资中只列铺底流动资金）</td></tr>
<tr><td colspan="4">固定资产投资方向调节税（暂停征收）</td></tr>
</table>

(1)房屋建筑工程，是指一般工业与民用建筑工程，具体包括土建工程和装饰工程。

(2)构筑物工程，如水塔、水池、烟囱、炉窑等构筑物。

(3)附属工程，如区域道路、围墙、大门、绿化等。

(4)公路、铁路、桥梁、隧道、矿山、码头、水坝、机场工程等。

(5)“七通一平”工程,包括施工用水、用电、通信、排污、热力管、燃气管的接入工程,施工道路修建工程(七通),以及场地平整工程(一平)。

1.2.2 设备及工器具购置费

1.2.2.1 设备购置费

设备购置费是指为建设项目购置或自制的达到固定资产标准的各种国产或进口设备、工具、器具的购置费用,它由设备原价和设备运杂费构成。

1.2.2.2 工具、器具及生产家具购置费

工具、器具及生产家具购置费,是指为保证正式投入使用初期正常生产必须购置的没有达到固定资产标准的设备、仪器、工卡模具、器具、生产家具和备品备件等的购置费用。

1.2.2.3 安装工程费

安装工程费是指各种设备及管道等安装工程的费用。包括:

(1)设备安装工程(包括机械设备、电气设备、热力设备等安装工程)。

(2)静置设备(容器、塔器、换热器等)与工艺金属结构制作安装工程。

(3)工业管道安装工程。

(4)消防工程。

(5)给水排水、采暖、燃气工程。

(6)通风空调工程。

(7)自动化控制仪表安装工程。

(8)通信设备及线路工程。

(9)建筑智能化系统设备安装工程。

(10)长距离输送管道工程。

(11)高压输变电工程(含超高压)。

(12)其他专业设备安装工程(如化工、纺织、制药设备等)。

1.3 工程建设其他费用

工程建设其他费用是指应在建设项目的建设投资中开支的固定资产其他费用、无形资产费用和其他资产费用(递延资产)。

工程建设其他费用项目,是项目的建设投资中较常发生的费用项目,但并非每个项目都会发生这些费用项目,项目不发生的其他费用项目不计取。

为方便投资估算和概算的编制,对其他费用项目进行了适当简化和同类费用归并,但这种简化和归并有一个前提条件,即不影响项目的建设投资估算结果。

工程建设其他费用项目包括固定资产其他费用、无形资产费用、其他资产费用(递延资产)。

1.3.1 固定资产其他费用

1.3.1.1 建设管理费

建设管理费是指建设单位从项目筹建开始直至办理竣工决算为止发生的项目建设管理费用。包括:

(1)建设单位管理费,是指建设单位发生的管理性质的开支。包括工作人员工资、工资性补贴、施工现场津贴、职工福利费、住房公积金、养老保险费、医疗保险费、失业保险费、办

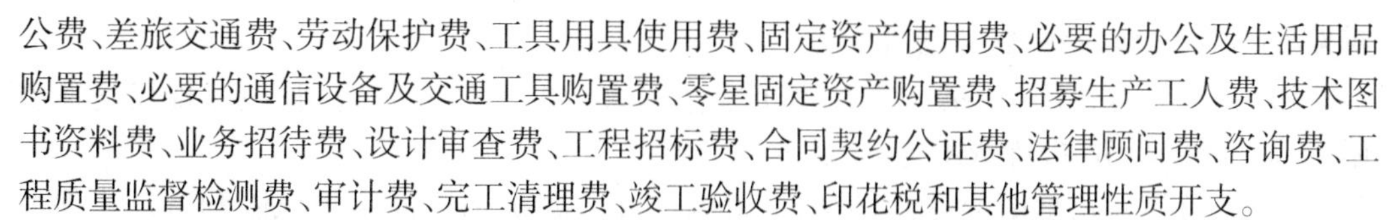

公费、差旅交通费、劳动保护费、工具用具使用费、固定资产使用费、必要的办公及生活用品购置费、必要的通信设备及交通工具购置费、零星固定资产购置费、招募生产工人费、技术图书资料费、业务招待费、设计审查费、工程招标费、合同契约公证费、法律顾问费、咨询费、工程质量监督检测费、审计费、完工清理费、竣工验收费、印花税和其他管理性质开支。

(2)工程监理费,是指建设单位委托工程监理单位实施工程监理的费用。

1.3.1.2　可行性研究费

可行性研究费是指在建设项目前期工作中,编制和评估项目建议书(或预可行性研究报告)、可行性研究报告所需的费用。

1.3.1.3　研究试验费

研究试验费是指为本建设项目提供或验证设计数据、资料等进行必要的研究试验及按照设计规定在建设过程中必须进行试验、验证所需的费用。但不包括:

(1)应由科技三项费用(即新产品试制费、中间试验费和重要科学研究补助费)开支的项目。

(2)应在建筑安装费用中列支的施工企业对建筑材料、构件和建筑物进行一般鉴定、检查所发生的费用及技术革新的研究试验费。

(3)应由勘察设计费或工程费用中开支的项目。

1.3.1.4　勘察设计费

勘察设计费是指委托勘察设计单位进行工程水文地质勘察、工程设计所发生的各项费用。包括:

(1)工程勘察费、初步设计费(基础设计费)、施工图设计费(详细设计费)。

(2)设计模型制作费。

1.3.1.5　环境影响评价费

环境影响评价费是指按照《中华人民共和国环境保护法》和《中华人民共和国环境影响评价法》等规定,为全面、详细评价本建设项目对环境可能产生的污染或造成的重大影响所需的费用,包括编制环境影响报告书(含大纲)、环境影响报告表和评估环境影响报告书(含大纲)、评估环境影响报告表等所需的费用。

1.3.1.6　场地准备及临时设施费

场地准备及临时设施费包括场地准备费和临时设施费。

(1)场地准备费是指建设项目为达到工程开工条件所发生的场地平整和建设场地预留的有碍于施工建设的设施进行拆除清理的费用。

(2)临时设施费是指为满足施工建设需要而供到场地界区的临时水、电、路、通信、气等工程费用和建设单位的现场临时建(构)筑物的搭设、维修、拆除、摊销或建设期间租赁费用,以及施工期间专用公路养护费、维修费。此费用不包括已列入建筑安装工程费用中的施工单位临时设施费用。

(3)场地准备及临时设施应尽量与永久性工程统一考虑。建设场地的大型土石方工程应列入工程费用中。

1.3.1.7　引进技术和引进设备其他费

(1)引进项目图纸资料翻译复制费、备品备件测绘费。

(2)出国人员费用:包括买方人员出国设计联络、出国考察、联合设计、监造、培训等所发生的旅费、生活费、制装费等。

(3)来华人员费用:包括卖方来华工程技术人员的现场办公费用、往返现场交通费用、工资、食宿费用、接待费用等。

(4)银行担保及承诺费:指引进项目由国内外金融机构出面承担风险和责任担保所发生的费用,以及支付贷款机构的承诺费用。

1.3.1.8 工程保险费

工程保险费是指建设项目在建设期间根据需要对建筑工程、安装工程及机器设备进行投保而发生的保险费用。包括建筑工程一切险和人身意外伤害险、引进设备国内安装保险等。

1.3.1.9 联合试运转费

联合试运转费是指新建项目或新增加生产能力的工程,在交付生产前按照批准的设计文件所规定的工程质量标准和技术要求,进行整个生产线或装置的负荷联合试运转或局部联动试车所发生的费用净支出(试运转支出大于收入的差额部分费用,以及必要的工业炉烘炉费)。试运转支出包括试运转所需原材料、燃料及动力消耗,低值易耗品,其他物料消耗,工具用具使用费,机械使用费,保险金,施工单位参加试运转人员工资,专家指导费等。试运转收入包括试运转期间的产品销售收入和其他收入。

联合试运转费不包括应由设备安装工程费用开支的调试及试车费用,以及在试运转中暴露出来的因施工原因或设备缺陷等发生的处理费用。

1.3.1.10 特殊设备安全监督检验费

特殊设备安全监督检验费是指在施工现场组装的锅炉及压力容器、消防设备、燃气设备、电梯等特殊设备和设施,由安全监察部门按照有关安全监察条例和实施细则以及设计技术要求进行安全检验,应由建设项目支付的、向安全监察部门缴纳的费用。

1.3.1.11 市政公用设施建设及绿化费

市政公用设施建设及绿化费是指项目建设单位按照项目所在地人民政府有关规定缴纳的市政公用设施建设费,以及绿化补偿费等。

1.3.2 无形资产费用

1.3.2.1 建设用地费

建设用地费是指建设项目因使用土地而向土地所有者支付的费用,包括所需土地征用及迁移补偿费或土地使用权出让金。

1.3.2.2 专利及专有技术使用费

(1)国外设计及技术资料费、引进有效专利、专有技术使用费和技术保密费。

(2)国内有效专利、专有技术使用费。

(3)商标使用费、特许经营权费等。

1.3.3 其他资产费用(递延资产)

其他资产费用主要为生产准备及开办费,是指建设项目为保证正常生产(或营业、使用)而发生的人员培训费、提前进厂费以及投产使用初期必备的生产生活用具、工器具等购置费用。包括:

(1)人员培训费及提前进厂费:自行组织培训或委托其他单位培训的人员工资、工资性补贴、职工福利费、差旅交通费、劳动保护费、学习资料费等。

(2)为保证初期正常生产、生活(或营业、使用)所必需的生产办公、生活家具用具购置费。

(3)为保证初期正常生产(或营业、使用)必需的第一套不够固定资产标准的生产工具、器具、用具购置费(不包括备品备件费)。

一般建设项目很少发生或一些具有较明显行业特征的工程建设其他费用项目,如移民安置费、水资源费、水土保持评价费、地震安全性评价费、地质灾害危险性评价费、河道占用补偿费、超限设备运输特殊措施费、航道维护费、植被恢复费、种质检测费、引种测试费等,各省(市、自治区)、各部门可在实施办法中补充或具体项目发生时依据有关政策规定计取。

1.4　预备费

预备费包括基本预备费和涨价预备费。

1.4.1　基本预备费

基本预备费是指在初步设计及概算内难以预料的工程费用。内容包括:

(1)在批准的初步设计范围内,技术设计、施工图设计及施工过程中所增加的工程费用;设计变更、局部地基处理等增加的费用。

(2)一般自然灾害造成的损失和预防自然灾害所采取的措施费用。

(3)竣工验收时为鉴定工程质量对隐蔽工程进行必要的挖掘和修复费用。

1.4.2　涨价预备费

涨价预备费是指建设项目在建设期间内由于价格等变化引起工程造价变化的预测预留费用。涨价预备费是对建设工期较长的投资项目,在建设期内可能发生的材料、人工、设备、施工机械等价格上涨,以及费率、利率、汇率等变化,而引起项目投资的增加,需要事先预留的费用,亦称价差预备费或价格变动不可预见费。

1.5　专项费用

1.5.1　建设期利息

建设期利息是指工程项目在建设期间内发生并计入固定资产的利息,主要是建设期发生的支付银行贷款、出口信贷、债券等的借款利息和融资费用。

1.5.2　流动资金

流动资金是指项目投产后,为进行正常生产运营,用于购买原材料、燃料,支付工资及其他经营费用等所必不可少的周转资金。

铺底流动资金是项目投产初期所需,为保证项目建成后进行试运转所必需的流动资金,一般按投产后第一年产品销售收入的30%计算。

1.5.3　固定资产投资方向调节税

固定资产投资方向调节税是指国家对在我国境内进行固定资产投资的单位和个人,就其固定资产投资的各种资金征收的一种税。从1991年起施行,自2000年1月1日起新发生的投资额,暂停征收固定资产投资方向调节税。

2　建筑工程费用的组成

根据中华人民共和国建设部、财政部关于印发《建筑安装工程费用项目组成》的通知(建标〔2003〕206号),我国现行建筑工程费用由直接费、间接费、利润和税金组成,见表1-9。

表 1-9　建筑工程费用的组成

建筑工程费用	直接费	直接工程费	人工费
			材料费
			施工机械使用费
		措施费	环境保护费
			文明施工费
			安全施工费
			临时设施费
			夜间施工费
			二次搬运费
			大型机械设备进出场及安拆费
			混凝土、钢筋混凝土模板及支架费
			脚手架费
			已完工程及设备保护费
			施工排水、降水费
	间接费	规费	工程排污费
			社会保障费
			(1)养老保险费
			(2)失业保险费
			(3)医疗保险费
			住房公积金
			工伤保险费
		企业管理费	管理人员工资
			办公费
			差旅交通费
			固定资产使用费
			工具用具使用费
			劳动保险费
			工会经费
			职工教育经费
			财产保险费
			财务费
			税金
			其他
	利润		
	税金	营业税(增值税)	
		城市维护建设税	
		教育费附加	

2.1 直接费

直接费由直接工程费和措施费组成。

2.1.1 直接工程费

直接工程费指在施工过程中耗费的构成工程实体的各项费用，包括人工费、材料费、施工机械使用费。

2.1.1.1 人工费

人工费是指直接从事建筑安装工程施工的生产工人开支的各项费用，内容包括：

(1)基本工资：是指发放给生产工人的基本工资。

(2)工资性补贴：是指按规定标准发放的物价补贴，煤气、燃气补贴，交通补贴，住房补贴，流动施工津贴等。

(3)生产工人辅助工资：是指生产工人年有效施工天数以外非作业天数的工资，包括职工学习、培训期间的工资，调动工作、探亲、休假期间的工资，因气候影响的停工工资，女工哺乳时间的工资，病假在6个月以内的工资及产、婚、丧假期的工资。

(4)职工福利费：是指按规定标准计提的职工福利费。

(5)生产工人劳动保护费：是指按规定标准发放的劳动保护用品的购置费及修理费，徒工服装补贴，防暑降温费，在有碍身体健康环境中施工的保健费用等。

2.1.1.2 材料费

材料费是指施工过程中耗费的构成工程实体的原材料、辅助材料、构配件、零件、半成品的费用。内容包括：

(1)材料原价(或供应价格)。

(2)材料运杂费：是指材料自来源地运至工地仓库或指定堆放地点所发生的全部费用。

(3)运输损耗费：是指材料在运输装卸过程中不可避免的损耗。

(4)采购及保管费：是指为组织采购、供应和保管材料过程中所需要的各项费用，包括采购费、仓储费、工地保管费、仓储损耗。

(5)检验试验费：是指对建筑材料、构件和建筑安装物进行一般鉴定、检查所发生的费用，包括自设实验室进行试验所耗用的材料和化学药品等费用，不包括新结构、新材料的试验费和建设单位对具有出厂合格证明的材料进行检验，对构件做破坏性试验及其他特殊要求检验试验的费用。

2.1.1.3 施工机械使用费

施工机械使用费是指施工机械作业所发生的机械使用费、机械安拆费和场外运费。施工机械台班单价应由下列7项费用组成：

(1)折旧费：是指施工机械在规定的使用年限内，陆续收回原值及购置资金的时间价值。

(2)大修理费：是指施工机械按规定的大修理间隔台班进行必要的大修理，以恢复其正常功能所需的费用。

(3)经常修理费：是指施工机械除大修理外的各级保养和临时故障排除所需的费用，包括为保障机械正常运转所需替换设备与随机配备工具附具的摊销和维护费用，机械运转中日常保养所需润滑与擦拭的材料费用及机械停滞期间的维护和保养费用等。

(4)安拆费及场外运费:安拆费是指施工机械在现场进行安装与拆卸所需的人工、材料、机械和试运转费用以及机械辅助设施的折旧、搭设、拆除等费用;场外运费是指施工机械整体或分体自停放地点运至施工现场或由一个施工地点运至另一个施工地点的运输、装卸、辅助材料及架线等费用。

(5)人工费:是指机上司机(司炉)和其他操作人员的工作日人工费及上述人员在施工机械规定的年工作台班以外的人工费。

(6)燃料动力费:是指施工机械在运转作业中所消耗的固体燃料(煤、木柴)、液体燃料(汽油、柴油)及水、电等。

(7)养路费及车船使用税:是指施工机械按照国家规定和有关部门规定应缴纳的养路费、车船使用税、保险费及年检费等。

2.1.2 措施费

措施费是指为完成工程项目施工,发生于该工程施工前和施工过程中非工程实体项目的费用。内容包括:

(1)环境保护费:是指施工现场为达到环保部门要求所需要的各项费用。

(2)文明施工费:是指施工现场文明施工所需要的各项费用。

(3)安全施工费:是指施工现场安全施工所需要的各项费用。

(4)临时设施费:是指施工企业为进行建筑工程施工所必须搭设的生活和生产用的临时建(构)筑物和其他临时设施费用等。

临时设施包括:临时宿舍、文化福利及公用事业房屋与构筑物,仓库、办公室、加工厂以及规定范围内道路、水、电、管线等临时设施和小型临时设施。临时设施费用包括:临时设施的搭设、维修、拆除费或摊销费。

(5)夜间施工费:是指因夜间施工所发生的夜班补助费、夜间施工降效、夜间施工照明设备摊销及照明用电等费用。

(6)二次搬运费:是指因施工场地狭小等特殊情况而发生的二次搬运费用。

(7)大型机械设备进出场及安拆费:是指机械整体或分体自停放场地运至施工现场或由一个施工地点运至另一个施工地点,所发生的机械进出场运输及转移费用及机械在施工现场进行安装、拆卸所需的人工费、材料费、机械费、试运转费和安装所需的辅助设施的费用。

(8)混凝土、钢筋混凝土模板及支架费:是指混凝土施工过程中需要的各种钢模板、木模板、支架等的支、拆、运输费用及模板、支架的摊销(或租赁)费用。

(9)脚手架费:是指施工需要的各种脚手架搭、拆、运输费用及脚手架的摊销(或租赁)费用。

(10)已完工程及设备保护费:是指竣工验收前,对已完工程及设备进行保护所需费用。

(11)施工排水、降水费:是指为确保工程在正常条件下施工,采取各种抽水、降水措施所发生的各种费用。

2.2 间接费

间接费由规费、企业管理费组成。

2.2.1 规费

规费是指政府和有关权力部门规定必须缴纳的费用(简称规费)。包括:

(1)工程排污费:是指施工现场按规定缴纳的工程排污费。

(2)社会保障费。

①养老保险费:是指企业按照国家规定标准为职工缴纳的养老保险费。

②失业保险费:是指企业按照国家规定标准为职工缴纳的失业保险费。

③医疗保险费:是指企业按照国家规定标准为职工缴纳的医疗保险费。

(3)住房公积金:是指企业按照国家规定标准为职工缴纳的住房公积金。

(4)工伤保险费:是指按照建筑法规定,企业为从事危险作业的建筑安装施工人员支付的意外伤害保险费。

2.2.2 企业管理费

企业管理费是指建筑安装企业组织施工生产和经营管理所需费用。内容包括:

(1)管理人员工资:是指管理人员的基本工资、工资性补贴、职工福利费、劳动保护费等。

(2)办公费:是指企业管理办公用的文具、纸张、账表、印刷、邮电、书报、会议、水电、烧水和集体取暖(包括现场临时宿舍取暖)用煤等费用。

(3)差旅交通费:是指职工因公出差、调动工作的差旅费、住勤补助费,市内交通费和误餐补助费,职工探亲路费,劳动力招募费,职工离退休、退职一次性路费,工伤人员就医路费,工地转移费以及管理部门使用的交通工具的油料、燃料、养路费及牌照费。

(4)固定资产使用费:是指管理和试验部门及附属生产单位使用的属于固定资产的房屋、设备仪器等的折旧、大修、维修或租赁费。

(5)工具用具使用费:是指管理使用的不属于固定资产的生产工具、器具、家具、交通工具和检验、试验、测绘、消防用具等的购置、维修和摊销费。

(6)劳动保险费:是指由企业支付给离退休职工的易地安家补助费、职工退职金,6个月以上的病假人员工资、职工死亡丧葬补助费和抚恤费、按规定支付给离休干部的各项经费。

(7)工会经费:是指企业按职工工资总额计提的工会经费。

(8)职工教育经费:是指企业为职工学习先进技术和提高文化水平,按职工工资总额计提的费用。

(9)财产保险费:是指施工管理用财产、车辆保险。

(10)财务费:是指企业为筹集资金而发生的各种费用。

(11)税金:是指企业按规定缴纳的房产税、车船使用税、土地使用税、印花税等。

(12)其他:包括技术转让费、技术开发费、业务招待费、绿化费、广告费、公证费、法律顾问费、审计费、咨询费等。

2.3 利润

利润是指施工企业完成所承包的工程获得的盈利。

2.4 税金

按国家规定计入建筑安装工程造价内的营业税(增值税)、城市维护建设税和教育费附加。

3 建筑工程费用的计算方法

3.1 直接费

3.1.1 直接工程费

$$直接工程费=人工费+材料费+施工机械使用费 \tag{1-49}$$

3.1.1.1 人工费

$$人工费=\sum(工日消耗量\times日工资单价) \tag{1-50}$$

$$日工资单价(G)=\sum_{i=1}^{5}G_i \tag{1-51}$$

(1)基本工资。

$$基本工资(G_1)=\frac{生产工人平均月工资}{年平均每月法定工作日} \tag{1-52}$$

(2)工资性补贴。

$$工资性补贴(G_2)=\frac{\sum年发放标准}{全年日历日-法定假日}+\frac{\sum月发放标准}{年平均每月法定工作日}+每工作日发放标准 \tag{1-53}$$

(3)生产工人辅助工资。

$$生产工人辅助工资(G_3)=\frac{全年无效工作日\times(G_1+G_2)}{全年日历日-法定假日} \tag{1-54}$$

(4)职工福利费。

$$职工福利费(G_4)=(G_1+G_2+G_3)\times福利费计提比例(\%) \tag{1-55}$$

(5)生产工人劳动保护费。

$$生产工人劳动保护(G_5)=\frac{生产工人年平均支出劳动保护费}{全年日历日-法定假日} \tag{1-56}$$

3.1.1.2 材料费

$$材料费=\sum(材料消耗量\times材料基价)+检验试验费 \tag{1-57}$$

(1)材料基价。

$$材料基价=[(供应价格+运杂费)\times(1+运输损耗率(\%))]\times(1+采购保管费率(\%)) \tag{1-58}$$

(2)检验试验费。

$$检验试验费=\sum(单位材料检验试验费\times材料消耗量) \tag{1-59}$$

3.1.1.3 施工机械使用费

$$施工机械使用费=\sum(施工机械台班消耗量\times台班单价)$$

$$台班单价=台班折旧费+台班大修费+台班经常修理费+台班安拆费及场外运费+台班人工费+台班燃料动力费+台班养路费及车船使用税 \tag{1-60}$$

3.1.2 措施费

《建设工程工程量清单计价规范》(GB 50500—2013)中只列通用措施费项目的计算

方法,各专业工程的专用措施费项目的计算方法由各地区或国务院有关专业主管部门的工程造价管理机构自行制定。

3.1.2.1 环境保护费

$$环境保护费 = 直接工程费 \times 环境保护费费率(\%) \tag{1-61}$$

$$环境保护费费率(\%) = \frac{本项费用年度平均支出}{全年建安产值 \times 直接工程费占总造价比例(\%)} \tag{1-62}$$

3.1.2.2 文明施工费

$$文明施工费 = 直接工程费 \times 文明施工费费率(\%) \tag{1-63}$$

$$文明施工费费率(\%) = \frac{本项费用年度平均支出}{全年建安产值 \times 直接工程费占总造价比例(\%)} \tag{1-64}$$

3.1.2.3 安全施工费

$$安全施工费 = 直接工程费 \times 安全施工费费率(\%) \tag{1-65}$$

$$安全施工费费率(\%) = \frac{本项费用年度平均支出}{全年建安产值 \times 直接工程费占总造价比例(\%)} \tag{1-66}$$

3.1.2.4 临时设施费

$$临时设施费 = (周转使用临建费 + 一次性使用临建费) \times (1 + 其他临时设施所占比例(\%)) \tag{1-67}$$

临时设施费由3部分组成:周转使用临建费(如活动房屋)、一次性使用临建费(如简易建筑)、其他临时设施费(如临时管线)。

(1)周转使用临建费。

$$周转使用临建费 = \sum\left[\frac{临建面积 \times 每平方米造价}{使用年限 \times 365 \times 利用率(\%)} \times 工期(天)\right] + 一次性拆除费 \tag{1-68}$$

(2)一次性使用临建费。

$$一次性使用临建费 = \sum[临建面积 \times 每平方米造价 \times (1 - 残值率(\%))] + 一次性拆除费 \tag{1-69}$$

(3)其他临时设施在临时设施费中所占比例,可由各地区造价管理部门依据典型施工企业的成本资料经分析后综合测定。

3.1.2.5 夜间施工费

$$夜间施工费 = \left(1 - \frac{合同工期}{定额工期}\right) \times \frac{直接工程费中的人工费合计}{平均日工资单价} \times 每工日夜间施工费开支 \tag{1-70}$$

3.1.2.6 二次搬运费

$$二次搬运费 = 直接工程费 \times 二次搬运费费率(\%) \tag{1-71}$$

$$二次搬运费费率(\%) = \frac{年平均二次搬运费开支额}{全年建安产值 \times 直接工程费占总造价的比例(\%)} \tag{1-72}$$

3.1.2.7 大型机械设备进出场及安拆费

$$大型机械设备进出场及安拆费 = \frac{一次进出场及安拆费 \times 年平均安拆次数}{年工作台班} \tag{1-73}$$

3.1.2.8 混凝土、钢筋混凝土模板及支架费

$$模板及支架费 = 模板摊销量 \times 模板价格 + 支、拆、运输费 \tag{1-74}$$

$$\begin{aligned}摊销量 = {} & 一次使用量 \times (1 + 施工损耗) \times [1 + (周转次数 - 1) \times \\ & 补损率/周转次数 - (1 - 补损率) \times 50\%/周转次数]\end{aligned} \tag{1-75}$$

$$租赁费 = 模板使用量 \times 使用日期 \times 租赁价格 + 支、拆、运输费 \tag{1-76}$$

3.1.2.9 脚手架费

$$脚手架搭拆费 = 脚手架摊销量 \times 脚手架价格 + 搭、拆、运输费 \tag{1-77}$$

$$脚手架摊销量 = \frac{单位一次使用量 \times (1 - 残值率)}{耐用期 \div 一次使用期} \tag{1-78}$$

$$租赁费 = 脚手架每日租金 \times 搭设周期 + 搭、拆、运输费 \tag{1-79}$$

3.1.2.10 已完工程及设备保护费

$$已完工程及设备保护费 = 成品保护所需机械费 + 材料费 + 人工费 \tag{1-80}$$

3.1.2.11 施工排水、降水费

$$\begin{aligned}施工排水、降水费 = {} & \sum 排水降水机械台班费 \times 排水降水周期 + \\ & 排水降水使用材料费、人工费\end{aligned} \tag{1-81}$$

3.2 间接费

间接费的计算方法按取费基数的不同分为以下3种:

(1)以直接费为计算基础。

$$间接费 = 直接费合计 \times 间接费费率(\%) \tag{1-82}$$

(2)以人工费和机械费合计为计算基础。

$$间接费 = 人工费和机械费合计 \times 间接费费率(\%) \tag{1-83}$$

$$间接费费率(\%) = 规费费率(\%) + 企业管理费费率(\%) \tag{1-84}$$

(3)以人工费为计算基础。

$$间接费 = 人工费合计 \times 间接费费率(\%) \tag{1-85}$$

3.2.1 规费费率

根据本地区典型工程发、承包价的分析资料综合取定规费计算中所需数据:

(1)每万元发、承包价中人工费含量和机械费含量。

(2)人工费占直接费的比例。

(3)每万元发、承包价中所含规费缴纳标准的各项基数。

规费费率的计算公式:

(1)以直接费为计算基础。

$$规费费率(\%) = \frac{\sum 规费缴纳标准 \times 每万元发、承包价计算基数}{每万元发、承包价中的人工费含量} \times 人工费占直接费的比例(\%) \tag{1-86}$$

(2)以人工费和机械费合计为计算基础。

$$规费费率(\%) = \frac{\sum 规费缴纳标准 \times 每万元发、承包价计算基数}{每万元发、承包价中的人工费含量和机械费含量} \times 100\% \tag{1-87}$$

(3)以人工费为计算基础。

$$规费费率(\%)=\frac{\sum 规费缴纳标准 \times 每万元发、承包价计算基数}{每万元发、承包价中的人工费含量}\times 100\% \quad (1\text{-}88)$$

3.2.2 企业管理费费率

企业管理费费率计算公式:

(1)以直接费为计算基础。

$$企业管理费费率(\%)=\frac{生产工人年平均管理费}{年有效施工天数 \times 人工单价}\times 人工费占直接费比例(\%) \quad (1\text{-}89)$$

(2)以人工费和机械费合计为计算基础。

$$企业管理费费率(\%)=\frac{生产工人年平均管理费}{年有效施工天数 \times (人工单价+每一工日机械使用费)}\times 100\% \quad (1\text{-}90)$$

(3)以人工费为计算基础。

$$企业管理费费率(\%)=\frac{生产工人年平均管理费}{年有效施工天数 \times 人工单价}\times 100\% \quad (1\text{-}91)$$

3.3 利润

利润计算公式,按照建筑安装工程计价程序计算。

3.3.1 工料单价法计价程序

(1)以直接费为计算基础。

$$利润=(直接工程费+措施费+间接费)\times 相应利润率 \quad (1\text{-}92)$$

$$间接费=(直接工程费+措施费)\times 相应费率 \quad (1\text{-}93)$$

其中:直接工程费按预算表计算;措施费按规定标准计算。

(2)以人工费和机械费合计为计算基础。

$$利润=人工费和机械费合计 \times 相应利润率 \quad (1\text{-}94)$$

$$人工费和机械费合计=(按预算表计算的人工费+机械费)+(按规定标准计算的人工费+机械费) \quad (1\text{-}95)$$

(3)人工费为计算基础。

$$利润=人工费 \times 相应利润率 \quad (1\text{-}96)$$

$$人工费=按预算表计算的直接工程费中的人工费+按规定标准计算的措施费中的人工费 \quad (1\text{-}97)$$

3.3.2 综合单价法计价程序

由于各分部分项工程中的人工、材料、机械含量的比例不同,各分项工程可根据其材料费占人工费、材料费、机械费合计的比例(以字母“C”代表该项比值)在以下3种计算程序中选择一种计算其综合单价。

当$C>C_0$(C_0为本地区原费用定额测算所选典型工程材料费占人工费、材料费和机械费合计的比例)时,可以人工费、材料费、机械费合计为基数计算该分项的间接费和利润。

(1)以直接费为计算基础。

$$利润=(分项直接工程费+间接费)\times 相应利润率 \tag{1-98}$$

$$分项直接工程费=人工费+材料费+机械费 \tag{1-99}$$

$$间接费=分项直接工程费\times 相应费率 \tag{1-100}$$

当 $C<C_0$ 时,可以人工费和机械费合计为基数计算该分项的间接费和利润。

(2)以人工费和机械费为计算基础。

$$利润=(人工费+机械费)\times 相应利润率 \tag{1-101}$$

如该分项的直接费仅为人工费,无材料费和机械费时,可以人工费为基数计算该分项的间接费和利润。

(3)以人工费为计算基础。

$$利润=直接费中的人工费\times 相应利润率 \tag{1-102}$$

3.4 税金

税金计算公式为

$$税金=(税前造价+利润)\times 税率(\%) \tag{1-103}$$

(1)纳税地点在市区的企业。

$$税率(\%)=\left[\frac{1}{1-3\%-(3\%\times 7\%)-(3\%\times 3\%)}-1\right]\times 100\% \tag{1-104}$$

(2)纳税地点在县城、镇的企业。

$$税率(\%)=\left[\frac{1}{1-3\%-(3\%\times 5\%)-(3\%\times 3\%)}-1\right]\times 100\% \tag{1-105}$$

(3)纳税地点不在市区、县城、镇的企业。

$$税率(\%)=\left[\frac{1}{1-3\%-(3\%\times 1\%)-(3\%\times 3\%)}-1\right]\times 100\% \tag{1-106}$$

将上述三种税率汇总并进行综合税率计算后得:纳税人所在地在市区者综合税率为3.413%;纳税人所在地在县镇者综合税率为3.348%;纳税人所在地在农村者综合税率为3.22%。

3.5 增值税

营改增,顾名思义,就是营业税改征增值税,两税互斥,增值税是所有税种中最复杂的。建筑业营业税3%,增值税11%(适用一般计税方法)。根据建标办〔2016〕4号文《住房和城乡建设部办公厅关于做好建筑业营改增建设工程计价依据调整准备工作的通知》,工程造价可按以下公式计算:工程造价=税前工程造价×(1+11%)。其中,11%为建筑业拟征增值税税率,税前工程造价为人工费、材料费、施工机械使用费、企业管理费、利润和规费之和,各费用项目均以不包含增值税可抵扣进项税额的价格计算,相应计价依据按上述方法调整,即全部以"裸价"计算,如果人工费、材料费、机械费等是含税价格,那

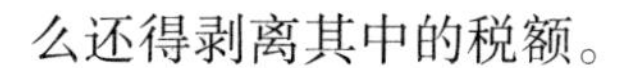

么还得剥离其中的税额。

4　工程量清单计价下的费用构成

我国现行《建设工程工程量清单计价规范》(GB 50500—2013)(简称2013《规范》)规定,采用工程量清单计价,建设工程造价由分部分项工程费、措施项目费、其他项目费、规费和税金组成,见表1-10。

表1-10　工程量清单计价的建设工程造价组成

<table>
<tr><td rowspan="24">建筑工程造价</td><td rowspan="12">分部分项工程费</td><td>人工费</td><td rowspan="12">企业管理费的组成</td><td>管理人员工资</td></tr>
<tr><td>材料费</td><td>办公费</td></tr>
<tr><td>施工机械使用费</td><td>差旅交通费</td></tr>
<tr><td rowspan="5">企业管理费</td><td>固定资产使用费</td></tr>
<tr><td>工具用具使用费</td></tr>
<tr><td>劳动保险费</td></tr>
<tr><td>工会经费</td></tr>
<tr><td>职工教育经费</td></tr>
<tr><td rowspan="4">利润</td><td>财产保险费</td></tr>
<tr><td>财务费</td></tr>
<tr><td>税金</td></tr>
<tr><td>其他</td></tr>
<tr><td rowspan="12">措施项目费</td><td colspan="3">安全文明施工费</td></tr>
<tr><td colspan="3">夜间施工费</td></tr>
<tr><td colspan="3">二次搬运费</td></tr>
<tr><td colspan="3">冬雨季施工费</td></tr>
<tr><td colspan="3">大型机械设备进出场及安拆费</td></tr>
<tr><td colspan="3">施工排水</td></tr>
<tr><td colspan="3">施工降水</td></tr>
<tr><td colspan="3">地上地下设施、建筑物的临时保护设施费</td></tr>
<tr><td colspan="3">已完工程及设备保护</td></tr>
<tr><td colspan="3">各专业工程的措施项目</td></tr>
<tr><td colspan="3">A. 建筑工程:混凝土、钢筋混凝土模板及支架;脚手架</td></tr>
<tr><td colspan="3">B. ×××:… …</td></tr>
</table>

续表 1-10

建筑工程造价	其他项目费	暂列金额
		暂估价(包括材料暂估价、专业工程暂估价)
		计日工
		总承包服务费
	规费	工程排污费
		社会保障费:(1)养老保险费;(2)失业保险费;(3)医疗保险费
		住房公积金
		工伤保险费
	税金	营业税(增值税);城市维护建设税;教育费附加

(1)《建筑工程施工发包与承包计价管理办法》(住房和城乡建设部令第16号)第五条规定,工程计价方式包括工料单价法和综合单价法。实行工程量清单计价应采用综合单价法,其综合单价包括除规费和税金外的全部费用。

招标文件中的工程量清单标明的工程量是投标人投标报价的共同基础,竣工结算的工程数量按发、承包双方在合同中约定应予计量且实际完成的工程量确定招标文件中工程量清单所列的工程量是一个预计工程量,它一方面是各投标人进行投标报价的共同基础,另一方面也是对各投标人的投标报价进行评审的共同平台,体现了招标投标活动中的公开、公平、公正和诚实信用原则。发、承包双方工程结算的工程量应按经发、承包双方认可的实际完成工程量确定,而非招标文件中工程量清单所列的工程量。

(2)措施项目清单计价应根据拟建工程的施工组织设计,可以计算工程量的措施项目,应按分部分项工程量清单的方式采用综合单价计价;其余的措施可以"项"为单位的方式计价。

措施项目清单中的安全文明施工费应按照国家或省级、行业建设主管部门的规定计价,不得作为竞争性费用根据《中华人民共和国安全生产法》和《建设工程安全生产管理条例》等法规的规定,建设部印发了《建筑工程安全防护、文明施工措施费及使用管理规定》的通知(建办〔2005〕89号),将安全文明施工费纳入国家强制性标准管理范围,其费用标准不予竞争。2013《规范》安全文明施工费包括了环境保护、文明施工、安全施工、临时设施等措施费用。

(3)其他项目清单,应根据工程特点和2013《规范》第4.2.6、4.3.6、4.8.6条的规定计价由于其他项目清单在编制招标控制价、投标报价和竣工结算时要求不一样,因此本条具体规定了其在不同实施阶段的计价原则。

招标人在工程量清单中提供了暂估价的材料和专业工程属于依法必须招标的,由承包人和招标人共同通过招标确定材料单价与专业工程分包价,若材料不属于依法必须招标的,经发、承包双方协商确定价格后计价。

若专业工程不属于依法必须招标的,经发包人、总承包人与分包人按有关计价依据进

行计价。

材料暂估单价和专业工程暂估价与实际发生的差额在竣工结算中调整。

(4)规费和税金应按国家、省级或行业建设主管部门的规定计算,不得作为竞争性费用规费和税金清单项目及费用计取标准由国家及省级建设主管部门依据国家税法及省级政府或省级有关权力部门的规定确定,在工程造价计价时应按国家或省级、行业建设主管部门的有关规定计算。

采用工程量清单计价的工程,应在招标文件或合同中明确风险内容及其范围(幅度),不得采用无限风险、所有风险或类似语句规定风险内容及其范围(幅度),在工程施工过程中影响工程施工及工程造价的风险因素很多,但并非所有的风险都是承包人能预测、能控制和应承担其造成的损失。基于市场交易的公平性和工程施工过程中发、承包双方权、责的对等性要求,发、承包双方应合理分摊(或分担)风险,所以要求招标人在招标文件中禁止采用以所有风险或类似的语句规定投标人应承担的风险内容及其风险范围或风险幅度。根据我国工程建设特点,投标人应完全承担的风险是技术风险和管理风险,如管理费和利润;应有限度承担的是市场风险,如材料价格、施工机械使用费等的风险,应完全不承担的是法律、法规、规章和政策变化的风险。2013《规范》定义的风险是综合单价包含的内容。根据我国目前工程建设的实际情况,各省、市建设行政主管部门均根据当地劳动行政主管部门的有关规定发布人工成本信息,对关系职工切身利益的人工费不宜纳入风险,材料价格的风险宜控制在5%以内,施工机械使用费的风险可控制在10%以内,超过者予以调整,管理费和利润的风险由投标人全部承担。

课题1.4　能力训练

1　消耗量定额中人工、材料、机械消耗量的确定

【训练目的】 编制10 $m^3$1砖及以上标准砖砌内墙人工、材料及机械消耗量定额。

【能力目标】 通过训练,掌握消耗定额中人工、材料及机械消耗量的计算方法。

【资料准备】

(1)国家现行的技术规范、操作规程、质量评定标准、国家和地区的标准图集、通用图集。

(2)全国建筑安装统一人工定额、机械台班使用定额。

(3)国家和各地区以往发布的各施工定额、预算定额及其他基础资料。

(4)现场调查资料和其他省市的消耗量定额等。

【训练步骤】

1.计算人工消耗量

人工消耗量定额计算见表1-11。

表1-11 人工消耗量定额计算

章名称:砌筑工程　　　　节名称:砌砖　　　　项目名称:内墙

子目名称:1 砖及以上　　　　定额单位:10 m^3

工程内容	调、运、铺砂浆,运砖,砌砖(包括墙体窗台虎头砖、腰线、门窗套、安放木砖、铁件等)。
综合权数	1 砖 70%,其中双面清水墙 20%,单面清水墙 20%,混水墙 60%。 1.5 砖 30%,其中双面清水墙 20%,单面清水墙 25%,混水墙 55%。

施工操作工序名称及工作量				劳动定额			计算结果
	名称 (1)	数量 (2)	单位 (3)	定额编号 (4)	工种 (5)	时间定额 (6)	工日数 (7)
基本用工	双面清水墙 1 砖	1.40	m^3	4-2-5(一)	瓦工	1.2	1.68
	单面清水墙 1 砖	1.40	m^3	4-2-10(一)	瓦工	1.16	1.624
	混水墙 1 砖	4.20	m^3	4-2-16(一)	瓦工	0.972	4.082
	双面清水墙 1.5 砖	0.60	m^3	4-2-6(一)	瓦工	1.14	0.684
	单面清水墙 1.5 砖	0.75	m^3	4-2-11(一)	瓦工	1.08	0.81
	混水墙 1.5 砖	1.65	m^3	4-2-17(一)	瓦工	0.945	1.559
	墙心烟囱孔等加工	3.5	m	4-加工表-4	瓦工	0.05	0.175
	明暗管槽加工	1.0	m	4-加工表-5		0.015	0.015
	预留抗震柱孔加工	3.0	m	4-加工表-9		0.05	0.15
	抹找平层	1.0	m^2	4-加工表-10		0.08	0.08
	壁橱、吊柜等加工	0.1	个	4-加工表-11		0.15	0.015
	框架预埋钢筋剔除	1.0	m	4-加工表-17		0.015	0.015
超运距用工	运砂:80-50=30(m)	2.75	m^3	4-15-192(九)		0.045 3	0.12
	运石灰膏:150-100=50(m)	0.22	m^3	4-15-193(八)		0.128	0.03
	运砖:170-50=120(m)	10	m^3	4-15-178(一)		0.139	1.39
	运砂浆:180-50=130(m)	10	m^3	4-15-178(一) 177+178(二)		0.055	0.55
辅助用工	筛砂子(每 10 m^3 砌体中砂的用量 2.75 m^3)	2.75	m^3	1-4-83+ 0.3×0.25		0.211	0.58
	淋石灰膏(每 10 m^3 砌体中石灰膏的用量 0.22 m^3)	0.22	m^3	1-4-95		0.5	0.11
	扣砂浆搅拌机人工	工日					-0.396
	小　计						13.27
人工幅度差 10%				13.27×10% =1.327			14.60
合　计				13.27+1.327=14.60			

注:1. 表中(2)数量如双面清水墙 1 砖:10×70% ×20% =1.4。

2. 表中(7)工日数如双面清水墙 1 砖:1.40×1.2=1.68。

2. 计算材料消耗量。

材料消耗量定额计算见表1-12。

表1-12 材料消耗量定额计算

<table>
<tr><td>计算依据或说明</td><td colspan="6">1. 内墙装头、梁垫等扣减体积0.233%。
2. 综合权数决定:1砖墙70%,1.5砖墙30%。
3. 10 m^3 砌体减40块砖体积,相应增加40块体积的砂浆。</td></tr>
<tr><td>计算过程</td><td colspan="6">1 m^3 1砖厚砌体
砖:$\frac{2}{0.24\times0.063\times0.25}=529.10(m^3)$
砂浆:$1-529.10\times0.0014628=0.226(m^3)$
1 m^3 1.5砖厚砌体
砖:$\frac{3}{0.365\times0.063\times0.25}=521.85(m^3)$
砂浆:$1-521.85\times0.0014628=0.2366(m^3)$</td></tr>
<tr><td rowspan="9">计算过程</td><td colspan="6">计算10 m^3 1砖及以上内墙砖砌体用砖、砂浆</td></tr>
<tr><td colspan="2"></td><td colspan="2">砖(块)</td><td colspan="2">砂浆(m^3)</td></tr>
<tr><td colspan="2">1砖墙70%</td><td colspan="2">$529.10\times7=3703.70$</td><td colspan="2">$0.226\times7=1.5820$</td></tr>
<tr><td colspan="2">1.5砖墙30%</td><td colspan="2">$521.85\times3=1565.55$</td><td colspan="2">$0.2366\times3=0.7098$</td></tr>
<tr><td colspan="2">小计</td><td colspan="2">5 269.25</td><td colspan="2">2.291 8</td></tr>
<tr><td rowspan="2">扣减</td><td>扣减0.233%</td><td colspan="2">$5269.25\times(1-0.233\%)=5256.97$</td><td colspan="2">$2.2918\times(1-0.233\%)=2.2865$</td></tr>
<tr><td>减40块砖增砂浆</td><td colspan="2">−40</td><td colspan="2">$40\times0.24\times0.115\times0.053=0.0585$</td></tr>
<tr><td colspan="2">小 计</td><td colspan="2">5 216.97</td><td colspan="2">2.345</td></tr>
<tr><td colspan="6">水:$5.2169\times2.5\times0.125=1.63(m^3)$
冲洗砂浆搅拌机用水量:$0.396\times1.0=0.396(m^3)$
小计:2.03 m^3</td></tr>
<tr><td rowspan="4">材料汇总</td><td>名称</td><td>规格</td><td>单位</td><td>净用量</td><td>损耗率</td><td>消耗量</td></tr>
<tr><td>标准砖</td><td></td><td>千块</td><td>5.217</td><td>2%</td><td>5.321</td></tr>
<tr><td>砂浆</td><td>M5</td><td>m^3</td><td>2.345</td><td>1%</td><td>2.37</td></tr>
<tr><td>水</td><td></td><td>m^3</td><td>2.03</td><td></td><td>2.03</td></tr>
</table>

注:1. 浸砖用水按砖质量的12.5%计算,每千块砖重按2.5 t计。

2. 冲洗砂浆搅拌机用量按每台班1 m^3 计算。

3. 计算机械台班消耗量

机械台班消耗量计算见表1-13。

表 1-13　机械台班消耗量计算

工程内容	调、运砂浆,运砖、砌砖(包括墙体窗台虎头砖、腰线、门窗套、安放木砖、铁件等)。								
机械台班计算	施工操作			机械		人工定额		机械消耗量	
	工序	数量	单位	名称	规格	编号	台班产量	计算过程	机械消耗量
	砂浆搅拌	2.37	m^3	砂浆搅拌机			6 m^3/台班	2.37/6 =0.395	0.40 台班

注:2.37 m^3 为 10 m^3 砌体中砂浆数量,由材料消耗表确定。

注意事项:在计算各资源消耗量时,应严格依据已有定额,考虑当前生产力水平,结合施工新工艺、新要求进行确定。

讨论:表 1-11 ~ 表 1-13 中的工、料、机消耗量是以《全国建筑安装工程统一人工定额》为基础编制的,那么各施工企业在确定自己企业内部使用的企业定额时,工、料、机消耗量该如何确定?

2　分部分项工程费、措施项目费的计算

【训练目的】　掌握工程量清单计价程序和方法。

【能力目标】　基本具有确定分部分项工程费、措施项目费的能力。

【资料准备】　熟悉工程量清单项目的设置情况及施工技术文件,明确招标文件的要求。

【训练步骤】

1. 分部分项工程费的计算(如楼地面工程)

(1)确定组合工程内容如楼地面工程中的花岗岩地面实体项目,清单项目见表 1-14。

表 1-14　花岗岩地面清单工程量

序号	项目编码	项目名称	计量单位	工程数量
B.1 楼地面工程				
1	020102001001	花岗岩地面 20 mm 厚芝麻白磨光花岗岩(600 mm × 600 mm)铺面 撒素水泥面(洒水适量) 30 mm 厚 1:4干硬性水泥砂浆结合层 刷素水泥浆一道 60 mm 厚 C15 混凝土垫层 150 mm 厚 3:7灰土垫层 素土夯实	m^2	374.21

由上表项目名称一栏中对于该项目个体特征的描述中可知:该清单项目综合的工作内容除花岗岩面层外,还有 C15 混凝土垫层、3:7灰土垫层。

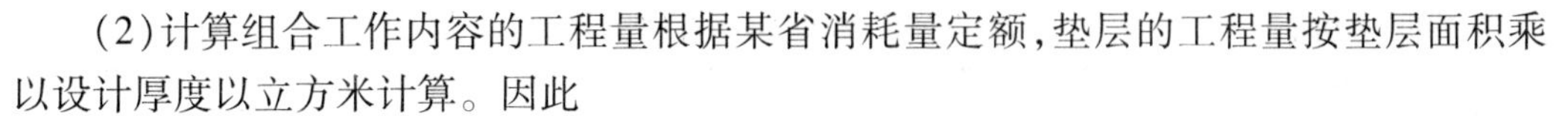

(2)计算组合工作内容的工程量根据某省消耗量定额,垫层的工程量按垫层面积乘以设计厚度以立方米计算。因此

C15 混凝土垫层工程量: 374.21 ×0.060 =22.45(m^3)

3∶7灰土垫层工程量: 374.21 ×0.150 =56.13(m^3)

(3)花岗岩地面清单项目综合单价的计算根据某省费用定额,建筑工程企业管理费率为9%,利润率为8%。装饰工程企业管理费率为7%,利润率为6.5%。根据某省建筑及装饰工程消耗量定额及价目汇总表,查得:

C15 混凝土垫层,建筑工程 A10 -12,每10 m^3 人工费348.00 元,材料费1 394.26 元,机械费41.96 元;

3∶7灰土垫层,建筑工程 A10 -2,每 10 m^3 人工费 184.25 元,材料费 239.77 元,机械费10.68 元;

花岗岩楼地面,装饰装修工程 B1 -42,每 100 m^2 人工费 928.80 元,材料费 8 979.48 元,无机械费。

(1)C15 混凝土垫层的各项费用计算。

人工费: 348.00 ×22.45/10 =781.26(元)

人工单价: 781.26 ÷374.21 =2.09(元/m^3)

材料费: 1 394.26 ×22.45/10 =3 130.11(元)

材料单价: 3 130.11 ÷374.21 =8.36(元/m^3)

机械费: 41.96 ×22.45/10 =94.20(元)

机械单价: 94.20 ÷374.21 =0.25(元/m^3)

企业管理费: (781.26 +3 130.11 +94.20) ×9% =360.50(元)

企业管理费单价: 360.50 ÷374.21 =0.96(元/m^3)

利润: (781.26 +3 130.11 +94.20 +360.50) ×8% =349.29(元)

利润单价: 349.29 ÷374.21 =0.93(元/m^3)

故 C15 混凝土垫层的合价为:

781.26 +3 130.11 +94.20 +360.50 +349.29 =4 715.36(元)

综合单价为:

2.09 +8.36 +0.25 +0.96 +0.93 =12.59(元/m^3)

(2)3∶7灰土垫层的各项费用计算。

人工费: 184.25 ×56.13/10 =1 034.20(元)

人工单价: 1 034.20 ÷374.21 =2.76(元/m^3)

材料费: 239.77 ×56.13/10 =1 345.83(元)

材料单价: 1 345.83 ÷374.21 =3.60(元/m^3)

机械费: 10.68 ×56.13/10 =59.95(元)

机械单价: 59.95 ÷374.21 =0.16(元/m^3)

企业管理费: (1 034.20 +1 345.83 +59.95) ×9% =219.60(元)

企业管理费单价: 219.60 ÷374.21 =0.59(元/m^3)

利润: (1 034.20 +1 345.83 +59.95 +219.60) ×8% =212.77(元)

利润单价：　　　　$212.77 \div 374.21 = 0.57$(元/m³)

故3:7灰土垫层的合价为：

$$1\ 034.20 + 1\ 345.83 + 59.95 + 219.60 + 212.77 = 2\ 872.35(元)$$

综合单价为：

$$2.76 + 3.60 + 0.16 + 0.59 + 0.57 = 7.68(元/m^3)$$

(3)花岗岩楼地面和各项费用计算。

因为花岗岩楼地面工程量与清单工程量相同，故每1 m²花岗岩楼地面的人工费、机械费与定额每1 m²相应费用相同，即花岗岩楼地面的各项费用为：

人工单价：　　　　$928.80/100 = 9.29$(元/m³)

人工费：　　　　$9.29 \times 374.21 = 3\ 476.41$(元)

材料单价：　　　　$8\ 979.48/100 = 89.79$(元/m³)

材料费：　　　　$89.79 \times 374.21 = 33\ 600.32$(元)

企业管理费：　$(3\ 476.41 + 33\ 600.32) \times 7\% = 2\ 595.37$(元)

企业管理费单价：　$2\ 595.37 \div 374.21 = 6.94$(元/m³)

利润：　$(3\ 476.41 + 33\ 600.32 + 2\ 595.37) \times 6.5\% = 2\ 578.69$(元)

利润单价：　　　$2\ 578.69 \div 374.21 = 6.89$(元/m³)

故花岗岩楼地面的合价为：

$$3\ 476.41 + 33\ 600.32 + 2\ 595.37 + 2\ 578.69 = 42\ 250.79(元)$$

综合单价为：

$$9.29 + 89.79 + 6.94 + 6.89 = 112.91(元/m^3)$$

(4)清单项目楼地面工程的总合价为：

$$4\ 715.36 + 2\ 872.35 + 42\ 250.79 = 49\ 838.50(元)$$

综合单价为：

$$12.59 + 7.68 + 112.91 = 133.18(元/m^3)$$

清单项目楼地面工程中花岗岩地面实体项目的综合单价形成见表1-15。

表1-15　花岗岩地面实体项目的综合单价形成

参考定额编号	定额项目	单位	数量	费用	组价分析					
					人工费	材料费	机械费	管理费	利润	合价
A10－12	C15混凝土垫层	10 m³	22.45	合价	781.26	3 130.11	94.20	360.50	349.29	4 715.36
				单价	2.09	8.36	0.25	0.96	0.93	12.59
A10－2	3:7灰土垫层	10 m³	56.13	合价	1 034.20	1 345.83	59.95	219.60	212.77	2 872.35
				单价	2.76	3.60	0.16	0.59	0.57	7.68
B1－42	花岗岩楼地面	100 m²	374.21	合价	3 476.41	33 600.32		2 595.37	2 578.69	42 250.79
				单价	9.29	89.79		6.94	6.89	112.91
合计				合价	5 291.87	38 076.26	154.15	3 175.47	3 140.75	49 838.50
				单价	14.14	101.75	0.41	8.49	8.39	133.18

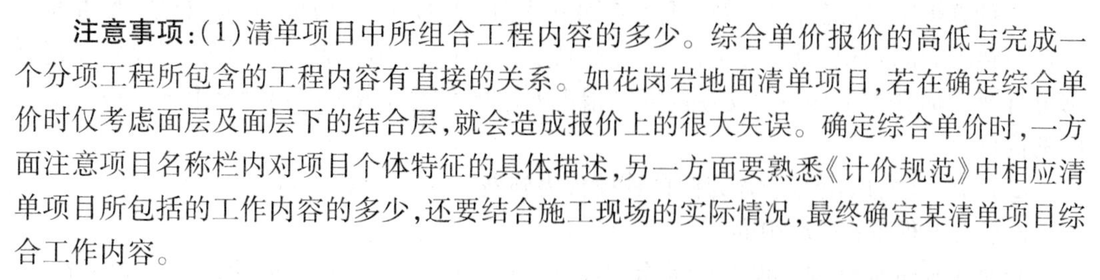

注意事项:(1)清单项目中所组合工程内容的多少。综合单价报价的高低与完成一个分项工程所包含的工程内容有直接的关系。如花岗岩地面清单项目,若在确定综合单价时仅考虑面层及面层下的结合层,就会造成报价上的很大失误。确定综合单价时,一方面注意项目名称栏内对项目个体特征的具体描述,另一方面要熟悉《计价规范》中相应清单项目所包括的工作内容的多少,还要结合施工现场的实际情况,最终确定某清单项目综合工作内容。

(2)清单工程量与施工方案工程量的区别。按照《计价规范》中工程量计算规则所计算的清单工程量,与在施工过程中根据现场实际情况及其他因素所采用的施工方案计算出的工程数量是有所不同的。如土方工程中,清单项目所提供的工程量仅为图示尺寸的工程数量,没有考虑实际施工过程中要增加工作面、放坡部分的数量,投标人报价时,要把增加部分的工程数量折算到综合单价内。

(3)考虑风险因素所增加的费用。风险是无处不在而且随时可能发生的,风险是指活动或事件发生的潜在可能性和导致的不良后果。关于工程项目风险,是指工程项目在设计、采购、施工及竣工验收等各阶段、各环节可能遭遇的风险。

工程量清单计价模式下,企业在进行工程计价时,要充分考虑工程项目风险的因素。对于承包商来讲,投标报价时,要考虑的风险一般有:政治风险(如战争与内乱等)、经济风险(如物价上涨、税收增加等)、技术风险(如地质地基条件、设备资料供应、运输问题等)、公共关系等方面的风险(如与业主的关系、与工程师的关系等)及管理方面的风险。

对于具体工程项目来讲,还要面临如下风险:决策错误风险(如信息取舍失误或信息失真风险)、缔约和履约风险(如不平等的合同条款、对承包人不利的缺陷、施工管理技术不熟悉、资源和组织管理不当等)、责任风险(如违约等)。

由于承包商在工程承包过程中承担了巨大的风险,所以在投标报价中,要善于分析风险因素,正确估计风险的大小,认真研究风险防范措施,以确定风险因素所增加的费用。

(4)不同类别工程费率取值不同。在本训练项目中,由于装饰装修工程清单项目组价时一般都会包括建筑工程与装饰装修工程,所以不同工程的管理费率及利润率是不同的,如本例中垫层项目属建筑工程,管理费率取9%,利润率取8%;花岗岩地面属装饰装修工程,管理费率取7%,利润率取6.5%。

讨论:

(1)屋面工程该如何组价?

(2)企业在投标报价时,一定要以建设行政主管部门颁发的指导性定额为依据吗?如果不一定,该如何考虑?

2. 措施项目费的计算

(1)模板项目包括的内容有:矩形柱钢模板、构造柱钢模板、圆形柱木模板、独立柱基钢模板、基础梁钢模板、单梁钢模板、圈梁钢模板、弧形梁木模板、平板钢模板、栏板钢模板、直形楼梯木模板、雨篷钢模板、悬挑板弧形木模板、压顶木模板、预制过梁木模板及地沟盖板木模板等。

(2)工程量计算。

①计算规则:现浇混凝土及钢筋混凝土模板工程量应区别模板的不同材质,按混凝土与模板接触面的面积,以平方米计算,支模高度以3.6 m为准,超过3.6 m部分另按超过部分计算增加支撑工程量。支模高度是指室外地坪至板底或下层板面至上一层板底下之间的高度。

②计算方法:以矩形柱Z为例计算模板措施费。

Z模板工程量: 277.80 m^2。

超过3.6 m应增加支撑工程量为:

一层超高:2.24 m,超高工程量:58.62 m^2;

二层超高:0.22 m,超高工程量:1.58 m^2。

(3)模板项目综合单价的计算。根据某省建筑工程消耗量定额及其价目汇总表,A12－21矩形柱模板及A12－27柱支撑高度超过3.6 m,增加1 m钢支撑。A12－21矩形柱钢模板,每100 m^2人工费1 034 .50元,材料费1 209.72元,机械费172.71元;A12－27柱支撑高度超过3.6 m增加1 m钢支撑,每100 m^2人工费91.00元,材料费5.47元,机械费6.58元。

①Z模板人工费为:1 034.50 ×277.80/100 =2 873.84(元)

材料费为:1 209.72 ×277.80/100 =3 360.60(元)

机械费为:172.71 ×277.80/100 =479.79(元)

企业管理费为:(2 873.84 +3 360.60 +479.79) ×9% =604.28(元)

利润为:(2 873.84 +3 360.60 +479.79 +604.28) ×8% =585.48(元)

Z模板措施费合计:2 873.84 +3 360.60 +479.79 +604.28 +585.48 =7 903.99(元)

②一层超高2.24 m,超高工程量58.62 m^2,按3个A12－27计算各项费用;二层超高0.22 m,超高工程量1.58 m^2,按1个A12－27计算各项费用。具体结果见表1-16,建筑模板措施费计算见表1-17。

表1-16　Z模板措施费计算表

序号	参考定额编号	措施项目	措施工程量	单位	人工费	材料费	机械费	企业管理费	利润	小计
1	A12－21	矩形柱钢模板	2.778	100 m^2	2 873.84	3 360.60	479.79	604.28	585.48	7 903.99
2	A12－27×3	柱支撑超过3.6 m,每增加1 m钢支撑	0.586	100 m^2	159.98	9.62	11.57	16.31	15.80	213.28
3	A12－27	柱支撑超过3.6 m,每增加1 m钢支撑	0.016	100 m^2	1.46	0.09	0.11	0.15	0.14	1.95
小计					3 035.28	3 370.31	491.47	620.74	601.42	8 119.22

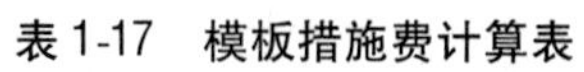

表1-17　模板措施费计算表

序号	措施项目名称	单位	数量	金额(元)					
				人工费	材料费	机械费	管理费	利润	小计
1	混凝土、钢筋混凝土模板及支架	项	1	22 646.88	26 809.43	4 130.29	4 822.80	4 672.76	63 082.26
1.1	独立基础混凝土钢模板	100 m^2	1.219	1 005.62	2 031.47	140.35	285.97	277.07	3 740.48
1.2	基础梁钢模板	100 m^2	2.111	1 647.93	2 096.76	252.48	359.75	348.55	4 705.47
1.3	混凝土基础垫层钢模板	100 m^2	0.233	158.75	259.83	10.35	38.60	37.40	504.93
1.4	Z_1 矩形柱钢模板	100 m^2	2.778	2 873.84	3 360.60	479.79	604.28	585.48	7 903.99
1.5	Z_1 柱支撑超过3.6 m,增加3 m钢支撑	100 m^2	0.586	159.98	9.62	11.57	16.31	15.80	213.28
1.6	Z_1 柱支撑超过3.6 m,每增加1 m钢支撑	100 m^2	0.016	1.46	0.09	0.11	0.15	0.14	1.95
1.7	Z_1、Z_3 圆形柱木模板	100 m^2	0.487	730.29	1 245.64	63.16	183.52	177.81	2 400.42
1.8	Z_2、Z_3 柱支撑超过3.6 m,增加3 m木支撑	100 m^2	0.141	41.89	23.91	1.30	6.04	5.85	78.99
1.9	Z_2、Z_3 柱支撑超过3.6 m,每增加1 m木支撑	100 m^2	0.007	0.68	0.39	0.02	0.10	0.10	1.29
1.10	矩形柱 TZ_1、TZ_2 钢模板(支撑高度3.6 m)	100 m^2	0.135	139.35	163.28	23.26	29.33	28.42	383.64
1.11	柱 TZ_1、TZ_2 支撑高度超过3.6 m,每增加1 m钢支撑	100 m^2	0.043	7.74	0.46	0.56	0.79	0.76	10.31
1.12	构造柱 GZ_1、GZ_2、GZ_3 钢模板	100 m^2	0.459	586.51	588.94	151.13	119.39	115.68	1 561.65
1.13	构造柱支撑高度超过3.6 m,每增加1 m钢支撑	100 m^2	0.066	12.03	0.72	0.87	1.23	1.19	16.04
1.14	单梁连续梁钢模板3.6 m内	100 m^2	5.19	6 012.62	5 318.33	1 365.28	1 142.66	1 107.11	14 946.00
1.15	梁支撑高度超过3.6 m,每增加1 m钢支撑	100 m^2	2.10	644.70	139.22	40.64	74.21	71.90	970.67
1.16	直形圈梁,钢模板	100 m^2	0.351	323.18	340.74	27.24	62.20	60.27	813.63
1.17	弧形梁,木模板(支撑高度3.6 m)	100 m^2	0.169	332.51	1 041.86	53.7	128.49	124.49	1 682.64

续表 1-17

序号	措施项目名称	单位	数量	金额(元)					
				人工费	材料费	机械费	管理费	利润	小计
1.18	弧形梁支撑高度,超过 3.6 m 每增加 1 m 木支撑	100 m^2	0.169	57.80	53.60	18.17	11.66	11.30	152.53
1.19	平板钢模板(支撑高度超过 3.6 m)	100 m^2	5.929	5 256.50	5 190.55	1 044.78	1 034.26	1 002.09	13 528.18
1.20	板支撑高度,超过 3.6 m,每增加 1 m 木支撑	100 m^2	2.82	461.81	79.75	156.15	62.79	60.84	821.34
1.21	栏板钢模板	100 m^2	0.16	109.62	133.87	20.68	23.78	23.04	310.99
1.22	直形楼梯木模板	10 m^2	2.033	555.01	919.04	76.42	139.54	135.20	1 825.21
1.23	雨篷钢模板	10 m^2	0.615	102.86	137.28	18.19	23.25	22.53	304.11
1.24	悬挑板(阳台、雨篷),弧形木模板	10 m^2	5.598	1 122.3	2 963.42	167.98	382.83	370.92	5 007.45
1.25	压顶垫块木模板	100 m^2	0.068	65.06	105.81	3.7	15.71	15.22	205.5
1.26	预制过梁木模板	10 m^2	0.25	132.31	398.6	1.29	47.9	46.41	626.51
1.27	地沟盖板木模板	10 m^2	0.559	104.53	204.42	1.16	27.91	27.04	365.06

注意事项:投标人在报价时需注意:招标人在措施项目清单中提出的措施项目,是根据一般情况确定的,没有考虑不同投标人的个性,因此在投标报价时,可以根据所确定的施工方案的具体情况,增减措施项目内容,进行报价。

讨论:施工技术措施项目费综合单价的形成和分部分项工程项目费综合单价的形成有无区别?

3　组织措施费、规费、税金及工程造价的计算

【训练目的】 掌握工程量清单计价程序和方法。

【能力目标】 基本具有确定组织措施费、规费、税金及工程造价的能力。

【资料准备】 熟悉工程量清单清单项目的设置情况及施工技术文件,明确招标文件的要求。

【训练步骤】

1. 组织措施费的计算

根据某省费用定额中施工组织措施费清单计价程序,已知装修工程文明施工费计费基础为直接工程费,相应费率为 0.5%,装修工程直接工程费,即分部分项人、材、机合计费用假设为 204 323.66 元,企业管理费为 7%,利润率为 6.5%,因此:

文明施工组织措施费 = 分部分项人材机费 × 文明施工组织措施费费率

= 204 323.66 × 0.5% = 1 021.62(元)

文明施工企业管理费 =1 021.62 ×7% =71.51(元)

文明施工利润 =(1 021.62 +71.51)×6.5% =71.05(元)

文明施工费的综合单价 =1 021.62 +71.51 +71.05 =1 164.18(元)

装修工程的施工组织措施费计算见表1-18。其中:

综合单价 = 分部分项人材机费 × 文明施工组织措施费费率 ×

(1 + 管理费率 + 利润 + 管理费率 × 利润率)

= 分部分项人材机费 × 文明施工组织措施费费率 ×1.139 55

表1-18 装修工程的施工组织措施费计算

项目名称		相应费率(%)	计算过程	金额(元)
施工组织措施费	文明施工费	0.50	204 323.66 ×0.50% ×1.139 55	1 164.18
	安全施工费	0.56	204 323.66 ×0.56% ×1.139 55	1 303.89
	临时设施费	1.32	204 323.66 ×1.32% ×1.139 55	3 073.45
	夜间施工费	0.17	204 323.66 ×0.17% ×1.139 55	395.82
	二次搬运费	0.29	204 323.66 ×0.29% ×1.139 55	675.23
	工具、用具使用费	0.62	204 323.66 ×0.62% ×1.139 55	1 443.59
	室内环境污染检测费	0.54	204 323.66 ×0.54% ×1.139 55	1 257.32
	工程点交场地清理	0.01	204 323.66 ×0.01% ×1.139 55	23.28
合计				9 336.76

2.规费的计算

(1)分析。已知规费包括工程排污费、工程定额测定费、养老保险费、失业保险费、医疗保险费、住房公积金、危险作业意外伤害保险等,各项费用相应费率已给定,费率合计为7.21%。规费的计费基础是直接费,直接费是指直接工程费、施工技术措施费和组织措施费中的人工费、材料费、机械使用费之和。因此,在计价时应先计算出本工程的直接费,然后根据费率计算各项规费。

(2)计算。装修工程的直接工程费为204 323.66元,施工技术措施费无(已在建筑工程中合并计算),组织措施费为9 336.76元。

组织措施费中的人材机费为:9 336.76 ÷(1 + 管理费率 + 利润 + 管理费率 × 利润率)

=9 336.76 ÷1.139 55 =8 193.37(元)

装修工程直接费为:204 323.66 +8 193.37 =212 517.03(元)

装修工程规费为:212 517.03 ×7.21% =15 332.48(元)

3.税金的计算

(1)分析。根据某省费用定额,税金的计费基础是分部分项工程费、措施费、其他项目费及规费之和,故在计价时应先计算出工程的分部分项工程费、措施费、其他项目费及规费之和,然后根椐税率计算税金。

(2)计算。

分部分项工程费 = 204 323.66 × (1 + 7%) × (1 + 6.5%)
= 232 837.03(元)

装修工程税金 = (分部分项工程费 + 措施费 + 其他项目费 + 规费) × 3.41%
= (232 837.03 + 9 336.76 + 0 + 15 332.48) × 3.41%
= 8 780.96(元)

4. 单位工程造价的计算

单位工程造价是分部分项工程费、措施费、其他项目费、规费及税金之和,因此:

装修工程单位工程造价 = 分部分项工程费 + 措施费 + 其他项目费 + 规费 + 税金
= 232 837.03 + 9 336.76 + 0 + 15 332.48 + 8 780.96
= 266 287.23(元)

4 增值税的计算

若某工程消耗钢筋 100t,钢筋含税单价 2 500 元/t。试计算税前造价和进项税。

钢筋含税价款 = 100 × 2 500 = 250 000(元)

钢筋属于大宗商品,增值税率 17%。

其中:除税金额 = 250 000 ÷ (1 + 17%) = 213 675.21(元)

进项税额 = 213 675.21 × 17% = 36 324.79(元)

或这样换算:

钢筋除税单价 = 2 500 ÷ (1 + 17%) = 2 136.752 1(元/t)

除税金额 = 100 × 2 136.752 1 = 213 675.21(元)

进项税额 = 213 675.21 × 17% = 36 324.79(元)

钢筋含税价款(价税合计) = 除税金额 + 进项税额 = 213 675.21 + 36 324.79
= 250 000(元)

增值税下,“价税分离”是产品定价和计价规则的核心,是营改增后计价体系最本质的变化。

税前造价 = 250 000 − 36 324.79 = 213 675.21(元)。

税后造价 = 213 675.21 × (1 + 11%) = 237 179.48(元)

不考虑管理费和利润等的销售收入 = 237 179.48(元)

应纳税额 = 销项税额 − 进项税额 = 213 675.21 × 11% − 36 324.79
= −12 820.52(元)

销项税额 = 税前造价 × 税率。

人工、材料、机械进项税额不计入造价。销项税额少于进项税额可以下期继续抵扣。

建企损益 = 237 179.48 − (−12 820.52) = 250 000(元)。虽然钢筋收支平衡,但由于不足抵扣将延期到下期,会产生一定利息损失。

注意事项:(1)在计算各项费用时,首先应明确其计费基础,明确直接工程费和直接费的区别,在正确计算计费基础的前提下,根据费用定额所给费率或施工企业自主确定的费率进行计算。

(2)计算时尽量采用表格形式,计算结果一目了然。

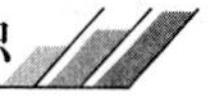

思考与练习题

1. 建筑工程费用由哪几部分构成？
2. 工程量清单计价下的建筑工程费用由哪几部分构成？
3. 什么是建筑工程定额？建筑工程定额的分类及其作用是什么？
4. 什么是综合单价？确定综合单价时应注意什么问题？
5. 分部分项工程费、措施项目费应如何确定？
6. 其他项目费包括几部分？各部分又包括哪些内容？其费用应如何确定？

单元2 建筑工程工程量清单计价

【知识要点】 本单元讲述了建筑工程工程量清单编制格式、内容;讲述了建筑工程的清单项目编码、项目名称、项目特征描述、工程量计算规则和工程内容;通过本单位学习,应掌握建筑工程工程量清单的编制。

【教学目标】 能够按照《建设工程工程量清单计价规范》(GB 50500—2013) 编制建筑工程工程量清单。

课题2.1 工程量清单计价概述

1 工程量清单计价的法律依据

工程量清单计价的主要法律依据是《中华人民共和国招标投标法》、中华人民共和国住房和城乡建设部第16号令《建筑工程施工发包与承包计价管理办法》。工程量清单计价的国家标准是《建设工程工程量清单计价规范》(GB 50500—2013)。工程量清单计价活动是政策性、技术性很强的一项工作,它涉及国家的法律、法规和标准规范比较广泛,如《中华人民共和国建筑法》《中华人民共和国合同法》《中华人民共和国价格法》及直接涉及工程造价的工程质量、安全及环境保护等方面的工程建设强制性标准规范。在进行工程量清单计价活动时,除遵循《建设工程工程量清单计价规范》(GB 50500—2013)外,还应符合国家有关规律、法规及标准规范的规定。

2 工程量清单及工程量清单计价的编制依据

2.1 《建设工程工程量清单计价规范》(GB 50500—2013)

《建设工程工程量清单计价规范》(GB 50500—2013)是统一工程量清单编制、规范工程量清单计价的国家标准,是调节建设工程招标投标中使用清单计价的招标人、投标人双方利益的规范性文件,以下简称《计价规范》,是我国在工程招标投标中实行工程量清单计价的基础,是参与工程招标投标各方进行工程量清单计价应遵守的准则,是各级建设行政主管部门对工程造价评价活动进行监督管理的重要依据。

2.2 国家或省级、行业建设主管部门发布的计价依据和办法

如各地现行的《××省建筑工程预算定额》,详细地规定了分项工程项目划分、分项工程内容、工程量计算规则和定额项目使用说明等内容。各地现行的《××省建设工程费用定额》明确了《定额计价法》的措施费、间接费、利润、税金的计算基础和费率、税率的规定。采用工程量清单计价时这些都是编制工程量清单及工程量清单计价的基础资料依据。

 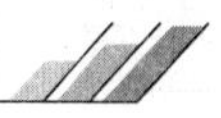

2.3 建设工程设计文件

会审后的施工图纸、图纸会审纪要，完整地反映了工程的具体内容、各部位的具体做法、结构尺寸，所以它是工程量清单及工程量清单计价编制的重要依据。

2.4 与建设工程项目有关的标准、规范、技术资料

与建设工程项目有关的标准、规范、技术资料等，反映了工程的技术特征以及施工方法，它是工程量清单及工程量清单计价编制的重要依据。

2.5 招标文件及其补充通知、答疑纪要

招标文件及其补充通知、答疑纪要是指导投标人正确编制报价的重要依据。

2.6 施工现场情况及施工方案

施工现场情况、工程特点决定了建设地点的土质、地质情况，土石方开挖的施工方法及余土外运方式与运距，施工机械的使用情况；施工组织设计或施工方案包括了与编制工程量清单必不可少的有关文件，如重要的梁板柱的实体及措施项目施工方案，构件加工方法及运距等，都要根据施工组织或施工方案进行计算。

2.7 地区材料预算价格及信息价

(1)地区材料预算价格：地区材料覆盖范围大，而定额中的材料是有限的，实际工程遇到定额中没有而地区材料中有的材料，则可采用地区材料预算价格。

(2)信息价：材料费在工程成本中占较大比重，在市场经济条件下，材料的价格是随市场而变化的。为使工程造价尽可能接近实际，各地区工程造价管理总站定期都会公布信息价，并且会有明确的调价规定。

因此，合理地确定材料预算价格及其调价规定是编制工程量清单及工程量清单计价的重要依据。

2.8 施工合同

施工合同也包括补充协议。建设工程结算价的确定，通常要根据施工合同中的有关条款对预算价进行调整，调整方式、方法在合同中都有约定。因此，施工合同是投标人正确编制报价的重要依据。

2.9 实用手册

实用手册和工具书包括了计算各种结构件面积、体积的公式，钢材、木材等各种材料规格、型号及用量数据，各种单位的换算比例等，这些公式、资料和数据是施工图预算中常常用到的。

3 实行工程量清单计价的意义与作用

(1)实行工程量清单计价是工程造价深化改革的必然产物和重要措施。

(2)实行工程量清单计价是规范建设市场秩序，适应社会主义市场经济发展的需要。

(3)实行工程量清单计价是促进建设市场有序竞争和企业健康发展的需要。

(4)实行工程量清单计价有利于我国工程造价政府管理职能的转变。

(5)推行工程量清单计价是与国际接轨的需要。

(6)工程量清单计价的实行有利于规范建设市场计价行为，能真正实现市场机制决定工程造价，有利于建设单位获得最合理的工程造价。

4 工程量清单计价的基本术语

4.1 工程量清单

工程量清单是指建设工程的分部分项工程项目、措施项目、其他项目、规费项目和税金项目的名称和相应数量等的明细清单。

4.2 项目编码

项目编码是指分部分项工程量清单项目名称的数字标识。

4.3 项目特征

项目特征是指构成分部分项工程量清单项目、措施项目自身价值的本质特征。

4.4 综合单价

综合单价是指完成一个规定计量单位的分部分项工程量清单项目或措施清单项目所需的人工费、材料费、施工机械使用费、企业管理费和利润,以及一定范围内的风险费用。

4.5 措施项目

措施项目是指为完成工程项目施工,发生于该工程施工准备和施工过程中的技术、生活、安全、环境保护等方面的非工程实体项目。

4.6 暂列金额

暂列金额是指招标人在工程量清单中暂定并包括在合同价款中的一笔款项,用于施工合同签订时尚未确定或者不可预见的所需材料、设备、服务的采购,施工中可能发生的工程变更、合同约定调整因素出现时的工程价款调整以及发生的索赔、现场签证确认等的费用。

4.7 暂估价

暂估价是指招标人在工程量清单中提供的用于支付必然发生但暂时不能确定价格的材料的单价以及专业工程的金额。

4.8 计日工

计日工是指在施工过程中,完成发包人提供的施工图纸以外的零星项目或工作,按合同中约定的综合单价计价。

4.9 总承包服务费

总承包服务费是指总承包人为配合协调发包人进行工程分包自行采购的设备、材料等进行管理、服务以及施工现场管理、竣工资料汇总整理等服务所需的费用。

4.10 索赔

索赔是指在合同履行过程中,对于非己方的责任而应由对方承担的情况造成的损失,向对方提供出补偿的要求。

4.11 现场签证

现场签证是指发包人现场代表与承包人现场代表就施工过程中涉及的责任事件所作的签认证明。

4.12 企业定额

企业定额是指施工企业根据本企业的施工技术和管理水平而编制的人工、材料和施工机械台班等的消耗标准。

4.13 规费

规费是指根据省级政府或省级有关权利部门规定必须缴纳的，应计入建筑安装工程造价的费用。

4.14 税金

税金是指国家税法规定的应计入建筑安装工程造价内的营业税、城市维护建设税及教育费附加等。

4.15 发包人

发包人是指具有工程发包主体资格和支付工程价款能力的当事人以及取得该当事人资格的合法继承人。

4.16 承包人

承包人是被发包人接受的具有工程施工承包主体资格的当事人以及取得该当事人资格的合法继承人。

4.17 造价工程师

造价工程师是指取得《造价工程师注册证书》，在一个单位注册从事建设工程造价活动的专业人员。

4.18 造价员

造价员是指取得《全国建设工程造价员资格证书》，在一个单位注册从事建设工程造价活动的专业人员。

4.19 工程造价咨询人

工程造价咨询人是指工程造价咨询资质等级证书，接受委托从事建设工程造价咨询活动的企业。

4.20 招标控制价

招标控制价是指招标人根据国家或省级、行业建设主管部门发布的有关计价依据和办法，按设计施工图纸计算的，对招标工程限定的最高工程造价。

4.21 投标价

投标价是指投标人投标时报出的工程造价。

4.22 合同价

合同价是指发、承包双方在施工合同中约定的工程造价。

4.23 竣工结算价

竣工结算价是指发、承包双方依据国家有关法律、法规和标准规定，按照合同约定去确定的最终工程造价。

4.24 《建设工程工程量清单计价规范》(GB 50500—2013)

《建设工程工程量清单计价规范》(GB 50500—2013)是统一工程量清单编制、规范工程量清单计价的国家标准，是调节建设工程招标投标中使用清单计价的招标人、投标人双方利益的规范性文件。《计价规范》是我国在工程招标投标中实行工程量清单计价的基础，是参与工程招标投标各方进行工程量清单计价应遵守的准则，是各级建设行政主管部门对工程造价评价活动进行监督管理的重要依据。

5 工程量清单计价方法的特点

工程量清单计价方法的特点主要表现在约定工程量清单计价办法的国家标准《建设工程工程量清单计价规范》(GB 50500—2013)的特点中,即强制性、实用性、竞争性、通用性。

(1)强制性。主要表现在两个方面:一是由建设主管部门按照强制性国家标准的要求批准颁布,规定全部使用国有资金或国有资金投资为主的大中型建设工程应按《计价规范》规定执行。二是明确工程量清单是招标文件的组成部分,并规定了招标人在编制工程量清单时必须遵守的规则,做到"统一项目编码、统一项目名称、统一计量单位、统一工程量计算规则"的四统一原则。

(2)实用性。主要表现在工程量清单项目及计算规则的项目名称表示的是工程实体项目,项目名称明确清晰,工程量计算规则简洁明了。特别还列有项目特征和工程内容,易于编制工程量清单时确定具体项目名称和投标报价。

(3)竞争性。主要表现在《计价规范》中从政策性规定到一般内容的具体规定,充分体现了工程造价由市场竞争形成价格的原则。一方面,《计价规范》中规定的措施项目,在工程量清单中只列"措施项目"一栏,具体采取什么措施,具体内容由投标人根据企业的施工组织设计,视具体情况报价,因为这些项目在各个企业间各有不同,是企业竞争项目,是留给企业竞争的空间。另一方面,《计价规范》中人工、材料和施工机械没有具体消耗量,投标企业可以依据企业的定额和市场价格信息,也可以参照建设行政主管部门发布的社会平均消耗量定额进行报价,《计价规范》将报价权彻底交给了企业。

(4)通用性。表现在我国采用工程量清单计价是与国际惯例接轨的,符合工程量计算方法标准化、工程量计算规则统一化、工程造价确定市场化的要求。

其特点具体体现在如下几个方面:

(1)"统一计价规则",通过制定统一的建设工程工程量清单计价办法、统一的工程量计量规则、统一的工程量清单项目设置规则,达到规范计价行为的目的。这些规则和办法是强制性的,建设各方面都应该遵守,这是工程造价管理部门首次在文件中明确政府应管什么,不应管什么。

(2)"有效控制消耗量",通过由政府发布统一的社会平均消耗量指导标准,为企业提供一个社会平均尺度,避免企业盲目或随意大幅度减少或扩大消耗量,从而达到保证建设工程质量的目的。

(3)"彻底放开价格",将工程消耗量定额中的工、料、机价格和利润、管理费全面放开,由市场的供求关系自行确定价格。

(4)"企业自主报价",投标企业根据自身的技术专长、材料采购渠道和管理水平等,制定企业自己的报价定额,自主报价。企业尚无报价定额的,可参考使用工程造价管理部门颁布的《××省建筑工程预算定额》。

(5)"市场有序竞争形成价格",通过建立与国际惯例接轨的工程量清单计价模式,引入充分竞争形成价格的机制,制定衡量投标报价合理性的基础标准,在投标过程中,有效引入竞争机制,淡化标底的作用,在保证质量、工期的前提下,按《中华人民共和国招标投

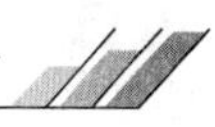

标法》及有关条款规定,最终以“不低于成本”的合理低价者中标。

按照工程量清单计价的上述特点,可以总结出与传统的计价方法相比的五点优势:

(1)满足竞争的需要。

(2)为各方提供了一个平等的竞争平台。

(3)有利于工程款的拨付和工程造价的最终确定。

(4)有利于实现风险的合理分担。

(5)有利于业主对投资的控制。

课题2.2 工程量清单计价表格

1 工程量清单计价表格总述

1.1 工程量清单计价表格组成

(1)工程量清单见封1。

(2)招标控制价见封2。

(3)投标总价见封3。

(4)竣工结算总价见封4。

1.2 总说明

总说明见表2-1。

1.3 汇总表

(1)工程项目招标控制价/投标报价汇总表见表2-2。

(2)单项工程招标控制价/投标报价汇总表见表2-3。

(3)单位工程招标控制价/投标报价汇总表见表2-4。

(4)工程项目竣工结算汇总表见表2-5。

(5)单项工程竣工结算汇总表见表2-6。

(6)单位工程竣工结算汇总表见表2-7。

1.4 分部分项工程量清单表

(1)分部分项工程量清单与计价表见表2-8。

(2)工程量清单综合单价分析表见表2-9。

1.5 措施项目清单表

(1)措施项目清单与计价表(一)见表2-10。

(2)措施项目清单与计价表(二)见表2-11。

1.6 其他项目清单表

(1)其他项目清单与计价汇总表见表2-12。

(2)暂列金额明细表见表2-12(一)。

(3)材料(工程设备)暂估单价表见表2-12(二)。

(4)专业工程暂估价表见表2-12(三)。

(5)计日工表见表2-12(四)。

(6)总承包服务费计价表见表2-12(五)。

(7)索赔与现场签证计价汇总表见表2-12(六)。

(8)费用索赔申请(核准)表见表2-12(七)

(9)现场签证表见表2-12(八)。

1.7 规费、税金项目清单表

规费、税金项目清单与计价表见表2-13。

1.8 工程款支付申请表

工程款支付申请(核准)表见表2-14。

2 计价表格使用规定

工程量清单与计价宜采用统一格式。各省、自治区、直辖市建设行政主管部门和行业建设主管部门可根据本地区、本行业的实际情况,在本规范计价表格的基础上补充完善。

3 工程量清单的编制应符合的规定

(1)工程量清单编制使用表格包括:封1、表2-1、表2-8、表2-10、表2-11、表2-12(不含表2-12(六)~表2-12(八))、表2-13。

(2)封面应按规定的内容填写、签字、盖章,造价员编制的工程量清单应有负责审核的造价工程师签字、盖章。

(3)总说明应按下列内容填写:

①工程概况:建设规模、工程特征、计划工期、施工现场实际情况、自然地理条件、环境保护要求等。

②工程招标和分包范围。

③工程量清单编制依据。

④工程质量、材料、施工等的特殊要求。

⑤其他需要说明的问题。

4 招标控制价、投标报价、竣工结算的编制应符合的规定

(1)使用表格。

①招标控制价使用表格包括:封2、表2-1、表2-2、表2-3、表2-4、表2-8、表2-9、表2-10、表2-11、表2-12(不含表2-12(六)~表2-12(八))、表2-13。

②投标报价使用的表格包括:封3、表2-1、表2-2、表2-3、表2-4、表2-8、表2-9、表2-10、表2-11、表2-12 (不含表2-12(六)~表2-12(八))、表2-13。

③竣工结算使用的表格包括:封4、表2-1、表2-5、表2-6、表2-7、表2-8、表2-9、表2-10、表2-11、表2-12、表2-13、表2-14。

(2)封面应按规定的内容填写、签字、盖章,除承包人自行编制的投标报价和竣工结算外,受委托编制的招标控制价、投标报价、竣工结算若为造价员编制的,应有负责审核的造价工程师签字、盖章以及工程造价咨询人盖章。

(3)总说明应按下列内容填写:

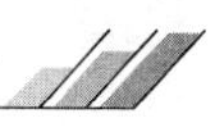

①工程概况：建设规模、工程特征、计划工期、合同工期、实际工期、施工现场及变化情况、施工组织设计的特点、自然地理条件、环境保护要求等。

②编制依据等。投标人应按招标文件的要求，附工程量清单综合单价分析表。

工程量清单与计价表中列明的所有需要填写的单价和合价，投标人均应填写，未填写的单价和合价，视为此项费用已包含在工程量清单的其他单价和合价中。

5 计价表格

工程量清单计价表格如下。

封 1

____________________工程

工程量清单

招标人：______________________ 工程造价咨询人：______________________
(单位盖章) (单位资质专用章)

法定代表人或其授权人：______________________ 法定代表人或其授权人：______________________
(签字或盖章) (签字或盖章)

编制人：______________________ 复核人：______________________
(造价人员签字盖专用章) (造价人员签字盖专用章)

编制时间： 年 月 日 复核时间： 年 月 日

封 2

______________________工程

招标控制价

招标控制价(小写):______________________

(大写):______________________

招标人:______________________ (单位盖章)

工程造价
咨 询 人:______________________ (单位资质专用章)

法定代表人
或其授权人:______________________ (签字或盖章)

法定代表人
或其授权人:______________________ (签字或盖章)

编制人:______________________ (造价人员签字盖专用章)

复核人:______________________ (造价人员签字盖专用章)

编制时间: 年 月 日

复核时间: 年 月 日

封 3

投标总价

招标人:______________________

工程名称:______________________

投标总价(小写):______________________

(大写):______________________

投标人:______________________
(单位盖章)

法定代表人
或其授权人:______________________
(签字或盖章)

编制人:______________________
(造价人员签字盖专用章)

编制时间: 年 月 日

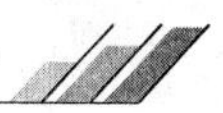

封4

____________工程

竣工结算总价

中标价(小写):______________(大写):______________

结算价(小写):______________(大写):______________

发 包 人:__________（单位盖章）

承包人:__________（单位盖章）

工程造价咨 询 人:__________（单位资质专用章）

法定代表人或其授权人:__________（签字或盖章）

法定代表人或其授权人:__________（签字或盖章）

法定代表人或其授权人:__________（签字或盖章）

编制人:______________（造价人员签字盖专用章）

核对人:______________（造价工程师签字盖专用章）

编制时间:　　年　　月　　日　　　核对时间:　　年　　月　　日

表2-1　总 说 明

工程名称:　　　　　　　　　　　　　　　　　　第　页　共　页

表 2-2　工程项目招标控制价/投标报价汇总表

工程名称：　　　　　　　　　　　　　　　　　　　　　　　第　页　共　页

序号	单项工程名称	金额（元）	其中（元）		
			暂估价	安全文明施工费	规费
合计					

注：本表适用于工程项目招标控制价或投标报价汇总。

表 2-3　单项工程招标控制价/投标报价汇总表

工程名称：　　　　　　　　　　　　　　　　　　　　　　　第　页　共　页

序号	单项工程名称	金额（元）	其中（元）		
			暂估价	安全文明施工费	规费
合计					

注：本表适用于单项工程招标控制价或投标报价汇总。暂估价包括分部分项工程中的暂估价和专业工程暂估价。

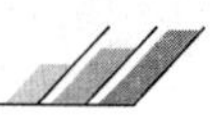

表2-4 单位工程招标控制价/投标报价汇总表

工程名称： 标段： 第 页 共 页

序号	汇总内容	金额(元)	其中:暂估价(元)
1	分部分项工程		
1.1			
1.2			
1.3			
1.4			
1.5			
2	措施项目		
2.1	其中:安全文明施工费		
3	其他项目		
3.1	其中:暂列金额		
3.2	其中:专业工程暂估价		
3.3	其中:计日工		
3.4	其中:总承包服务费		
4	规费		
5	税金		
招标控制价合计价 =1 +2 +3 +4 +5			

注:本表适用于单项工程招标控制价或投标报价的汇总。

表2-5 工程项目竣工结算汇总表

工程名称： 第 页 共 页

序号	单项工程名称	金额(元)	其中(元)	
			安全文明施工费	规费
合计				

表2-6 单项工程竣工结算汇总表

工程名称： 第 页 共 页

序号	单位工程名称	金额(元)	其中(元)	
			安全文明施工费	规费
合计				

表 2-7　单位工程竣工结算汇总表

工程名称：　　　　　　　　　　　　标段　　　　　　　　　　　　第　页　共　页

序号	汇总内容	金额(元)
1	分部分项工程	
1.1		
1.2		
1.3		
1.4		
1.5		
2	措施项目	
2.1	其中:安全文明施工费	
3	其他项目	
3.1	其中:专业工程暂估价	
3.2	其中:计日工	
3.3	其中:总承包服务费	
3.4	其中:索赔与现场签证	
4	规费	
5	税金	
竣工结算总价合计 =1 +2 +3 +4 +5		

表 2-8　分部分项工程量清单与计价表

工程名称：　　　　　　　　　　　　标段：　　　　　　　　　　　　第　页　共　页

序号	项目编码	项目名称	项目特征描述	计量单位	工程量	金额(元)		
						综合单价	合价	其中：暂估价

注:根据住建部、财政部发布的《建筑安装工程费用组成》(建标〔2003〕206 号)的规定,为计取规费等的使用,可在表中增设其中:“直接费”、“人工费”或“人工费 + 机械费”。

表 2-9　工程量清单综合单价分析表

工程名称：　　　　　　　　　　　　标段：　　　　　　　　　　　　第　页　共　页

<table>
<tr><td colspan="2">项目编码</td><td colspan="2"></td><td colspan="2">项目名称</td><td colspan="2"></td><td colspan="2">计量单位</td><td colspan="2"></td></tr>
<tr><td colspan="12">清单综合单价组成明细</td></tr>
<tr><td rowspan="3">定额编号</td><td rowspan="3">定额名称</td><td rowspan="3">定额单位</td><td rowspan="3">数量</td><td colspan="4">单价</td><td colspan="4">合价</td></tr>
<tr><td>人工费</td><td>材料费</td><td>机械费</td><td>管理费和利润</td><td>人工费</td><td>材料费</td><td>机械费</td><td>管理费和利润</td></tr>
<tr><td></td><td></td><td></td><td></td><td></td><td></td><td></td><td></td></tr>
<tr><td></td><td></td><td></td><td></td><td></td><td></td><td></td><td></td><td></td><td></td><td></td><td></td></tr>
<tr><td></td><td></td><td></td><td></td><td></td><td></td><td></td><td></td><td></td><td></td><td></td><td></td></tr>
<tr><td></td><td></td><td></td><td></td><td></td><td></td><td></td><td></td><td></td><td></td><td></td><td></td></tr>
<tr><td></td><td></td><td></td><td></td><td></td><td></td><td></td><td></td><td></td><td></td><td></td><td></td></tr>
<tr><td></td><td></td><td></td><td></td><td></td><td></td><td></td><td></td><td></td><td></td><td></td><td></td></tr>
<tr><td></td><td></td><td></td><td></td><td></td><td></td><td></td><td></td><td></td><td></td><td></td><td></td></tr>
<tr><td></td><td></td><td></td><td></td><td></td><td></td><td></td><td></td><td></td><td></td><td></td><td></td></tr>
<tr><td></td><td></td><td></td><td></td><td></td><td></td><td></td><td></td><td></td><td></td><td></td><td></td></tr>
<tr><td colspan="2">人工单价</td><td colspan="4">小计</td><td></td><td></td><td></td><td></td><td></td><td></td></tr>
<tr><td colspan="2">元/工日</td><td colspan="4">未计价材料费</td><td></td><td></td><td></td><td></td><td></td><td></td></tr>
<tr><td colspan="8">清单项目综合单价</td><td colspan="4"></td></tr>
<tr><td rowspan="7">材料费明细</td><td colspan="5">主要材料名称、规格、型号</td><td>单位</td><td>数量</td><td>单价（元）</td><td>合价（元）</td><td>暂估单价（元）</td><td>暂估合价（元）</td></tr>
<tr><td colspan="5"></td><td></td><td></td><td></td><td></td><td></td><td></td></tr>
<tr><td colspan="5"></td><td></td><td></td><td></td><td></td><td></td><td></td></tr>
<tr><td colspan="5"></td><td></td><td></td><td></td><td></td><td></td><td></td></tr>
<tr><td colspan="5"></td><td></td><td></td><td></td><td></td><td></td><td></td></tr>
<tr><td colspan="7">其他材料费</td><td>—</td><td></td><td>—</td><td></td></tr>
<tr><td colspan="7">材料费小计</td><td>—</td><td></td><td>—</td><td></td></tr>
<tr><td></td><td></td><td></td><td></td><td></td><td></td><td></td><td></td><td></td><td></td><td></td><td></td></tr>
</table>

注：1. 如不使用省级或行业建设主管部门发布的计价依据，可不填定额项目、编号等。

2. 招标文件提供了暂估单价的材料，按照暂估的单价填入表内“暂估单价”栏及“暂估合价”栏。

表 2-10　措施项目清单与计价表(一)

工程名称：　　　　　　　　　　　　　　标段：　　　　　　　　　　　　第　页　共　页

序号	项目编码	项目名称	计算基础	费率(%)	金额(元)
		安全文明施工费			
		夜间施工费			
		二次搬运费			
		冬雨季施工			
		大型机械设备进出场及安拆费			
		施工排水			
		施工降水			
		地上、地下设施、建筑物的临时保护设施			
		已完工程及设备保护			
		各专业工程的措施项目			
合计					

注：1. 本表适用于以“项”计价的措施项目。

2. 根据住建部、财政部发布的《建筑安装工程费用组成》(建标〔2003〕206 号)的规定，“计算基础”可为“直接费”“人工费”或“人工费 + 机械费”。

表 2-11　措施项目清单与计价表(二)

工程名称：　　　　　　　　　　　　　　标段：　　　　　　　　　　　　第　页　共　页

序号	项目编码	项目名称	项目特征描述	计量单位	工程量	金额(元)	
						综合单价	合价
本页小计							
合计							

注：本表适用于以综合单价形式计价的措施项目。

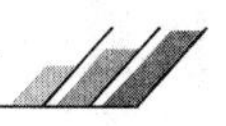

表2-12　其他项目清单与计价汇总表

工程名称：　　　　　　　　　　　　　　　　标段：　　　　　　　　　　　　第　页　共　页

序号	项目名称	计量单位	金额(元)	备注
1	暂列金额			明细详见表2-12(一)
2	暂估价			
2.1	材料(工程设备)暂估单价			明细详见表2-12(二)
2.2	专业工程暂估价			明细详见表2-12(三)
3	计日工			明细详见表2-12(四)
4	总包服务费			明细详见表2-12(五)
5				
合计				—

注：材料暂估单价进入清单项目综合单价，此处不汇总。

表2-12(一)　暂列金额明细表

工程名称：　　　　　　　　　　　　　　　　标段：　　　　　　　　　　　　第　页　共　页

序号	项目名称	计量单位	暂列金额(元)	备注
1				
2				
3				
4				
5				
6				
7				
8				
9				
10				
11				
合计				

注：此表由招标人填写，如不能详列，也可只列暂列金额总额，投标人应将上述暂列金额计入投标总价中。

表 2-12(二)　材料(工程设备)暂估单价表

工程名称:　　　　　　　　标段:　　　　　　　　第　页　共　页

序号	材料(工程设备)名称、规格、型号	计量单位	单价(元)	备注

注:1. 此表由招标人填写,并在备注栏说明暂估价的材料拟用在哪些清单项目上,投标人应将上述材料暂估单价计入工程量清单综合单价报价中。

2. 材料包括原材料、燃料、构配件及按规定应计入建筑安装工程造价的设备。

表 2-12(三)　专业工程暂估价表

工程名称:　　　　　　　　标段:　　　　　　　　第　页　共　页

序号	工程名称	工程内容	金额(元)	备注
合计				

注:此表由招标人填写,投标人应将上述专业工程暂估价计入投标总价中。

表2-12(四) 计日工表

工程名称： 标段： 第 页 共 页

编号	项目名称	单位	暂估数量	综合单价	合价
一	人工				
1					
2					
3					
4					
5					
人工小计					
二	材料				
1					
2					
3					
4					
5					
材料小计					
三	施工机械				
1					
2					
3					
4					
5					
施工机械小计					
总计					

注：此表项目名称、数量由招标人填写，编制招标控制价时，单价由招标人按有关计价规定确定；投标时，单价由投标人自主报价，计入投标总价中。

表 2-12(五)　总承包服务费计价表

工程名称：　　　　　　　　　　　　　　标段：　　　　　　　　　　　　　第　页　共　页

序号	项目名称	项目价值(元)	服务内容	费率(%)	金额(元)
1	发包人发包专业工程				
2	发包人供应材料				
	合计				

表 2-12(六)　索赔与现场签证计价汇总表

工程名称：　　　　　　　　　　　　　　标段：　　　　　　　　　　　　　第　页　共　页

序号	索赔及签证项目名称	计量单位	数量	单价(元)	合价(元)	索赔及签证依据
本页小计						
合计						

注：索赔及签证依据是指经双方认可的签证单和索赔依据的编号。

表2-12(七)　费用索赔申请(核准)表

工程名称：　　　　　　　　　　　　　　　标段：　　　　　　　　　　　编号：

<table>
<tr><td colspan="2">致：____（发包人全称）

根据施工合同条款_______条的约定，由于_________原因，我方要求索赔金额（大写）_________元，（小写）_______元，请予核准。
附：1. 费用索赔的详细理由和依据：

2. 索赔金额的计算：

3. 证明材料：

承包人（章）
承包人代表______________
日　　期______________</td></tr>
<tr><td>复核意见：
根据施工合同条款_________条的约定，你方提出的费用索赔申请经复核：
□不同意此项索赔，具体意见见附件。
□同意此项索赔，索赔金额的计算由造价工程师复核。

监理工程师_________
日　　期_________</td><td>复核意见：
根据施工合同条款_________条的约定，你方提出的费用索赔申请经复核，索赔金额为（大写）_________元，（小写）_________元。

造价工程师_________
日　　期_________</td></tr>
<tr><td colspan="2">审核意见：
□不同意此项索赔。
□同意此项索赔，与本期进度款同期支付。

发包人（章）
发包人代表____________
日　　期____________</td></tr>
</table>

注：1. 在选择栏中的“□”内作标识“√”。

2. 本表一式四份，由承包人填报，发包人、监理人、造价咨询人、承包人各存一份。

表2-12(八)　现场签证表

工程名称：　　　　　　　　　　　　　　　　标段：　　　　　　　　　　　　　　　　第　页　共　页

<table>
<tr><td>施工部位</td><td></td><td>日期</td><td></td></tr>
<tr><td colspan="4">致：______________________________(发包人全称)
根据__________(指令人姓名)　　年　月　日的口头指令或你方______(或监理人)　　年　月　日的书面通知，我方要求完成此项工作应支付价款金额为(大写)______元，(小写)______元，请予核准。

附：1. 签证事由及原因：

2. 附图及计算式：
承包人(章)
承包人代表__________
日　　期__________</td></tr>
<tr><td colspan="2">复核意见：
你方提出的此项签证申请经复核：
□不同意此项签证，具体意见见附件。
□同意此项签证，签证金额的计算由造价工程师复核。

监理工程师______
日　　期______</td><td colspan="2">复核意见：
□此项签证按承包人中标的计日工单价计算，金额为(大写)______元，(小写)______元。
□此项签证因无计日工单价，金额为(大写)______元，(小写)______元。

造价工程师______
日　　期______</td></tr>
<tr><td colspan="4">审核意见：
□不同意此项签证。
□同意此项签证，价款与本期进度款同期支付。

发包人(章)
承包人代表__________
日　　期__________</td></tr>
</table>

注：1. 在选择栏中的"□"内作标识"√"。

2. 本表一式四份，由承包人填报，发包人、监理人、造价咨询人、承包人各存一份。

表 2-13　规费、税金项目清单与计价表

工程名称：　　　　　　　　　　　　　　　　　标段：　　　　　　　　　　　　第　页　共　页

序号	项目名称	计算基础	费率(%)	金额(元)
1	规费			
1.1	工程排污费			
1.2	社会保障费			
(1)	养老保险费			
(2)	失业保险费			
(3)	医疗保险费			
1.3	住房公积金			
1.4	工伤保险费			
2	税金	分部分项工程费＋措施项目费＋其他项目费＋规费		
合计				

注：根据住建部、财政部发布的《建筑安装工程费用组成》(建标〔2003〕206号)的规定，"计算基础"可为"直接费""人工费"或"人工费＋机械费"。

表 2-14　工程款支付申请(核准)表

工程名称：　　　　　　　　　　　　　　　标段：　　　　　　　　编号：

致：______________________________(发包人全称)

我方于__________至__________期间已完成了__________工作，根据施工合同的约定，现申请支付本期的工程款额为(大写)__________元，(小写)__________元，请予核准。

序号	名称	金额(元)	备注
1	累计已完成的工程价款		
2	累计已实际支付的工程价款		
3	本周期已完成的工程价款		
4	本周期完成的计日工金额		
5	本周期应增加和扣减的变更金额		
6	本周期应增加和扣减的索赔金额		
7	本周期应抵扣的预付款		
8	本周期应扣减的质保金		
9	本周期应增加或扣减的其他金额		
10	本周期实际应支付的工程价款		

承包人(章)
承包人代表__________
日　　期__________

复核意见：
□与实际施工情况不相符，修改意见见附件。
□与实际施工情况相符，具体金额由造价工程师复核。

监理工程师__________
日　　期__________

复核意见：
你方提出的支付申请经复核，本期间已完成工程款额为(大写)__________元，(小写)__________元。

造价工程师__________
日　　期__________

审核意见：
□不同意。
□同意，支付时间为本表签发后的15天内。

发包人(章)
发包人代表__________
日　　期__________

注：1. 在选择栏中的“□”内作标识“√”。
2. 本表一式四份，由承包人填报，发包人、监理人、造价咨询人、承包人各存一份。

课题2.3　分部分项工程量清单的编制

1　分部分项工程量清单包括的内容及编制原则

分部分项工程量清单是在《建设工程工程量清单计价规范》(GB 50500—2013)规定的统一原则下按照下列规定编制。

1.1　项目编码

分部分项工程量清单项目编码以五级编码设置，用十二位阿拉伯数字表示。一、二、三、四级编码为全国统一，第五级编码应根据拟建工程的工程量清单项目名称设置。各级编码代表的含义如下：

(1)第一级表示工程分类顺序码(分二位)，建筑工程为01、装饰装修工程为02、安装工程为03、市政工程为04、园林绿化工程为05、矿山工程为06。

(2)第二级表示专业工程顺序码(分二位)。

(3)第三级表示分部工程顺序码(分二位)。

(4)第四级表示分项工程项目名称顺序码(分三位)。

(5)第五级表示工程量清单项目名称顺序码(分三位)。

工程量清单项目编码结构如图2-1所示(以安装工程为例)。

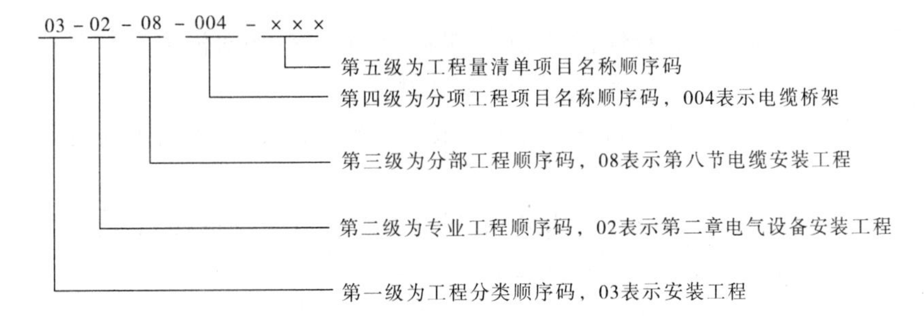

图2-1　工程量清单项目编码结构

当同一标段(或合同段)的一份工程量清单中含有多个单位工程且工程量清单是以单位工程为编制对象时，应特别注意对项目编码十至十二位的设置不得有重号。例如，一个标段(或合同段)的工程量清单中含有三个单位工程，每个单位工程中都有项目特征相同的实心砖墙砌体，在工程量清单中又需反映三个不同单位工程的实心砖墙砌体工程量时，第一个单位工程的实心砖墙的项目编码应为010302001001，第二个单位工程的实心砖墙的项目编码应为010302001002，第三个单位工程的实心砖墙的项目编码应为010302001003，并分别列出各单位工程实心砖墙的工程量。

1.2　项目名称

分部分项工程量清单的项目名称应按《计价规范》附录中的项目名称结合拟建工程的实际确定。《计价规范》附录表中的“项目名称”为分项工程项目名称，是形成分部分项工程量清单项目名称的基础，在编制分部分项工程量清单时可予以适当调整或细化，例如

“墙面一般抹灰”这一分项工程在形成工程量清单项目名称时可以细化为“外墙面抹灰”和“内墙面抹灰”等。清单项目名称应表达详细、准确。《计价规范》中的分项工程项目名称如有缺陷,招标人可作补充,并报当地工程造价管理机构(省级)备案。

1.3 项目特征

项目特征是对项目的准确描述,是确定一个清单项目综合单价不可缺少的重要依据,是区分清单项目的依据,是履行合同义务的基础。

分部分项工程量清单项目特征应按《计价规范》附录中规定的项目特征,结合拟建工程项目的实际予以描述,满足确定综合单价的需要。在进行项目特征描述时,可掌握以下要点。

1.3.1 必须描述的内容

(1)涉及正确计量的内容:如门窗洞口尺寸或框外围尺寸。

(2)涉及结构要求的内容:如混凝土构件的混凝土强度等级。

(3)涉及材质要求的内容:如油漆的品种、管材的材质等。

(4)涉及安装方式的内容:如管道工程中钢管的连接方式。

1.3.2 可不描述的内容

(1)对计量计价没有实质影响的内容:如对现浇混凝土柱的高度、断面大小等特征可以不描述。

(2)应由投标人根据施工方案确定的内容:如对石方的预裂爆破的单孔深度及装药量的特征规定。

(3)应由投标人根据当地材料和施工要求确定的内容:如对混凝土构件中的混凝土拌和料使用的石子种类及粒径、砂的种类的特征规定。

(4)应由施工措施解决的内容:如对现浇混凝土板、梁的标高的特征规定。

1.3.3 可不详细描述的内容

(1)无法准确描述的内容:如土壤类别,可考虑将土壤类别描述为综合,注明由投标人根据地勘资料自行确定土壤类别,决定报价。

(2)施工图纸、标准图集标注明确的内容:对这些项目可描述为见××图集××页号及节点大样等。

(3)清单编制人在项目特征描述中应注明由投标人自定的内容:如土方工程中的“取土运距”和“弃土运距”等。

对项目特征的准确描述还须把握实质意义。例如,《计价规范》在“实心砖墙”的“项目特征”及“工程内容”栏内均包含有“勾缝”,但两者的性质完全不同。“项目特征”栏内的“勾缝”是实心砖墙的实体特征,是个名词,体现的是用什么材料勾缝。而“工程内容”栏内的“勾缝”表述的是操作工序或称操作行为,在此处是个动词,体现的是怎么做。因此,如果需要勾缝,就必须在项目特征中描述,而不能以工程内容中有而不描述,否则将视为清单项目漏项,而可能在施工中引起索赔。

1.4 计量单位

计量单位应采用基本单位,除各专业另有特殊规定外均按以下单位计量:

(1)以重量计算的项目——吨或千克(t或kg)。

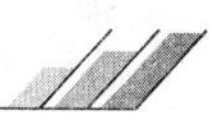

(2)以体积计算的项目——立方米(m^3)。

(3)以面积计算的项目——平方米(m^2)。

(4)以长度计算的项目——米(m)。

(5)以自然计量单位计算的项目——个、套、块、樘、组、台等。

(6)没有具体数量的项目——宗、项等。

各专业有特殊计量单位的,另外加以说明,当计量单位有两个或两个以上时,应根据所编工程量清单项目的特征要求,选择最适宜表现该项目特征并方便计量的单位。

分部分项工程量清单的计量单位的有效位数应遵守下列规定:

(1)以"吨"为单位,应保留三位小数,第四位小数四舍五入。

(2)以"立方米""平方米""米""千克"为单位,应保留两位小数,第三位小数四舍五入。

(3)以"个(项)"等为单位,应取整数。

1.5　工程数量的计算

工程数量主要通过工程量计算规则计算得到。工程量计算规则是指对清单项目工程量的计算规定。除另有说明外,所有清单项目的工程量应以实体工程量为准,并以完成后的净值计算;投标人投标报价时,应在单价中考虑施工中的各种损耗和需要增加的工程量。

《计价规范》附录中给出了各类别工程的项目设置和工程量计算规则,包括建筑工程、装饰装修工程、安装工程、市政工程、园林绿化工程、矿山工程六个部分。

(1)附录A为建筑工程工程量清单项目及计算规则,建筑工程的实体项目包括土(石)方工程,桩与地基基础工程,砌筑工程,混凝土及钢筋混凝土工程,厂库房大门、特种门、木结构工程,金属结构工程,屋面及防水工程,防腐、隔热、保温工程。

(2)附录B为装饰装修工程工程量清单项目及计算规则,装饰装修工程的实体项目包括楼地面工程,墙、柱面工程,天棚工程,门窗工程,油漆、涂料、裱糊工程,其他工程。

(3)附录C为安装工程工程量清单项目及计算规则,安装工程的实体项目包括机械设备安装工程,电气设备安装工程,热力设备安装工程,炉窑砌筑工程,静置设备与工艺金属结构制作安装工程,工业管道工程,消防工程,给水排水、采暖、燃气工程,通风空调工程,自动化控制仪表安装工程,通信设备及线路工程,建筑智能化系统设备安装工程,长距离输送管道工程。

(4)附录D为市政工程工程量清单项目及计算规则,市政工程的实体项目包括土石方工程,道路工程,桥涵护岸工程,隧道工程,市政管网工程,地铁工程,钢筋工程,拆除工程。

(5)附录E为园林绿化工程工程量清单项目及计算规则,园林绿化工程包括绿化工程,园路、园桥、假山工程,园林景观工程。

(6)附录F为矿山工程工程量清单项目及计算规则,矿山工程的实体项目包括露天工程和井巷工程。

1.6　项目补充

编制工程量清单出现《计价规范》附录中未包括的项目,编制人应作补充,并报省级或行业工程造价管理机构备案,省级或行业工程造价管理机构应汇总报住房和城乡建设部标准定额研究所。补充项目的编码由《计价规范》附录中的顺序码与B和三位阿拉伯数字组成,并应从 XB001 起顺序编码,不得重号。工程量清单中需附有补充项目的名称、项目特征、计量单位、工程量计算规则、工作内容。

2 分部分项工程量清单的编制依据

(1)《建设工程工程量清单计价规范》(GB 50500—2013)。

(2)国家或省级、行业建设主管部门发布的计价依据和办法。

(3)建设工程设计文件。

(4)与建设工程项目有关的标准、规范、技术资料。

(5)招标文件及其补充通知、答疑纪要。

(6)施工现场情况、工程特点及常规施工方案。

(7)其他相关资料。

3 分部分项工程量清单的编制步骤

分部分项工程量清单编制依据也就是工程量清单项目的设置与工程量计算的依据。工程范围、工作责任的划分一般是通过招标文件来规定的。施工组织设计与施工技术方案可提供分部分项工程的施工方法,从而弄清楚其工程内容。工程施工规范及工程验收规范,可提供生产工艺对分部分项工程的质量要求,为分部分项工程综合工程内容列项,以及综合工程内容的工程量计算提供数据和参考,也就决定了分部分项工程实施过程中必须要完成的工作内容。在编制工程量清单时可以按照如下步骤进行:

(1)参阅设计文件,读取项目内容,对照《计价规范》中的项目名称,以及用于描述项目名称的项目特征,确定具体的分部分项工程名称和项目特征。

在名称设置时应考虑三个因素:一是附录中规定的项目名称;二是附录中规定的项目特征;三是拟建工程的实际情况。即在编制时,以附录中的项目名称为主体,考虑该项目的规格、型号、材质等特征要求,结合拟建工程的实际情况,使其工程量清单项目名称具体化、细化,能够反映影响工程造价的主要因素。

在项目特征一栏中很多以“名称”作为特征,它是同类实体的统称,在设置具体清单项目时,要用该实体的本名称。

(2)设置项目编码。例如,编制挖带形基础土方清单时,在《计价规范》中找到对应挖基础土方的编码为“010101003”,再加上给带形基础土方自定义的三位码“001”,挖带形基础土方的编码确定为“010101003001”。假如该清单中还有一挖独立基础土方则编码确定为“010101003002”。

(3)计量单位。工程量清单中的计量单位一律以单位量“1”为计量单位,不能出现10、100、1 000 等倍数计量单位。

(4)按《计价规范》规定的工程量计算规则,读取设计文件数据计算工程数量,所有清单项目的工程量应以实体工程量为准,小数位采用四舍五入的方法保留。

(5)组合分部分项工程量清单的综合工程内容。清单项目是按实体设置的,应包括完成该实体的全部内容,若是由多个工程综合而成的,对清单项目可能发生的工程项目均须作提示并列在“工程内容”一栏内,供清单编制人对项目描述的参改。

(6)按照上述五步的内容填写“分部分项工程量清单”表格。

课题 2.4　措施项目清单的编制

1　措施项目清单概述

《建设工程工程量清单计价规范》(GB 50500—2013)中将实体项目划分为分部分项工程量清单,非实体项目划分为措施项目。措施项目清单指为完成工程项目施工,发生于该工程施工前和施工过程中技术、生活、文明、安全等方面的非工程实体项目清单。

表 2-15 中共列出措施项目 10 项。

表 2-15　措施项目一览表

序号	项目名称
1	安全文明施工
2	夜间施工费
3	二次搬运费
4	冬雨季施工
5	大型机械设备进出场及安拆费
6	施工排水
7	施工降水
8	地上、地下设施,建筑物的临时保护设施
9	已完工程及设备保护
10	各专业工程的措施项目

不能计算工程量的措施项目清单以“项”为计量单位,相应数量为“1”。

措施项目清单应根据拟建工程的实际情况列项。若出现本规范未列的项目,可根据工程实际情况补充。

2　措施项目清单编制规则

措施项目中可以计算工程量的项目清单宜采用分部分项工程量清单的方式编制,列出项目编码、项目名称、项目特征、计量单位和工程量计算规则;不能计算工程量的项目清单,以“项”为计量单位。

3　措施项目清单编制依据

(1)拟建工程的施工组织设计。

(2)拟建工程的施工技术方案。

(3)与拟建工程相关的施工规范与工程验收规范。

(4)招标文件。

(5)设计文件。

4　措施项目清单编制步骤

(1)参考拟建工程的施工组织设计,以确定环境保护、安全文明施工、材料的二次搬运等项目。

(2)参阅施工技术方案,以确定夜间施工、大型机械设备进出场及安拆、混凝土模板与支架、脚手架、施工排水、施工降水、垂直运输机械等项目。

(3)参阅相关的施工规范与工程验收规范,可以确定施工技术方案没有表述的,但是为了实现施工规范与工程验收规范要求而必须发生的技术措施。

(4)确定招标文件中提出的某些必须通过一定的技术措施才能实现的要求。

(5)确定设计文件中一些不足以写进技术方案,但通过一定的技术措施才能实现的内容。

5　措施项目清单表的填写

5.1　措施项目清单与计价表(一):表 2-10

适用于以"项"计价的措施项目。.

(1)编制工程量清单时,表中的项目可根据工程实际情况进行增减。

(2)编制招标控制价时,计费基础、费率应按省级或行业建设主管部门的规定计取。

(3)编制投标报价时,除"安全文明施工费"必须按《计价规范》的强制性规定,按省级、行业建设主管部门的规定计取外,其他措施项目均可根据投标施工组织设计自主报价。

5.2　措施项目清单与计价表(二):表 2-11

适用于以分部分项工程量清单项目综合单价方式计价的措施项目。

课题 2.5　其他项目清单的编制

1　其他项目清单概述

其他项目清单是指分部分项工程量清单、措施项目清单所包含的内容以外,因招标人的特殊要求而发生的与拟建工程有关的其他费用项目和相应数量的清单。

工程建设标准的高低、工程的复杂程度、工程的工期长短、工程的组成内容、发包人对工程管理要求等都直接影响其他项目清单的具体内容,其他项目清单宜按照《建设工程工程量清单计价规范》(GB 50500—2013)的格式编制,出现未包含在《计价规范》表格中的项目,可根据工程实际情况补充。

2　其他项目清单列项及填写

2.1　暂列金额明细表:表 2-12(一)

暂列金额是指招标人暂定并包括在合同中的一笔款项。不管采用何种合同形式,在实际履约过程中可能发生,也可能不发生。暂列金额明细表要求招标人能将暂列金额与

拟用项目列出明细，但如确实不能详列也可只列暂定金额总额，投标人应将上述暂列金额计入投标总价中。

2.2 暂估价

暂估价是指招标阶段直至签订合同协议时，招标人在招标文件中提供的用于支付必然要发生但暂时不能确定价格的材料以及专业工程的金额，包括材料（工程设备）暂估单价、专业工程暂估价。

2.2.1 材料（工程设备）暂估单价表：表2-12（二）

暂估价是在招标阶段预见肯定要发生，只是因为标准不明确或者需要由专业承包人完成，暂时无法确定具体价格。暂估价数量和拟用项目应当在材料（工程设备）暂估单价表备注栏给予补充说明。

《计价规范》要求招标人针对每一类暂估价给出相应的拟用项目，即按照材料（工程设备）的名称分别给出，这样的材料（工程设备）暂估价能够纳入到项目综合单价中。

2.2.2 专业工程暂估价表：表2-12（三）

应在专业工程暂估价表内填写工程名称、工程内容、暂估金额，投标人应将上述金额计入投标总价中。

2.3 计日工表：表2-12（四）

计日工是为了解决现场发生的零星工作的计价而设立的。计日工对完成零星工作所消耗的人工工时、材料数量、施工机械台班进行计量，并按照计日工表中填报的适用项目的单价进行计价支付。计日工适用的所谓零星工作一般是指合同约定之外的或者因变更而产生的、工程量清单中没有相应项目的额外工作，尤其是那些难以事先商定价格的额外工作。

（1）编制工程量清单时，“项目名称”、“计量单位”和“暂估数量”由招标人填写。

（2）编制招标控制价时，人工、材料、施工机械单价由招标人按有关计价规定填写并计算合价。

（3）编制投标报价时，人工、材料、施工机械单价由投标人自主确定，按已给暂估数量计算合价计入投标总价中。

2.4 总承包服务费计价表：表2-12（五）

总承包服务费是为了解决招标人在法律、法规允许的条件下进行专业工程发包以及自行供应材料、设备，并需要总承包人对发包的专业工程提供协调和配合服务，对供应的材料、设备提供收发和保管服务以及进行施工现场管理时发生并向总承包人支付的费用。招标人应预计该项费用并按投标人的投标报价向投标人支付该项费用。

（1）编制工程量清单时，招标人应将拟定进行专业分包的专业工程、自行采购的材料设备等决定清楚，填写项目名称、服务内容，以便投标人决定报价。

（2）编制招标控制价时，招标人按有关计价规定计价。

（3）编制投标报价时，由投标人根据工程量清单中的总承包服务内容报价。如发生“索赔”与“现场签证”费用，按双方认可的金额计入以下表格。

2.5 索赔与现场签证计价汇总表：表2-12（六）

索赔与现场签证计价汇总表是对发、承包双方签证认可的“费用索赔申请（核准）表”

和“现场签证表”的汇总。

2.6 费用索赔申请(核准)表:表2-12(七)

费用索赔申请(核准)表将费用索赔申请与核准设置于一个表,非常直观。使用本表时,承包人代表应按合同条款的约定,阐述原因,附上索赔证据、费用计算报发包人,经监理工程师复核(按照发包人的授权不论是监理工程师或发包人现场代表均可),经造价工程师(此处造价工程师可以是发包人现场管理人员,也可以是发包人委托的工程造价咨询企业的人员)复核具体费用,经发包人审核后生效,该表以在选择栏中“□”内作标识“√”表示。

2.7 现场签证表:表2-12(八)

现场签证表是对“计日工”的具体化,考虑到招标时,招标人对计日工项目的预估难免会有遗漏,带来实际施工发生后,无相应的计日工单价,现场签证只能包括单价一并处理。因此,在汇总时,有计日工单价的,可归并于计日工,如无计日工单价,归并于现场签证,以示区别。或者,现场签证全部汇总于计日工也是一种处理方式。

2.8 工程款支付申请(核准)表:表2-14

工程款支付申请和核准设置于一表,表达直观,由承包人代表在每个计量周期结束后,向发包人提出,由发包人授权的现场代表复核工程量(本表中设置为监理工程师),由发包人授权的造价工程师(可以是委托的造价咨询企业)复核应付款项,经发包人批准实施。

3 规费、税金项目清单编制

规费项目清单应按照下列内容列项:①工程排污费;②社会保障费(包括养老保险费、失业保险费、医疗保险费);③住房公积金;④工伤保险。出现未包含在上述规范中的项目,应根据省级政府或省级有关权力部门的规定列项。

税金项目清单应包括以下内容:营业税,城市维护建设税,教育费附加。如国家税法发生变化,税务部门依据职权增加了税种,应对税金项目清单进行补充。

4 工程量清单封面

工程量清单封面要求描述清楚工程名称、招标人、招标法定代表人、造价工程师法定代表人、编制清单的造价工程师及编制时间等内容。

5 工程量清单填表须知

(1)工程量清单及其计价格式中所有要求签字、盖章的地方,必须由规定的单位和人员签字、盖章。

(2)工程量清单及其计价格式中的任何内容不得随意删除或涂改。

(3)工程量清单计价格式中列明的所有需要填报的单价和合价,投标人均应填报,未填报的单价和合价,视为此项费用已包含在工程量清单的其他单价和合价中。

6 工程量清单总说明

(1)工程概况:建设规模、工程特征、计划工期、施工现场实际情况、自然地理条件、环

境保护要求等。

(2)工程招标和分包范围。

(3)工程量清单编制依据。

(4)工程施工、工程用材料、工程质量等要求。

(5)其他需要说明的内容。

思考与练习题

1. 简述工程量清单计价的特点。
2. 工程量清单及计价编制的依据有哪些?
3. 简述工程量清单及计价编制的步骤。
4. 试述分部分项工程量清单编制的内容。
5. 简述工程量清单的组成。

单元3　建筑工程工程量清单编制

【知识要点】 本单元讲述了建筑面积的计算,建筑工程中土石方工程,桩与地基基础工程,砌筑工程,混凝土及钢筋混凝土工程,厂库房大门、特种门、木结构工程,金属结构工程,屋面及防水工程,防腐、隔热、保温工程等各项中的清单项目编码、项目名称、项目特征描述、工程量计算规则和工程内容;通过本单元学习,应掌握建筑工程工程量清单的编制。

【教学目标】 能够按照《建设工程工程量清单计价规范》(GB 50500—2013)编制建筑工程工程量清单。

课题3.1　建筑面积的计算

1　建筑面积的概念及作用

根据国家标准《建筑工程建筑面积计算规范》(GB/T 50353—2013)编制,适用于新建、扩建、改建的工业与民用建筑工程的建筑面积计算。

建筑面积是指建筑物外墙勒脚以上各层结构外围水平投影面积的总和。建筑面积包括使用面积、辅助面积和结构面积三部分。使用面积是指建筑物各层平面布置中可直接为生产或生活使用的净面积总和。辅助面积是指建筑物各层平面布置中为辅助生产或生活服务所占的净面积的总和,如楼梯间、走廊、电梯井等。结构面积是指建筑物各层平面布置中的墙体、柱、垃圾道、通风道等所占的净面积的总和。建筑面积是衡量建筑技术经济效果的重要指标,它的作用主要表现在以下几个方面:

(1)建筑面积是确定建筑规模的重要指标。根据项目立项批准文件所核定的建筑面积,是初步设计的重要指标。而施工图的建筑面积不得超过初步设计的5%,否则必须重新报批。

(2)建筑面积是确定建筑工程经济技术指标的重要依据。如每平方米造价指标,每平方米人工、材料消耗量指标,其确定都以建筑面积为依据。

(3)建筑面积是划分建筑工程类别的标准之一。如辽宁省的民用建筑划分标准如下:建筑面积25 000 m^2以上的为一类工程,建筑面积18 000 m^2以上25 000 m^2以下的为二类工程,建筑面积10 000 m^2以上18 000 m^2以下的为三类工程,建筑面积10 000 m^2以下的为四类工程。

(4)建筑面积是计算概算指标和编制概算的主要依据。概算指标通常是以建筑面积为计量单位,用概算指标编制概算时,要以建筑面积为计算基础。

2　建筑面积计算规则

2.1　计算建筑面积的范围

(1)单层建筑物的建筑面积,应按其外墙勒脚以上结构外围水平面积计算,并应符合下列规定:

①单层建筑物高度在2.20 m及以上者应计算全面积;高度不足2.20 m者应计算1/2面积。

说明:单层建筑物的高度是指室内地面标高至屋面板板面结构标高之间的垂直距离。当有以屋面板找坡的平屋顶单层建筑物时,其高度指室内地面标高至屋面板最低处板面结构标高之间的垂直距离。

②利用坡屋顶内空间时,净高超过2.10 m的部位应计算全面积;净高在1.20~2.10 m的部位应计算1/2面积,净高不足1.20 m的部位不应计算面积。

说明:净高是指楼面或地面至上部楼板底面或吊顶底面之间的垂直距离。

(2)单层建筑物内设有局部楼层者(见图3-1),局部楼层的2层及以上楼层,有围护结构(指围合建筑空间四周的墙体、门、窗等)的应按其围护结构外围水平面积计算,无围护结构的应按其结构底板水平面积计算。层高在2.20 m及以上者应计算全面积,层高不足2.20 m者应计算1/2面积。其建筑面积可用式(3-1)表示:

$$S = LB + lb \tag{3-1}$$

式中　S——局部带楼层的单层建筑物面积;

L——两端山墙勒脚以上结构外表面之间的水平距离;

B——两端纵墙勒脚以上结构外表面之间的水平距离;

l、b——楼层部分结构外表面之间的水平距离。

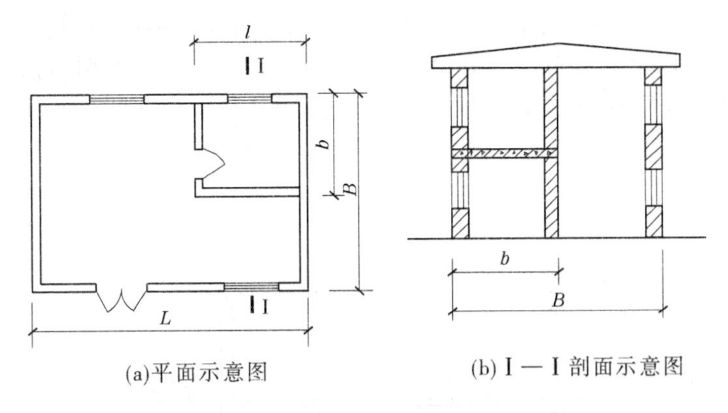

图3-1　设有局部楼层的单层建筑物示意图

(3)多层建筑物,其首层应按外墙勒脚以上结构的外围水平面积计算;2层及2层以上应按外墙结构外围水平面积计算。层高在2.20 m及以上者应计算全面积;层高不足2.20 m者应计算1/2面积。

说明:多层建筑应注意各层的外墙外边线是否一致,当外墙外边线不一致时,应分别计算建筑面积。

(4)多层建筑坡屋顶内和场馆看台下,当设计加以利用时,净高超过 2.10 m 的部位应计算全面积;净高在 1.20~2.10 m 的部位应计算 1/2 面积,当设计不利用或室内净高不足 1.20 m 时不应计算面积。

(5)地下室、半地下室(车间、商店、车站、车库、仓库等),如图 3-2 所示,包括相应的有永久性顶盖的出入口,应按其外墙上口(不包括采光井、外墙防潮层及其保护墙)外边线所围水平面积计算。层高在 2.20 m 及以上者应计算全面积,层高不足 2.20 m 者应计算 1/2 面积。

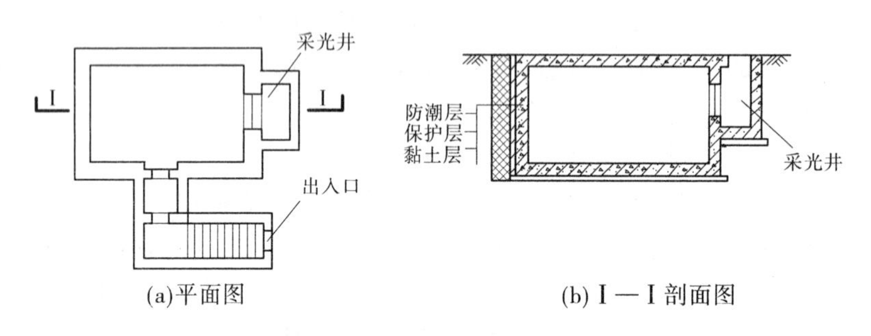

图 3-2　地下室建筑物示意图

说明:地下室是指房间地平面低于室外地平面的高度超过该房间净高的 1/2;半地下室是指房间地平面低于室外地平面的高度超过该房间净高的 1/3,且不超过该房间净高的 1/2。地下室的外墙身随地下室埋置深度的增加,墙体将会随之加厚,应以外墙上口外围尺寸计算,入口按外墙上口外围投影面积计算。

(6)坡地的建筑物吊脚架空层(是指建筑物深基础或坡地建筑吊脚架空层部位不回填土石方形成的建筑空间,见图 3-3)、深基础架空层,当设计加以利用并有围护结构时,层高在 2.20 m 及以上的部位应计算全面积,层高不足 2.20 m 的部位应计算 1/2 面积。设计加以利用但无围护结构的建筑吊脚架空层,应按其利用部位水平面积的 1/2 计算,设计不利用的深基础架空层、坡地吊脚架空层、多层建筑坡屋顶内、场馆看台下的空间不应计算面积。

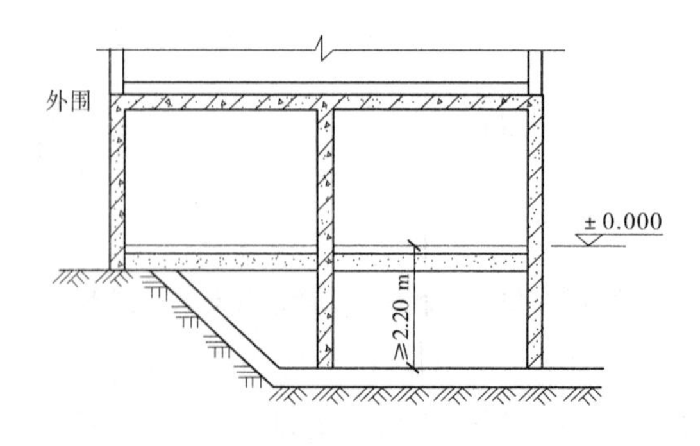

图 3-3　吊脚架空层示意图

(7)建筑物的门厅、大厅均按1层计算建筑面积。门厅、大厅内设有回廊(是指在建筑物门厅、大厅内设置2层或2层以上的回形走廊)时,应按其结构底板的水平面积计算。层高在2.20 m及以上者应计算全面积,层高不足2.20 m者应计算1/2面积。

说明:如果是单层建筑物,其内部的通道和门厅均已包含在整体建筑物的建筑面积内;若是多层建筑,通道和门厅内空高度超过层高,只要内空高度不超过两层高,也包含在总建筑面积内,不另计算。若是通道和门厅内空高度超过两层高,则这一部分的建筑面积只能按一层计算。

(8)建筑物间有围护结构的架空走廊,应按其围护结构的外围水平面积计算。层高在2.20 m及以上者应计算全面积,层高不足2.20 m者应计算1/2面积,有永久性顶盖但无围护结构的应按其结构底板水平面积的1/2计算。

说明:架空走廊是指建筑物之间起联系作用的架空天桥。

(9)立体书库、立体仓库、立体车库,无结构层的应按一层计算,有结构层的应按其结构层面积分别计算。层高在2.20 m及以上者应计算全面积,层高不足2.20 m者应计算1/2面积。

(10)有围护结构的舞台灯光控制室,应按其围护结构外围水平面积计算。层高在2.20 m及以上者应计算全面积,层高不足2.20 m者应计算1/2面积。

(11)建筑物外有围护结构的落地橱窗(突出外墙面根基的落地橱窗)、门斗(在建筑物出入口设置的起分隔、挡风、御寒等作用的建筑过渡空间)、挑廊(挑出建筑物外墙的水平交通空间)、走廊(建筑物的水平交通空间)、檐廊(设置在建筑物底层出檐下的水平交通空间),应按其围护结构外围水平面积计算。层高在2.20 m及以上者应计算全面积,层高不足2.20 m者应计算1/2面积,有永久性顶盖但无围护结构的应按其结构底板水平面积的1/2计算。

(12)有永久性顶盖但无围护结构的场馆看台应按其顶盖的水平投影面积的1/2计算。

(13)建筑物顶部有围护结构的楼梯间、水箱间、电梯机房等,层高在2.20 m及以上者应计算全面积,层高不足2.20 m者应计算1/2面积。

(14)设有围护结构,不垂直于水平面而超出底板外沿的建筑物,应按其底板的外围水平面积计算。层高在2.20 m及以上者应计算全面积,层高不足2.20 m者应计算1/2面积。

(15)建筑物内的室内楼梯间、电梯井、观光电梯井、提物井、管道井、通风排气竖井、垃圾道、附墙烟囱应按建筑物的自然层计算。

(16)雨篷结构外边线至外墙结构外边线的宽度超过2.10 m者,应按雨篷结构板的水平投影面积的1/2计算。有柱雨篷和无柱雨篷计算应一致。

(17)有永久性顶盖的室外楼梯,应按建筑物自然层(按楼板、地板结构分层的楼层)的水平投影面积的1/2计算。如最上层楼梯无永久性顶盖,或不能完全遮盖楼梯的雨篷,最上层楼梯不计算面积,上层楼梯可视为下层楼梯的永久性顶盖,下层楼梯应计算面积。

(18)建筑物的阳台均应按其水平投影面积的1/2计算。

(19)有永久性顶盖但无围护结构的车棚、货棚、站台、加油站、收费站等,应按其顶盖水平投影面积的1/2计算。

(20)高低联跨的建筑物,应以高跨结构外边线为界分别计算建筑面积,其高低跨内部连通时,变形缝应计算在低跨面积内。如图3-4所示,该图为某高低联跨的单层厂房示意图,高低跨处的柱应计算在高跨的建筑面积内。因此,其建筑面积可按式(3-2)和式(3-3)计算。

高跨部分的建筑面积为

$$S_1 = LB_2 \tag{3-2}$$

低跨部分的建筑面积为

$$S_2 = L(B_1 + B_3) \tag{3-3}$$

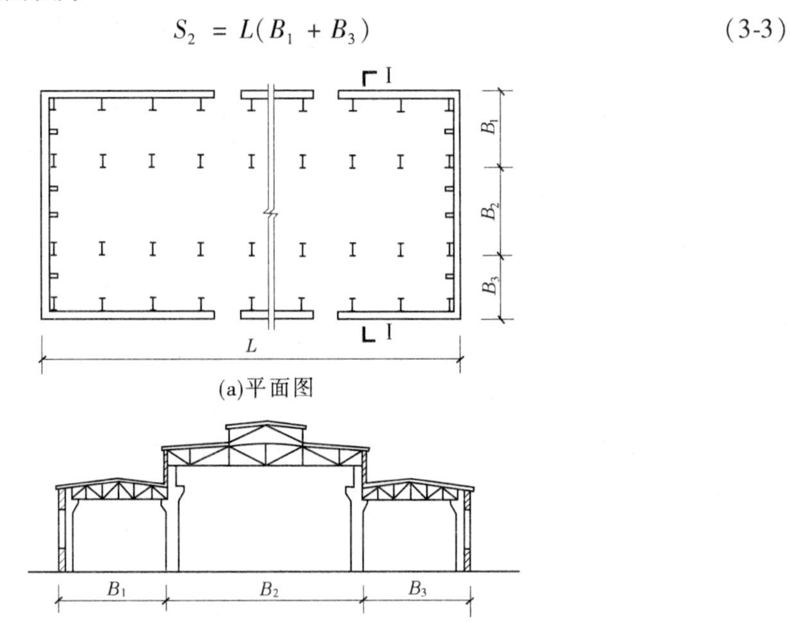

(a)平面图

(b) I — I 剖面图

图3-4　某高低联跨单层厂房示意图

(21)以幕墙作为围护结构的建筑物,应按幕墙外边线计算建筑面积。

(22)建筑物外墙外侧有保温隔热层的,应按保温隔热层外边线计算建筑面积。

(23)建筑物内的变形缝,应依其缝宽按自然层合并在建筑物面积内计算。

2.2　不应计算面积的范围

(1)建筑物通道,骑楼(楼层部分跨在人行道上的临街楼房)、过街楼(有道路穿过建筑空间的楼房)的底层。

(2)建筑物内的设备管道夹层。

(3)建筑物内分隔的单层房间,舞台及后台悬挂幕布、布景的天桥、挑台等。

(4)屋顶水箱、花架、凉棚、露台、露天游泳池等。

(5)建筑物内的操作平台、上料平台、安装箱和罐体的平台等。

(6)勒脚、附墙柱、垛、台阶、墙面抹灰、装饰面、镶贴块料面层、装饰性幕墙、空调室外机搁板(箱)、飘窗(为房间采光和美化造型而设置的突出外墙的窗)、构件、配件、宽度在

2.10 m及以内的雨篷以及与建筑物内不相连通的装饰性阳台、挑廊等。

(7)无永久性顶盖的架空走廊、室外楼梯和用于检修、消防的室外钢楼梯、爬梯等。

(8)自动扶梯、自动人行道。

(9)独立烟囱、烟道、地沟、油(水)罐、气柜、水塔、储油(水)池、储仓、栈桥、地下人防通道、地铁隧道等构筑物。

【例3-1】 求如图3-5所示某办公楼的建筑面积(墙厚均为240 mm)。

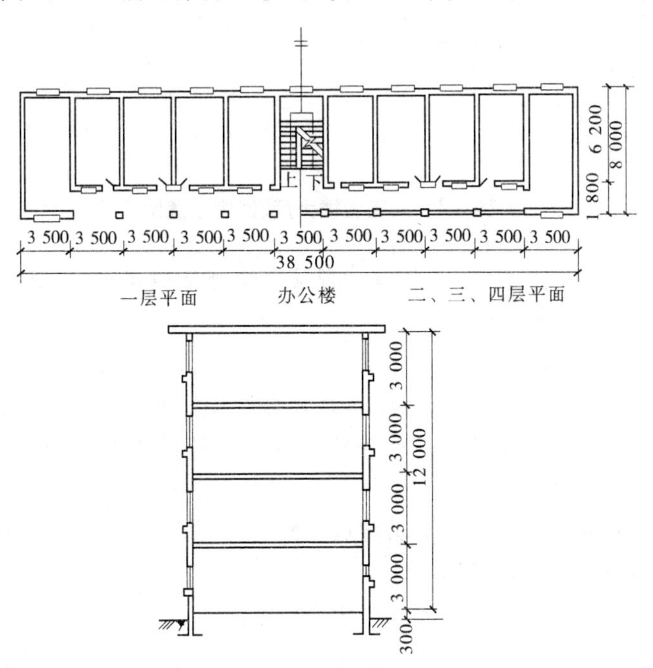

图3-5　某办公楼示意图

解　(1)此办公楼为四层,每一层均为同一面积。

(2)楼梯间按自然层计算面积,走廊为封闭式按层计算面积,因此此办公楼可以不分楼梯间和走廊,统一按外墙外围的水平面积计算建筑面积。

建筑面积 $=(38.50+0.24)\times(8.00+0.24)\times4=1\ 276.87(m^2)$

【例3-2】 某三层实验楼设有大厅并带回廊,如图3-6所示,试计算其大厅和回廊的建筑面积。

解　本建筑一层为大厅,二、三楼为回廊。

大厅部分建筑面积 $=30\times12=360(m^2)$

回廊部分建筑面积 $=[30\times12-(12-2.1\times2)\times(30-2.1\times2)]\times2=317.52(m^2)$

【例3-3】 某建筑物为一栋七层框混结构房屋。首层为现浇钢筋混凝土框架结构,层高为6.0 m;2~7层为砖混结构,层高均为2.8 m。利用深基础架空层作设备层,其层高为2.2 m,本层外围水平面积774.19 m^2。建筑设计外墙厚均为240 mm,外墙轴线尺寸(墙厚中线)为15 m×50 m;1~5层外围面积均为765.66 m^2;6~7层外墙的轴线尺寸为6 m×50 m。第1层设有带柱雨篷,柱外边线至外墙结构边线为4 m,雨篷顶盖结构部分

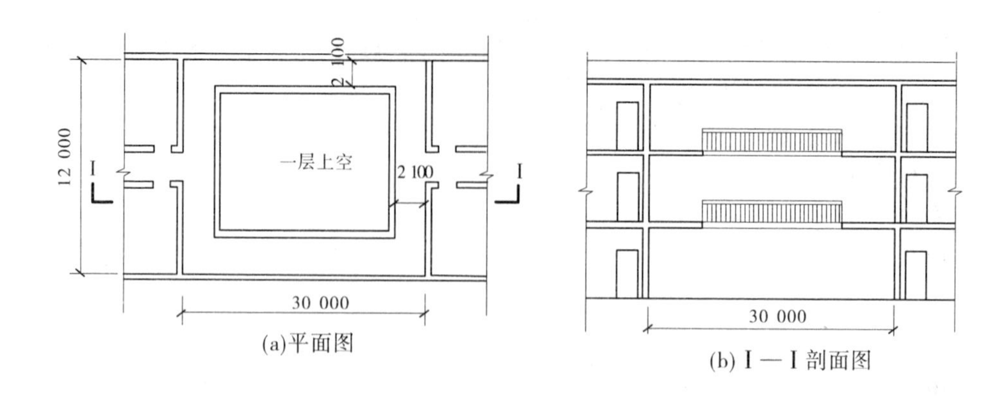

图 3-6 某实验楼大厅、回廊示意图

水平投影面积为 40 m^2。另在 5 ~7 层有一带顶盖室外消防楼梯,其每层水平投影面积为 15 m^2。计算该建筑物的建筑面积。

解 (1)利用深基础架空层作设备层,不计建筑面积。

(2)有永久性顶盖的室外楼梯,应按建筑物自然层的水平投影面积的 1/2 计算。

(3)雨篷结构的外边线至外墙结构外边线的宽度超过 2.1 m 的,应按雨篷结构板的水平投影面积的 1/2 计算。

(4)多层建筑物首层应按其外墙勒脚以上结构外围水平面积计算,2 层及以上楼层应按其外墙结构外围水平面积计算。

该建筑物的建筑面积 $= S_{标准} + S_{6、7层} + S_{室外楼梯} + S_{雨篷}$

$$= 765.66 \times 5 + (6 + 0.24) \times (50 + 0.24) \times 2 + 15 \times 3 \times \frac{1}{2} + 40 \times \frac{1}{2} = 4\ 497.80(m^2)$$

课题 3.2 土石方工程

土石方工程适用于建筑物和构筑物的土石方开挖及回填工程,包括土方工程、石方工程、土石方回填三方面十五个清单项目。

1 土方工程(编码 010101)

土方工程项目包括平整场地,挖一般土方,挖沟槽土方,挖基坑土方,冻土开挖,挖淤泥、流砂,管沟土方七个清单项目,土方工程工程量清单项目设置及工程量计算规划如表 3-1所示。

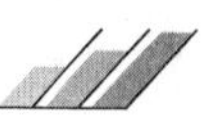

表3-1　土方工程(编码010101)

项目编码	项目名称	项目特征	计量单位	工程量计算规则	工程内容
010101001	平整场地	1. 土壤类别 2. 弃土运距 3. 取土运距	m^2	按设计图示尺寸以建筑物首层面积计算	1. 土方挖填 2. 场地找平 3. 运输
010101002	挖一般土方	1. 土壤类别 2. 挖土深度	m^3	按设计图示尺寸以体积计算	1. 排地表水 2. 土方开挖 3. 围护(挡土板)、支撑 4. 基底钎探 5. 运输
010101003	挖沟槽土方			1. 房屋建筑按设计图示尺寸以基础垫层底面积乘以挖土深度计算； 2. 构筑物按最大水平投影面积乘以挖土深度(原地面平均标高至坑底高度)以体积计算	
010101004	挖基坑土方				
010101005	冻土开挖	1. 冻土厚度		按设计图示尺寸开挖面积乘厚度以体积计算	1. 爆破 2. 开挖 3. 清理 4. 运输
010101006	挖淤泥、流砂	1. 挖掘深度 2. 弃淤泥、流砂距离		按设计图示位置、界限以体积计算	1. 开挖 2. 运输
010101007	管沟土方	1. 土壤类别 2. 管外径 3. 挖沟深度 4. 回填要求	1. m 2. m^2	1. 以米计量，按设计图示以管道中心线长度计算； 2. 以立方米计量，按设计图示管底垫层面积乘以挖土深度计算；无管底垫层按管外径的水平投影面积乘以挖土深度计算	1. 排地表水 2. 土方开挖 3. 围护(挡土板)支撑 4. 运输 5. 回填

1.1　平整场地

平整场地项目适用于建筑场地厚度在±30 cm以内的挖、填、运、找平。

注意：(1)当施工组织设计规定超面积平整场地时，超出部分应折算到综合单价内。

(2)项目特征与工程内容有着对应关系，土壤的类别不同、弃(取)土运距不同，完成该施工过程的工程价格就不同，因而清单编制人在项目名称栏内对项目特征进行详略得当的描述，对于投标人准确进行报价是至关重要的。

1.2 挖一般土方

挖土方项目适用于±30 cm以外的竖向布置挖土或山坡切土，是指室外地坪标高以上的挖土，并包括指定范围内的土方运输。

1.2.1 工程量计算

挖土方工程量按设计图示尺寸以体积计算，计量单位为m^3。即

$$V = 挖土平均厚度 \times 挖土平面面积 \tag{3-4}$$

1.2.2 项目特征

描述土壤类别，挖土深度。

1.2.3 工程内容

包含排地表水、土方开挖、挡土板支撑、基底钎探、运输。

注意：(1)挖土平均厚度应按自然地面测量标高至设计地坪标高间的平均厚度确定。若地形起伏变化大，不能提供平均厚度，应提供方格网法或断面法施工的设计文件。

(2)设计标高以下的填土应按"土石方回填"项目编码列项。

(3)土方体积按挖掘前的天然密实体积计算。如需按天然密实体积折算，应乘以表3-2的折算系数。

表3-2 土石方体积折算系数

天然密实度体积	虚方体积	夯实后体积	松填体积
1.00	1.30	0.87	1.08
0.77	1.00	0.67	0.83
1.15	1.50	1.00	1.25
0.92	1.20	0.80	1.00

1.3 挖沟槽土方

挖沟槽土方适用于底宽≤7 m、槽长>3倍底宽的条形基础。

挖沟槽土方工程量按设计图示尺寸以基础垫层底面面积乘以挖土深度计算，计量单位为m^3。即

$$V = 基础垫层长 \times 基础垫层宽 \times 挖土深度 \tag{3-5}$$

当基础为条形基础时，外墙基础垫层长取外墙中心线长，内墙基础垫层长取内墙下垫层净长。挖土深度应按基础垫层底表面标高至交付施工场地标高的高度确定，无交付施工场地标高时，应按自然地面标高确定。

1.4 挖基坑土方

挖基坑土方适用于底长≤3倍底宽、底面面积≤150 m^2的基础土方项目。

挖基坑土方工程量按设计图示尺寸以基础垫层底面面积乘以挖土深度计算，计量单位为m^3。即

$$V = 基坑垫层长 \times 基坑垫层宽 \times 挖土深度 \tag{3-6}$$

基坑深度应按基础垫层底表面标高至交付施工场地标高的高度确定，无交付施工场地标高时，应按自然地面标高确定。

注意：(1)土方体积按挖掘前的天然密实体积计算。

(2)带形基础的挖土应按不同底宽和深度、独立基础和满堂基础应按不同底面面积和深度分别编码列项。

(3)按式(3-6)计算的工程量中未包括根据施工方案规定的放坡、操作工作面和由机械挖土进出施工工作面的坡道等增加的挖土量,其挖土增量及相应弃土增量的费用应包括在基础土方的报价内。

(4)桩间挖土方工程量应按桩基工程相应项目编码列项。

(5)指定范围内的土方运输是指由招标人指定的弃土地点或取土地点的运距。若招标文件规定由投标人确定弃土地点或取土地点,则此条件不必在工程量清单中描述,但其运输费用应包含在报价内。

(6)深基础的支护结构,如钢板桩、H钢桩、预制钢筋混凝土板桩、钻孔灌注混凝土排桩挡墙、预制钢筋混凝土排桩挡墙、人工挖孔灌注混凝土排桩挡墙、旋喷桩地下连续墙和基坑内的水平钢支撑、水平钢筋混凝土支撑、锚杆拉固、基坑外拉锚、H钢桩之间的木挡土板以及施工降水等,应列入工程量清单措施项目费内。

从项目特征中可发现,挖基础土方项目不考虑不同施工方法(即人工挖或机械挖及机械种类)对土方工程量的影响。投标人在报价时,应根据施工组织设计,结合本企业施工水平,并考虑竞争需要进行报价。

从工程内容可以看出,本项目报价应包含指定范围内土方的一次或多次运输、装卸以及基底夯实、修理边坡、清理现场等全部施工工序。

【例3-4】 某建筑物基础平面图及剖面图如图3-7所示。已知土壤类别为Ⅱ类土,土方运距3 km,混凝土条形基础下设C10素混凝土垫层。试计算挖基础土方,编制基础土方工程量清单及报价。

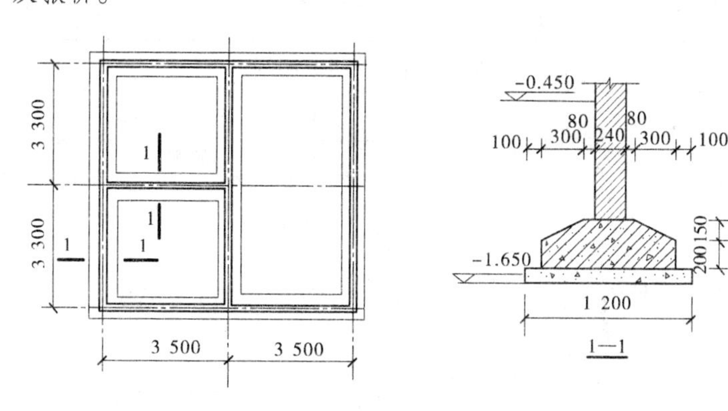

图3-7 某建筑物基础平面图及剖面图

解 (1)挖基础土方清单工程量计算。

由图3-7可以看出,本工程设计为条形基础,且底宽≤7 m,槽长>3倍底宽,应按挖沟槽土方计算列项。为保证挖土体积计算准确,外墙基础垫层长取外墙中心线长,内墙基础垫层长取内墙下垫层净长。

外墙中心线长 $=(3.5\times2+3.3\times2)\times2=27.2(\text{m})$

内墙垫层间净长 $=3.5-0.6\times2+3.3\times2-0.6\times2=7.7(\text{m})$

挖基础土方清单工程量 = 基础垫层长 × 基础垫层宽 × 挖土深度

$= (27.2 + 7.7) \times 1.2 \times (1.65 - 0.45) = 50.26(m^3)$

挖沟槽土方工程量清单见表 3-3。

表 3-3 挖沟槽土方工程量清单

工程名称:×××

序号	项目编码	项目名称	项目特征描述	计量单位	工程数量
1	010101003001	挖沟槽土方	土壤类别:Ⅱ类土 基础类型:钢筋混凝土条形基础 素混凝土垫层:长度为 34.9 m,宽度为 1.20 m 挖土深度:1.2 m	m^3	50.26

(2)挖基础土方施工方案工程量。

假设混凝土垫层施工时,支模板所需工作面宽度为 300 mm,因挖土深度为 1.2 m,不需放坡。则槽底宽度 $= 1.2 + 0.3 \times 2 = 1.8(m)$

外墙中心线长 $= (3.5 \times 2 + 3.3 \times 2) \times 2 = 27.2(m)$

内墙垫层间净长 $= 3.5 - 0.9 \times 2 + 3.3 \times 2 - 0.9 \times 2 = 6.5(m)$

挖基础土方施工方案工程量 = 挖土长 × 槽底宽 × 挖土深度

$= (27.2 + 6.5) \times 1.8 \times 1.2 = 72.79(m^3)$

注意:施工方案工程量(定额工程量)是指实际施工的工程量,投标人按此工程量进行投标报价,见表 3-4,报价 48 元/m^3。

表 3-4 挖沟槽土方清单综合单价分析

<table>
<tr><td>项目编码</td><td colspan="2">010101003001</td><td>项目名称</td><td colspan="4">挖沟槽土方</td><td>计量单位</td><td>m³</td><td>工程量</td><td>50.26</td></tr>
<tr><td colspan="12">清单综合单价组成明细</td></tr>
<tr><td rowspan="2">定额编号</td><td rowspan="2">定额项目名称</td><td rowspan="2">定额单位</td><td rowspan="2">数量</td><td colspan="4">单价</td><td colspan="4">合价</td></tr>
<tr><td>人工费</td><td>材料费</td><td>机械费</td><td>管理费和利润</td><td>人工费</td><td>材料费</td><td>机械费</td><td>管理费和利润</td></tr>
<tr><td>A1－10换</td><td>人工挖沟槽,普硬土,深度 2 m 以内全部为Ⅰ、Ⅱ类土</td><td>100 m³</td><td>0.727 9</td><td>3 031.21</td><td></td><td></td><td>283.00</td><td>2 206.42</td><td></td><td></td><td>206.00</td></tr>
<tr><td colspan="2">人工单价</td><td colspan="6">小计</td><td>2 206.42</td><td></td><td></td><td>206.00</td></tr>
<tr><td colspan="2">87 元/工日</td><td colspan="6">未计价材料费</td><td colspan="4"></td></tr>
<tr><td colspan="8">清单项目综合单价</td><td colspan="4">48.00</td></tr>
<tr><td rowspan="3">材料费明细</td><td colspan="5">主要材料名称、规格、型号</td><td>单位</td><td>数量</td><td>单价(元)</td><td>合价(元)</td><td>暂估单价(元)</td><td>暂估合价(元)</td></tr>
<tr><td colspan="7">其他材料费</td><td>—</td><td></td><td>—</td><td></td></tr>
<tr><td colspan="7">材料费小计</td><td>—</td><td></td><td>—</td><td></td></tr>
</table>

1.5　冻土开挖

冻土开挖项目适用于土方开挖中的冻土部分开挖。

1.6　挖淤泥、流砂

(1)淤泥是一种稀软状、不易成型、灰黑色、有臭味、含有半腐朽植物遗体(占60%以上)、置于水中有动植物残体渣滓浮出并常有气泡由水中冒出的泥土。

(2)当土方开挖至地下水位时,有时坑底下面的土层会形成流动状态,随地下水涌入基坑,这种现象称为流砂。

1.7　管沟土方

管沟土方项目适用于管道(给水排水、工业、电力、通信等)及连接井(检查井)的土方开挖、回填。

注意:(1)管沟土方工程量按长度计算,也可按体积计算,长度按管道中心线计算,体积按垫层面积乘以挖土深度计算。其开挖加宽的工作面、放坡和接口处加宽的工作面,均应包括在管沟土方的报价内。

(2)挖沟平均深度按以下规定计算:有管沟设计时,平均深度以沟垫层底表面标高至交付施工场地标高的高度计算;无管沟设计时,直埋管(无沟盖板,管道安装好后,直接回填土)深度应按管底外表面标高至交付施工场地标高的平均高度计算。

(3)从工程内容可以看出,在管沟土方项目内,除包含土方开挖外,还包含土方运输及土方回填,报价时应注意。另外,由于管沟的宽窄不同,施工费用就有所不同,计算时应注意区分。

2　石方工程(编码010102)

石方工程项目包括挖一般石方,挖沟槽石方,挖基坑石方,基底摊座,管沟石方五个清单项目,石方工程工程量清单项目设置及工程量计算规则如表3-5所示。

表3-5　石方工程(编码010102)

项目编码	项目名称	项目特征	计量单位	工程量计算规则	工程内容
010102001	挖一般石方	1. 岩石类别 2. 开凿深度 3. 弃碴运距	m^3	按设计图示尺寸以体积计算	1. 排地表水 2. 凿石 3. 运输
010102002	挖沟槽石方			按设计图示尺寸沟槽底面面积乘以挖石深度以体积计算	
010102003	挖基坑石方			按设计图示尺寸基坑底面面积乘以挖石深度以体积计算	
010102004	基底摊座		m^2	按设计图示尺寸以展开面积计算	

续表 3-5

项目编码	项目名称	项目特征	计量单位	工程量计算规则	工程内容
010102005	管沟石方	1. 岩石类别 2. 管外径 3. 挖沟深度	1. m 2. m^3	1. 以米计量，按设计图示以管道中心线长度计算； 2. 以立方米计量，按设计图示截面面积乘以长度计算	1. 排地表水 2. 凿石 3. 回填 4. 运输

“石方开挖”项目适用于人工凿石、人工打眼爆破、机械打眼爆破等，并包括指定范围内的石方清理运输。应注意：

(1)设计规定需光面爆破的坡面，工程量清单中应进行描述。

(2)石方爆破的超挖工程量，应包括在报价内。

3　土石方回填(编码 010103)

土石方回填项目适用于场地回填、室内回填和基础回填，并包括指定范围内的土方运输以及借土回填的土方开挖。包含回填方、余方弃置、缺方内运三个清单项目，土石方回填工程量清单项目设置及工程量计算规则如表 3-6 所示。

表 3-6　土石方回填(编码 010103)

项目编码	项目名称	项目特征	计量单位	工程量计算规则	工程内容
010103001	回填方	1. 密实度要求 2. 填方材料品种 3. 填方粒径要求 4. 填方来源、运距	m^3	按设计图示尺寸以体积计算。 1. 场地回填：回填面积乘以平均回填厚度； 2. 室内回填：主墙间面积乘以回填厚度，不扣除间隔墙； 3. 基础回填：挖方体积减去自然地坪以下埋设的基础体积(包括基础垫层及其他构筑物)	1. 运输 2. 回填 3. 压实
010103002	余方弃置	1. 废弃料品种 2. 运距		按挖方清单项目工程量减利用回填方体积(正数)计算	余方点装料运输至弃置点
010103003	缺方内运	1. 填方材料品种 2. 运距		按挖方清单项目工程量减利用回填方体积(负数)计算	取料点装料运输至缺方点

工程量计算按设计图示尺寸以体积计算，计量单位为 m^3。

(1)场地回填。

$$V = 回填面积 \times 平均回填厚度 \tag{3-7}$$

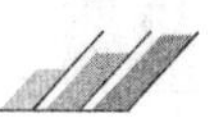

(2)室内回填。

$$V = 主墙间净面积 \times 回填厚度 \tag{3-8}$$

其中,主墙是指结构厚度在120 mm以上(不含120 mm)的各类墙体。主墙间净面积可按式(3-9)计算:

$$主墙间净面积 = 底层建筑面积 - 内、外墙体所占水平面的面积 \tag{3-9}$$

(3)基础回填。

$$V = 挖土体积 - 设计室外地坪以下埋设物的体积(包括基础垫层及其他构筑物) \tag{3-10}$$

注意:基础土方操作工作面、放坡等施工的增加量,应包括在报价内。

【例3-5】　某建筑物平面图如图3-8所示。已知条形基础下设C15素混凝土垫层,混凝土垫层体积为4.19 m^3,钢筋混凝土基础体积为10.83 m^3,室外地坪以下的砖基础体积为6.63 m^3;室内地面标高为±0.00,地面厚220 mm。试计算土方回填清单工程量,编制基础土方回填工程量清单及报价。

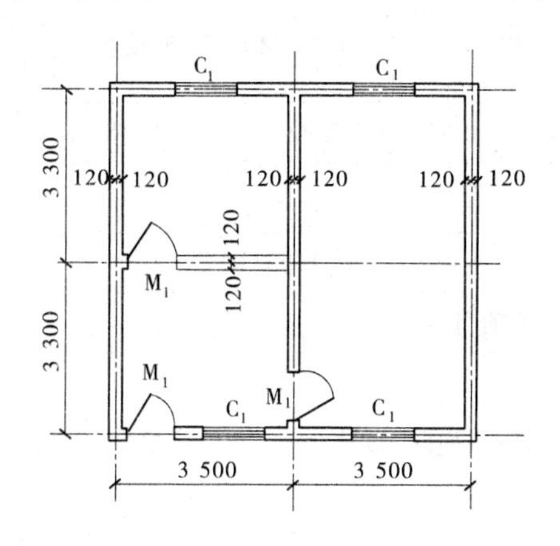

图3-8　某建筑物平面图

解　(1)土方回填工程量清单计算。

由例3-4可知,挖土体积 = 50.26 m^3。

基础土方回填工程量 = 挖土体积 - 设计室外地坪以下埋设的基础、垫层体积

= 50.26 - 10.83 - 6.63 - 4.19 = 28.61(m^3)

室内土方回填工程量 = 主墙间净面积 × 回填厚度

= [(3.5 - 0.24) × (3.3 - 0.24) × 2 + (3.5 - 0.24) × (6.6 - 0.24)] × (0.45 - 0.22)

= 40.68 × 0.23 = 9.36(m^3)

土方回填工程量 = 28.61 + 9.36 = 37.97(m^3)

(2)编制工程量清单及报价。

土方回填工程量清单见表3-7,报价见表3-8。

表 3-7　土方回填工程量清单

序号	项目编码	项目名称	项目特征描述	计量单位	工程数量
1	010103001001	回填方	1. 回填土夯填 2. 密实度达 0.9 以上 3. 土方运距 50 m	m^3	37.97

表 3-8　土方回填清单综合单价分析

项目编码	010103001001	项目名称		回填方				计量单位	m^3	工程量	37.97
清单综合单价组成明细											
定额编号	定额项目名称	定额单位	数量	单价				合价			
				人工费	材料费	机械费	管理费和利润	人工费	材料费	机械费	管理费和利润
A1－26	回填土、夯填	100 m^3	0.379 7	1 416.36		65.48	141.57	537.79		24.86	53.75
人工单价		小计						537.79		24.86	53.75
87 元/工日		未计价材料费									
清单项目综合单价								16.23			
材料费明细	主要材料名称、规格、型号					单位	数量	单价(元)	合价(元)	暂估单价(元)	暂估合价(元)
	其他材料费							—		—	
	材料费小计							—		—	

课题 3.3　地基处理与边坡支护工程

地基处理与边坡支护工程，包括地基处理、基坑与边坡支护两方面二十八个清单项目。

1　地基处理（编码 010201）

地基处理项目包括换填垫层、铺设土工合成材料、预压地基、强夯地基及各种桩基等十七个清单项目，地基处理工程量清单项目设置及工程量计算规则如表 3-9 所示。

表 3-9　地基处理(编码 010201)

<table>
<tr><th>项目编码</th><th>项目名称</th><th>项目特征</th><th>计量单位</th><th>工程量计算规则</th><th>工作内容</th></tr>
<tr><td>010201001</td><td>换填垫层</td><td>1. 材料种类及配比
2. 压实系数
3. 掺加剂品种</td><td>m^3</td><td>按设计图示尺寸以体积计算</td><td>1. 分层铺填
2. 碾压、振密或夯实
3. 材料运输</td></tr>
<tr><td>010201002</td><td>铺设土工合成材料</td><td>1. 部位
2. 品种
3. 规格</td><td rowspan="4">m^2</td><td>按设计图示尺寸以面积计算</td><td>1. 挖填锚固沟
2. 铺设
3. 固定
4. 运输</td></tr>
<tr><td>010201003</td><td>预压地基</td><td>1. 排水竖井种类、断面尺寸、排列方式、间距、深度
2. 预压方法
3. 预压荷载、时间
4. 砂垫层厚度</td><td rowspan="3">按设计图示尺寸以加固面积计算</td><td>1. 设置排水竖井、盲沟、滤水管
2. 铺设砂垫层、密封膜
3. 堆载、卸载或抽气设备安拆、抽真空
4. 材料运输</td></tr>
<tr><td>010201004</td><td>强夯地基</td><td>1. 夯击能量
2. 夯击遍数
3. 地耐力要求
4. 夯填材料种类</td><td>1. 铺设夯填材料
2. 强夯
3. 夯填材料运输</td></tr>
<tr><td>010201005</td><td>振冲密实(不填料)</td><td>1. 地层情况
2. 振密深度
3. 孔距</td><td>1. 振冲加密
2. 泥浆运输</td></tr>
<tr><td>010201006</td><td>振冲桩(填料)</td><td>1. 地层情况
2. 空桩长度、桩长
3. 桩径
4. 填充材料种类</td><td rowspan="2">1. m
2. m^3</td><td>1. 以米计量,按设计图示尺寸以桩长计算
2. 以立方米计量,按设计桩截面面积乘以桩长以体积计算</td><td>1. 振冲成孔、填料、振实
2. 材料运输
3. 泥浆运输</td></tr>
<tr><td>010201007</td><td>砂石桩</td><td>1. 地层情况
2. 空桩长度、桩长
3. 桩径
4. 成孔方法
5. 材料种类、级配</td><td>1. 以米计量,按设计图示尺寸以桩长(包括桩尖)计算
2. 以立方米计量,按设计桩截面面积乘以桩长(包括桩尖)以体积计算</td><td>1. 成孔
2. 填充、振实
3. 材料运输</td></tr>
</table>

续表 3-9

<table>
<tr><th>项目编码</th><th>项目名称</th><th>项目特征</th><th>计量单位</th><th>工程量计算规则</th><th>工作内容</th></tr>
<tr><td>010201008</td><td>水泥粉煤灰碎石桩</td><td>1. 地层情况
2. 空桩长度、桩长
3. 桩径
4. 成孔方法
5. 混合料强度等级</td><td rowspan="7">m</td><td>按设计图示尺寸以桩长(包括桩尖)计算</td><td>1. 成孔
2. 混合料制作、灌注、养护</td></tr>
<tr><td>010201009</td><td>深层搅拌桩</td><td>1. 地层情况
2. 空桩长度、桩长
3. 桩截面尺寸
4. 水泥强度等级、掺量</td><td>按设计图示尺寸以桩长计算</td><td>1. 预搅下钻、水泥浆制作、喷浆搅拌提升成桩
2. 材料运输</td></tr>
<tr><td>010201010</td><td>粉喷桩</td><td>1. 地层情况
2. 空桩长度、桩长
3. 桩径
4. 粉体种类、择量
5. 水泥强度等级、石灰粉要求</td><td>按设计图示尺寸以桩长计算</td><td>1. 预搅下钻、喷粉搅拌提升成桩
2. 材料运输</td></tr>
<tr><td>010201011</td><td>夯实水泥土桩</td><td>1. 地层情况
2. 空桩长度、桩长
3. 桩径
4. 成孔方法
5. 水泥强度等级
6. 混合料配比</td><td>按设计图示尺寸以桩长(包括桩尖)计算</td><td>1. 成孔、夯底
2. 水泥土拌和、填料、夯实
3. 材料运输</td></tr>
<tr><td>010201012</td><td>高压喷射注浆桩</td><td>1. 地层情况
2. 空桩长度、桩长
3. 桩截面
4. 注浆类型、方法
5. 水泥强度等级</td><td>按设计图示尺寸以桩长计算</td><td>1. 成孔
2. 水泥浆制作、高压喷射注浆
3. 材料运输</td></tr>
<tr><td>010201013</td><td>石灰桩</td><td>1. 地层情况
2. 空桩长度、桩长
3. 桩径
4. 成孔方法
5. 掺和料种类、配合比</td><td rowspan="2">按设计图示尺寸以桩长(包括桩尖)计算</td><td>1. 成孔
2. 混合料制作、运输、夯填</td></tr>
<tr><td>010201014</td><td>灰土(土)挤密桩</td><td>1. 地层情况
2. 空桩长度、桩长
3. 桩径
4. 成孔方法
5. 灰土级配</td><td>1. 成孔
2. 灰土拌和、运输、填充、夯实</td></tr>
</table>

续表 3-9

项目编码	项目名称	项目特征	计量单位	工程量计算规则	工作内容
010201015	桩锤冲扩桩	1. 地层情况 2. 空桩长度、桩长 3. 桩径 4. 成孔方法 5. 桩体材料种类、配合比	m	按设计图示尺寸以桩长计算	1. 安拔套管 2. 冲孔、填料、夯实 3. 桩体材料制作、运输
010201016	注浆地基	1. 地层情况 2. 空钻深度、注浆深度 3. 注浆间距 4. 浆液种类及配比 5. 注浆方法 6. 水泥强度等级	1. m 2. m^3	1. 以米计量，按设计图示尺寸以钻孔深度计算 2. 以立方米计量，按设计图示尺寸以加固体积计算	1. 成孔 2. 注浆导管制作、安装 3. 浆液制作、压浆 4. 材料运输
010201017	褥垫层	1. 厚度 2. 材料品种及比例	1. m^2 2. m^3	1. 以平方米计量，按设计图示尺寸以铺设面积计算 2. 以立方米计量，按设计图示尺寸以体积计算	材料拌和、运输、铺设、压实

1.1 换填垫层

换填垫层项目适用于三七灰土、水泥土、天然砂石等各种换土地基工程。

1.2 铺设土工合成材料

铺设土工合成材料项目适用于塑料、油毡、SBS、土工布等防渗材料。

1.3 强夯地基

强夯地基项目适用于各种夯击能量的地基夯击工程。

1.4 振冲桩

振冲桩项目适用于振冲法成孔，灌注填料加以振密所形成的桩体。

1.5 砂石桩

砂石桩项目适用于各种成孔方式（振动沉管、锤击沉管）的砂石桩。

1.6 深层搅拌桩

深层搅抖桩项目适用于水泥浆旋喷桩。

1.7 灰土挤密桩

灰土挤密桩项目适用于各种成孔方式的灰土、石灰、水泥粉、煤灰等挤密桩。

2 基坑与边坡支护（编码 010202）

基坑与边坡支护包括地下连续墙，咬合灌注桩，板桩，型钢桩，锚杆、土钉及支护等十一个清单项目，基坑与边坡支护工程量清单项目设置及工程量计算规则如表 3-10 所示。

表 3-10　基坑与边坡支护(编码 010202)

项目编码	项目名称	项目特征	计量单位	工程量计算规则	工作内容
010202001	地下连续墙	1. 地层情况 2. 导墙类型、截面 3. 墙体厚度 4. 成槽深度 5. 混凝土类别、强度等级 6. 接头形式	m^3	按设计图示墙中心线长乘以厚度乘以槽深以体积计算	1. 导墙挖填、制作、安装、拆除 2. 挖土成槽、固壁、清底置换 3. 混凝土制作、运输、灌注、养护 4. 接头处理 5. 土方、废泥浆外运 6. 打桩场地硬化及泥浆池、泥浆沟
010202002	咬合灌注桩	1. 地层情况 2. 桩长 3. 桩径 4. 混凝土类别、强度等级 5. 部位	1. m 2. 根	1. 以米计量,按设计图示尺寸以桩长计算 2. 以根计量,按设计图示数量计算	1. 成孔、固壁 2. 混凝土制作、运输、灌注、养护 3. 套管压拔 4. 土方、废泥浆外运 5. 打桩场地硬化及泥浆池、泥浆沟
010202003	圆木桩	1. 地层情况 2. 桩长 3. 材质 4. 尾径 5. 桩倾斜度	1. m 2. 根	1. 以米计量,按设计图示尺寸以桩长(包括桩尖)计算 2. 以根计量,按设计图示数量计算	1. 工作平台搭拆 2. 桩机竖拆、移位 3. 桩靴安装 4. 沉桩
010202004	预制钢筋混凝土板桩	1. 地层情况 2. 送桩深度、桩长 3. 桩截面 4. 混凝土强度等级			1. 工作平台搭拆 2. 桩机竖拆、移位 3. 沉桩 4. 接桩
010202005	型钢桩	1. 地层情况或部位 2. 送桩深度、桩长 3. 规格型号 4. 桩倾斜度 5. 防护材料种类 6. 是否拔出	1. t 2. 根	1. 以吨计量,按设计图示尺寸以质量计算 2. 以根计量,按设计图示数量计算	1. 工作平台搭拆 2. 桩机竖拆、移位 3. 打(拔)桩 4. 接桩 5. 刷防护材料
010202006	钢板桩	1. 地层情况 2. 桩长 3. 板桩厚度	1. t 2. m^2	1. 以吨计量,按设计图示尺寸以质量计算 2. 以平方米计量,按设计图示墙中心线长乘以桩长以面积计算	1. 工作平台搭拆 2. 桩机竖拆、移位 3. 打拔钢板桩

续表 3-10

项目编码	项目名称	项目特征	计量单位	工程量计算规则	工作内容
010202007	预应力锚杆、锚索	1. 地层情况 2. 锚杆(索)类型、部位 3. 钻孔深度 4. 钻孔直径 5. 杆体材料品种、规格、数量 6. 浆液种类、强度等级	1. m 2. 根	1. 以米计量,按设计图示尺寸以钻孔深度计算 2. 以根计量,按设计图示数量计算	1. 钻孔、浆液制作、运输、压浆 2. 锚杆、锚索制作、安装 3. 张拉锚固 4. 锚杆、锚索施工平台搭设、拆除
010202008	其他锚杆、土钉	1. 地层情况 2. 钻孔深度 3. 钻孔直径 4. 置入方法 5. 杆体材料品种、规格、数量 6. 浆液种类、强度等级			1. 钻孔、浆液制作、运输、压浆 2. 锚杆、土钉制作、安装 3. 锚杆、土钉施工平台搭设、拆除
010202009	喷射混凝土、水泥砂浆	1. 部位 2. 厚度 3. 材料种类 4. 混凝土(砂浆)类别、强度等级	m^2	按设计图示尺寸以面积计算	1. 修整边坡 2. 混凝土(砂浆)制作、运输、喷射、养护 3. 钻排水孔、安装排水管 4. 喷射施工平台搭设、拆除
010202010	混凝土支撑	1. 部位 2. 混凝土强度等级	m^3	按设计图示尺寸以体积计算	1. 模板(支架或支撑)制作、安装、拆除、堆放、运输及清理模内杂物、刷隔离剂等 2. 混凝土制作、运输、浇筑、振捣、养护
010202011	钢支撑	1. 部位 2. 钢材品种、规格 3. 探伤要求	t	按设计图示尺寸以质量计算。不扣除孔眼质量,焊条、铆钉、螺栓等不另增加质量	1. 支撑、铁件制作(摊销、租赁) 2. 支撑、铁件安装 3. 探伤 4. 刷漆 5. 拆除 6. 运输

2.1　**地下连续墙**

地下连续墙项目适用于各种导墙施工的复合型地下连续墙工程。

2.2　**咬合灌注桩**

咬合灌注桩指深基坑起挡墙作用的连续的灌注的混凝土桩。

2.3　**圆木桩**

(略)

2.4　**预制钢筋混凝土板桩**

预制钢筋混凝土板桩指深基坑起挡墙作用的连续板。

注意:(1)试桩与打桩之间的间歇时间机械在现场的停滞,应包括在打试桩报价内。

(2)打钢筋混凝土预制板桩是指留滞原位(即不拔出)的板桩,板桩应在工程量清单中描述其单桩垂直投影面积。

(3)预制桩刷防护材料应包含在报价内。

2.5　**型钢桩**

(略)

2.6　**钢板桩**

(略)

2.7　**预应力锚杆、锚索**

预应力锚杆、锚索是指在需要加固的土体中设置锚杆(钢管或粗钢筋、钢丝束、钢绞线)并灌浆,然后进行锚杆张拉并固定所形成的支护。

2.8　**其他锚杆、土钉**

其他锚杆、土钉是指在需要加固的土体中设置一排土钉(变形钢筋或钢管、角钢等)并灌浆,在加固的土体面层上固定钢丝网后,喷射混凝土面层后所形成的支护。

注意:(1)锚杆、土钉支护项目中的钻孔、布筋、锚杆安装、灌浆、张拉等需要搭设的脚手架,应列入措施项目清单费内。

(2)混凝土灌注桩的钢筋笼,地下连续墙、锚杆支护及土钉支护的钢筋网制作、安装,应按钢筋工程项目编码列项。

课题3.4　桩基工程

桩基工程包括打桩、灌注桩两方面十一个清单项目。

1　打桩工程(编码010301)

打桩工程项目包括预制钢筋混凝土方桩、预制钢筋混凝土管桩、钢管桩及截(凿)桩头四个清单项目,打桩工程工程量清单项目设置及工程量计算规则如表3-11所示。

1.1　**预制钢筋混凝土方桩**

预制钢筋混凝土方桩项目仅适用于预制钢筋混凝土方桩。

1.2　**预制钢筋混凝土管桩**

预制钢筋混凝土管桩项目仅适用于预制钢筋混凝土管桩。

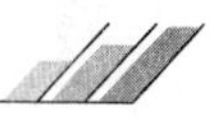

表3-11　打桩工程(编码010301)

项目编码	项目名称	项目特征	计量单位	工程量计算规则	工作内容
010301001	预制钢筋混凝土方桩	1. 地层情况 2. 送桩深度、桩长 3. 桩截面 4. 桩倾斜度 5. 混凝土强度等级	1. m 2. 根	1. 以米计量,按设计图示尺寸以桩长(包括桩尖)计算 2. 以根计量,按设计图示数量计算	1. 工作平台搭拆 2. 桩机竖拆、移位 3. 沉桩 4. 接桩 5. 送桩
010301002	预制钢筋混凝土管桩	1. 地层情况 2. 送桩深度、桩长 3. 桩外径、壁厚 4. 桩倾斜度 5. 混凝土强度等级 6. 填充材料种类 7. 防护材料种类			1. 工作平台搭拆 2. 桩机竖拆、移位 3. 沉桩 4. 接桩 5. 送桩 6. 填充材料、刷防护材料
010301003	钢管桩	1. 地层情况 2. 送桩深度、桩长 3. 材质 4. 管径、壁厚 5. 桩倾斜度 6. 填充材料种类 7. 防护材料种类	1. t 2. 根	1. 以吨计量,按设计图示尺寸以质量计算 2. 以根计量,按设计图示数量计算	1. 工作平台搭拆 2. 桩机竖拆、移位 3. 沉桩 4. 接桩 5. 送桩 6. 切割钢管、精割盖帽 7. 管内取土 8. 填充材料、刷防护材料
010301004	截(凿)桩头	1. 桩头截面、高度 2. 混凝土强度等级 3. 有无钢筋	1. m^3 2. 根	1. 以立方米计量,按设计桩截面乘以桩头长度以体积计算 2. 以根计量,按设计图示数量计算	1. 截桩头 2. 凿平 3. 废料外运

1.3　钢管桩

钢管桩项目仅适用于钢管桩。

注意:(1)打桩项目包括成品桩购置费,如果采用现场预制,应包括现场预制的所有费用。

(2)试桩应按打桩项目编码单独列项,试桩与打桩之间的间歇时间、机械在现场的停滞,应包括在打试桩报价内。

(3)预制桩刷防护材料应包含在报价内。

(4)验桩费用按国家有关标准单独计算,不在清单项目中。

1.4 截(凿)桩头

截(凿)桩头项目适用于灌注桩顶部强度较低的桩头截去、凿平、外运,桩间土方按挖土方列项。

2 灌注桩(编码010302)

灌注桩项目包括泥浆护壁成孔灌注桩、沉管灌注桩、人工挖孔灌注桩等七个清单项目,灌注桩工程量清单项目设置及工程量计算规则如表3-12所示。

表3-12 灌注桩(编码010302)

项目编码	项目名称	项目特征	计量单位	工程量计算规则	工作内容
010302001	泥浆护壁成孔灌注桩	1. 地层情况 2. 空桩长度、桩长 3. 桩径 4. 成孔方法 5. 护筒类型、长度 6. 混凝土类别、强度等级	1. m 2. m^3 3. 根	1. 以米计量,按设计图示尺寸以桩长(包括桩尖)计算 2. 以立方米计量,按不同截面在桩上范围内以体积计算 3. 以根计量,按设计图示数量计算	1. 护筒埋设 2. 成孔、固壁 3. 混凝土制作、运输、灌注、养护 4. 土方、废泥浆外运 5. 打桩场地硬化及泥浆池、泥浆沟
010302002	沉管灌注桩	1. 地层情况 2. 空桩长度、桩长 3. 复打长度 4. 桩径 5. 沉管方法 6. 桩尖类型 7. 混凝土类别、强度等级			1. 打(沉)拔钢管 2. 桩尖制作、安装 3. 混凝土制作、运输、灌注、养护
010302003	干作业成孔灌注桩	1. 地层情况 2. 空桩长度、桩长 3. 桩径 4. 扩孔直径、高度 5. 成孔方法 6. 混凝土类别、强度等级			1. 成孔、扩孔 2. 混凝土制作、运输、灌注、振捣、养护
010302004	挖孔桩土(石)方	1. 土(石)类别 2. 挖孔深度 3. 弃土(石)运距	m^3	按设计图示尺寸截面面积乘以挖孔深度以体积计算	1. 排地表水 2. 挖土、凿石 3. 基底钎探 4. 运输

续表 3-12

项目编码	项目名称	项目特征	计量单位	工程量计算规则	工作内容
010302005	人工挖孔灌注桩	1. 桩芯长度 2. 桩芯直径、扩底直径、扩底高度 3. 护壁厚度、高度 4. 护壁混凝土类别、强度等级 5. 桩芯混凝土类别、强度等级	1. m^3 2. 根	1. 以立方米计量，按桩芯混凝土体积计算 2. 以根计量，按设计图示数量计算	1. 护壁制作 2. 混凝土制作、运输、灌注、振捣、养护
010302006	钻孔压浆桩	1. 地层情况 2. 空钻长度、桩长 3. 钻孔直径 4. 水泥强度等级	1. m 2. 根	1. 以米计量，按设计图示尺寸以桩长计算 2. 以根计量，按设计图示数量计算	钻孔、下注浆管、投放骨料、浆液制作、运输、压浆
010302007	桩底注浆	1. 注浆导管材料、规格 2. 注浆导管长度 3. 单孔注浆量 4. 水泥强度等级	孔	按设计图示以注浆孔数计算	1. 注浆导管制作、安装 2. 浆液制作、运输、压浆

2.1 泥浆护壁成孔灌注桩

泥浆护壁成孔灌注桩应注意：

(1)泥浆护壁成孔灌注桩是指在泥浆护壁条件下，采用水下浇筑混凝土的桩。成孔方法包括冲击钻成孔、冲抓锥成孔、回旋钻成孔及潜水钻机钻孔等。

(2)钻孔固壁泥浆的搅拌运输，应包含在报价内。

(3)桩钢筋的制作、安装，应按钢筋工程项目编码列项。

【例3-6】 某工程采用潜水钻机钻孔混凝土灌注桩，土壤类别：Ⅱ类土，单根桩设计长度：8.5 m，总根数为156根，桩截面直径800 mm，混凝土等级C30，泥浆运输5 km以内，试计算钻孔混凝土灌注桩工程量并编制工程量清单。

解 混凝土灌注桩总长 $=8.5\times156=1\ 326(\text{m})$

混凝土灌注桩工程量清单见表3-13。

表3-13 混凝土灌注桩工程量清单

序号	项目编码	项目名称	项目特征描述	计量单位	工程数量
1	010302001001	混凝土灌注桩	1. 土壤类别：Ⅱ类土 2. 单根桩长8.5 m 3. 桩截面直径800 mm 4. 潜水钻机钻孔 5. 泥浆护壁 6. 混凝土等级C30	m	1 326

2.2 沉管灌注桩

沉管灌注桩项目适用于锤击沉管法、振动沉管法、振动冲击沉管法、内夯沉管法等。

2.3 干作业成孔灌注桩

干作业成孔灌注桩是指在不用泥浆护壁和套管护壁的情况下,用钻机成孔后,下钢筋笼,灌注混凝土的桩。成孔方法包括螺旋钻成孔、螺旋钻成孔扩底、干作业旋挖成孔等。

2.4 挖孔桩土(石)方

(略)

2.5 人工挖孔灌注桩

(略)

2.6 钻孔压浆桩

(略)

2.7 桩底注浆

(略)

课题 3.5 砌筑工程

砌筑工程适用于建筑物、构筑物的砌筑工程,包括砖砌体、砌块砌体、石砌体、垫层四方面二十八个清单项目。

1 砖砌体(编码 010401)

砖砌体项目适用于砖基础、墙、砖柱、检查井、零星砌砖、砖散水及地坪、砖地沟及明沟,包含十五个清单项目,砖砌体工程量清单项目设置及工程量计算规则如表 3-14 所示。

表 3-14 砖砌体(编码 010401)

项目编码	项目名称	项目特征	计量单位	工程量计算规则	工作内容
010401001	砖基础	1. 砖品种、规格、强度等级 2. 基础类型 3. 砂浆强度等级 4. 防潮层材料种类	m^3	按设计图示尺寸以体积计算。 包括附墙垛基础宽出部分体积,扣除地梁(圈梁)、构造柱所占体积,不扣除基础大放脚 T 形接头处的重叠部分及嵌入基础内的钢筋、铁件、管道、基础砂浆防潮层和单个面积≤0.3 m^2 的孔洞所占体积,靠墙暖气沟的挑檐不增加。 基础长度:外墙按外墙中心线,内墙按内墙净长线计算	1. 砂浆制作、运输 2. 砌砖 3. 防潮层铺设 4. 材料运输
010401002	砖砌挖孔桩护壁	1. 砖品种、规格、强度等级 2. 砂浆强度等级		按设计图示尺寸以体积计算	1. 砂浆制作、运输 2. 砌砖 3. 材料运输

续表 3-14

项目编码	项目名称	项目特征	计量单位	工程量计算规则	工作内容
010401003	实心砖墙			按设计图示尺寸以体积计算。 扣除门窗洞口、过人洞、空圈、嵌入墙内的钢筋混凝土柱、梁、圈梁、挑梁、过梁及凹进墙内的壁龛、管槽、暖气槽、消火栓箱所占体积，不扣除梁头、板头、檩头、垫木、木楞头、沿缘木、木砖、门窗走头、砖墙内加固钢筋、木筋、铁件、钢管及单个面积≤0.3 m^2 的孔洞所占的体积。凸出墙面的腰线、挑檐、压顶、窗台线、虎头砖、门窗套的体积亦不增加。凸出墙面的砖垛并入墙体体积内计算。	
010401004	多孔砖墙	1. 砖品种、规格、强度等级 2. 墙体类型 3. 砂浆强度等级、配合比	m^3	1. 墙长度：外墙按中心线、内墙按净长计算； 2. 墙高度： (1)外墙：斜(坡)屋面无檐口天棚者算至屋面板底；有屋架且室内外均有天棚者算至屋架下弦底另加200 mm；无天棚者算至屋架下弦底另加300 mm，出檐宽度超过600 mm时按实砌高度计算；有钢筋混凝土楼板隔层者算至板顶；平屋顶算至钢筋混凝土板底。 (2)内墙：位于屋架下弦者，算至屋架下弦底；无屋架者算至天棚底另加100 mm；有钢筋混凝土楼板隔层者算至楼板顶；有框架梁时算至梁底。 (3)女儿墙：从屋面板上表面算至女儿墙顶面(如有混凝土压顶算至压顶下表面)。 (4)内、外山墙：按其平均高度计算。 3. 框架间墙：不分内外墙按墙体净尺寸以体积计算。 4. 围墙：高度算至压顶上表面(如有混凝土压顶时算至压顶下表面)，围墙柱并入围墙体积内	1. 砂浆制作、运输 2. 砌砖 3. 刮缝 4. 砖压顶砌筑 5. 材料运输
010401005	空心砖墙				

续表 3-14

项目编码	项目名称	项目特征	计量单位	工程量计算规则	工作内容
010401006	空头墙	1. 砖品种、规格、强度等级 2. 墙体类型 3. 砂浆强度等级、配合比	m^3	按设计图示尺寸以空头墙外形体积计算。墙角、内外墙交接处、门窗洞口立边、窗台砖、屋檐处的实砌部分体积并入空斗墙体积内	1. 砂浆制作、运输 2. 砌砖 3. 装填充料 4. 刮缝 5. 材料运输
010401007	空花墙			按设计图示尺寸以空花部分外形体积计算,不扣除空洞部分体积	
010401008	填充墙			按设计图示尺寸以填充墙外形体积计	
010401009	实心砖柱	1. 砖品种、规格、强度等级 2. 柱类型 3. 砂浆强度等级、配合比		按设计图示尺寸以体积计算。扣除混凝土及钢筋混凝土梁垫、梁头所占体积	1. 砂头制作、运输 2. 砌砖 3. 刮缝 4. 材料运输
010401010	多孔砖柱				
010401011	砖检查井	1. 井截面 2. 垫层材料种类、厚度 3. 底板厚度 4. 井盖安装 5. 混凝土强度等级 6. 砂浆强度等级 7. 防潮层材料种类	座	按设计图示数量计算	1. 土方挖、运 2. 砂浆制作、运输 3. 铺设垫层 4. 底板混凝土制作、运输、浇筑、振捣、养护 5. 砌砖 6. 刮缝 7. 井池底、壁抹灰 8. 抹防潮层 9. 回填 10. 材料运输

续表 3-14

项目编码	项目名称	项目特征	计量单位	工程量计算规则	工作内容
010401013	零星砌砖	1. 零星砌砖名称、部位 2. 砂浆强度等级、配合比	1. m^3 2. m^2 3. m 4. 个	1. 以立方米计量，以设计图示尺寸截面面积乘以长度计算 2. 以平方米计量，按设计图示尺寸水平投影面积计算 3. 以米计量，按设计图示尺寸长度计算 4. 以个计量，按设计图示数量计算	1. 砂浆制作、运输 2. 砌砖 3. 刮缝 4. 材料运输
010401014	砖散水、地坪	1. 砖品种、规格、强度等级 2. 垫层材料种类、厚度 3. 散水、地坪厚度 4. 面层种类、厚度 5. 砂浆强度等级	m^2	按设计图示尺寸以面积计算	1. 土方挖、运 2. 地基找平、夯实 3. 铺设垫层 4. 砌砖散水、地坪 5. 抹砂浆面层
010401015	砖地沟、明沟	1. 砖品种、规格、强度等级 2. 沟截面尺寸 3. 垫层材料种类、厚度 4. 混凝土强度等级 5. 砂浆强度等级	m	以米计量，按设计图示以中心线长度计算	1. 土方挖、运 2. 铺设垫层 3. 底板混凝土制作、运输、浇筑、振捣、养护 4. 砌砖 5. 刮缝、抹灰 6. 材料运输

1.1 砖基础

砖基础项目适用于各种类型砖基础，包括柱基础、墙基础、管道基础等。

砖基础工程量计算按设计图示尺寸以体积计算，计量单位为 m^3。即

$$V = \text{基础长度} \times \text{基础断面面积} + \text{应增加体积} - \text{应扣除体积} \quad (3\text{-}11)$$

式中,基础长度外墙按中心线长计算,内墙按净长线长计算。

其断面面积计算方法如下式:

$$砖基础断面面积 = 基础墙墙厚 \times 基础高度 + 大放脚增加的断面面积 \qquad (3\text{-}12)$$

或

$$砖基础断面面积 = 基础墙墙厚 \times (基础高度 + 折加高度) \qquad (3\text{-}13)$$

$$折加高度 = 大放脚增加的断面面积 / 基础墙墙厚 \qquad (3\text{-}14)$$

(1)基础与墙身的划分见表3-15。

表3-15　基础与墙身的划分

<table>
<tr><td rowspan="3">砖</td><td rowspan="2">基础与墙身</td><td>基础与墙身使用同一种材料</td><td>以设计室内地坪为界(有地下室的以地下室室内设计地坪为界),以下为基础,以上为墙身</td></tr>
<tr><td>基础与墙身使用不同材料</td><td>材料分界线位于设计室内地坪 ±300 mm 以内时,以不同材料为界;超过 ±300 mm 时,以设计室内地坪为界,以下为基础,以上为墙身</td></tr>
<tr><td colspan="2">基础与围墙</td><td>以设计室外地坪为界,以下为基础,以上为墙身</td></tr>
<tr><td rowspan="3">石</td><td colspan="2">基础与勒脚</td><td>以设计室外地坪为界,以下为基础,以上为勒脚</td></tr>
<tr><td colspan="2">勒脚与墙身</td><td>以设计室内地坪为界,以下为勒脚,以上为墙身</td></tr>
<tr><td colspan="2">基础与围墙</td><td>围墙内外地坪标高不同时,应以较低地坪标高为界,以下为基础;围墙内外标高之差为挡土墙时,挡土墙以上为墙身</td></tr>
</table>

(2)大放脚增加的断面面积及折加高度。

大放脚的形式有等高式和不等高式两种。大放脚增加的断面面积和折加高度(见图3-9)可根据不同基础墙厚、不同台数直接查表3-16和表3-17确定。

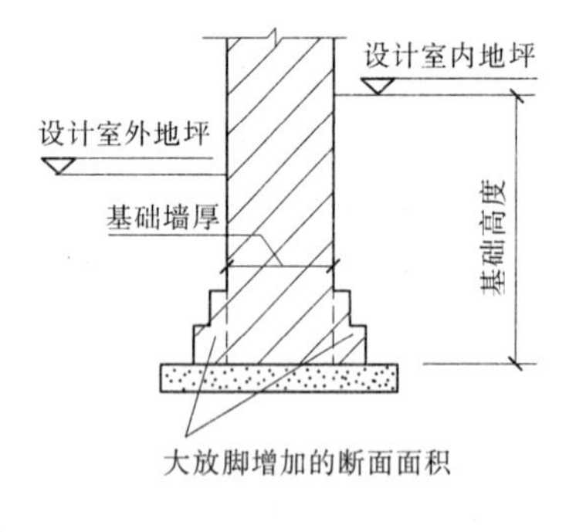

(a)等高式大放脚

(b)折加高度示意图

图3-9　等高式大放脚及折加高度示意图

表3-16 等高式砖墙基大放脚折加高度

放脚步数	折加高度(m)							增加断面面积(m^2)
	0.5砖	0.75砖	1砖	1.5砖	2砖	2.5砖	3砖	
一	0.137	0.088	0.066	0.043	0.032	0.026	0.021	0.015 8
二	0.411	0.263	0.197	0.129	0.096	0.077	0.064	0.047 3
三	0.822	0.525	0.394	0.259	0.193	0.154	0.128	0.094 5
四	1.369	0.875	0.656	0.432	0.321	0.256	0.213	0.157 5
五	2.054	1.313	0.984	0.647	0.482	0.384	0.319	0.236 3
六	2.876	1.838	1.378	0.906	0.675	0.538	0.447	0.330 8

注:本表按标准砖双面放脚每步等高126 mm砌出62.5 mm计算;本表折加高度以双面放脚为准(如单面放脚应乘以系数0.50)。

表3-17 间隔式砖墙基(标准砖)大放脚折加高度

放脚步数	折加高度(m)							增加断面面积(m^2)
	0.5砖	0.75砖	1砖	1.5砖	2砖	2.5砖	3砖	
	最上一步厚度为126 mm							
一	0.137	0.088	0.066	0.043	0.032	0.026	0.021	0.015 8
二	0.274	0.175	0.131	0.086	0.064	0.051	0.043	0.031 5
三	0.685	0.438	0.328	0.216	0.161	0.128	0.106	0.078 8
四	0.959	0.613	0.459	0.302	0.225	0.179	0.149	0.110 3
五	1.643	1.050	0.788	0.518	0.386	0.307	0.255	0.189 0
六	2.055	1.312	0.984	0.647	0.482	0.384	0.319	0.236 3
七	3.013	1.925	1.444	0.949	0.707	0.563	0.468	0.346 5
	最上一步厚度为62.5 mm							
一	0.069	0.044	0.033	0.022	0.016	0.013	0.011	0.007 9
二	0.343	0.219	0.164	0.108	0.080	0.064	0.053	0.039 4
三	0.548	0.350	0.263	0.173	0.129	0.102	0.085	0.063 0
四	1.096	0.700	0.525	0.345	0.257	0.205	0.170	0.126 0
五	1.438	0.919	0.689	0.453	0.338	0.269	0.224	0.165 4
六	2.260	1.444	1.083	0.712	0.530	0.423	0.351	0.259 9

(3)砖基础应增加、扣除和不加、不扣的体积。

砖基础应增加、扣除和不加、不扣的体积见表3-18。

表3-18 砖基础工程量中应增加或扣除的体积

增加的体积	附墙垛基础宽出部分体积
扣除的体积	地梁(圈梁)、构造柱所占体积
不增加的体积	靠墙暖气沟的挑檐
不扣除的体积	基础大放脚T形接头处的重叠部分,嵌入基础内的钢筋、铁件、管道、基础防潮层和单个面积在0.3 m^2以内的孔洞所占体积

1.2 实心砖墙

实心砖墙项目适用于各种类型的实心砖墙,包括外墙、内墙、围墙、弧形墙等。

注意:当实心砖墙类型不同时,其报价就不同,因而清单编制人在描述项目特征时必须详细,以便投标人准确报价。

实心砖墙工程量计算按设计图示尺寸以体积计算,计量单位为 m^3。即

$$V = 墙长 \times 墙厚 \times 墙高 - 应扣除的体积 + 应增加的体积 \tag{3-15}$$

式中,墙长外墙按外墙中心线长、内墙按内墙净长线长、女儿墙按女儿墙中心线长计算。

(1)墙厚按表3-19计算。

表3-19 标准砖墙体厚度

砖数	1/4砖	1/2砖	3/4砖	1砖	1.5砖	2砖	2.5砖	3砖
计算厚度(mm)	53	115	180	240	365	490	615	740

(2)实心砖墙应扣除、不扣除和应增加、不增加的体积按表3-20规定执行。

表3-20 实心砖墙应扣除、不扣除和应增加、不增加的体积规定

增加体积	凸出墙面的砖垛及附墙烟囱、通风道、垃圾道应按设计图示尺寸以体积(扣除孔洞所占体积)计算,并入所附的墙体体积内
扣除体积	门窗口、过人洞、空圈、嵌入墙内的钢筋混凝土柱、梁、圈梁、挑梁、过梁及凹进墙内的壁龛、管槽、暖气槽、消火栓箱所占的体积
不增加体积	凸出墙面的腰线、挑檐、压顶、窗台线、虎头砖、门窗套的体积
不扣除体积	梁头、板头、檩头、垫木、木楞头、檐缘木、木砖、门窗走头、砖墙内加固钢筋、木筋、铁件、钢管及单个面积0.3 m^2以内的孔洞所占体积

注:1. 附墙烟囱、通风道、垃圾道的孔洞内,当设计规定需抹灰时,应单独按装饰工程清单项目编码列项。

2. 不论三皮砖以上或以下的腰线、挑檐,其体积都不计算。压顶突出墙面的部分不计算体积,凹进墙面的部分也不扣除。

3. 砌体内加筋的制作、安装,应按混凝土及钢筋混凝土工程中相关项目编码列项。

4. 墙内砖过梁体积不扣除,其费用包含在墙体报价中。

1.3 空斗墙

空斗墙项目适用于各种砌法(如一斗一眠、无眠空斗等)的空斗墙。

注意:窗间墙、窗台下、楼板下等实砌部分另行计算,按零星砌砖项目编码列项。

1.4 空花墙

空花墙项目适用于各种类型的砖砌空花墙。

注意:使用混凝土花格砌筑的空花墙,应分实砌墙体和混凝土花格计算工程量,混凝土花格按混凝土及钢筋混凝土预制零星构件编码列项。

1.5 填充墙

填充墙项目适用于以砖砌筑,墙体中形成空腔,填充轻质材料的墙体。

1.6 实心砖柱

实心砖柱项目适用于以砖砌筑的实心柱体。

1.7　砖检查井

砖检查井项目适用于以砖砌筑的检查井、阀门井、渗水井等。

1.8　零星砌砖

零星砌砖项目适用于砖砌的台阶、台阶挡墙、梯带、锅台、炉灶、蹲台、花台、花池、屋面隔热板下的砖墩、0.3 m^2以内的空洞填塞。

注意：(1)台阶按水平投影面积计算(不包括梯带或台阶挡墙)，计量单位为 m^2，如图 3-10 所示。

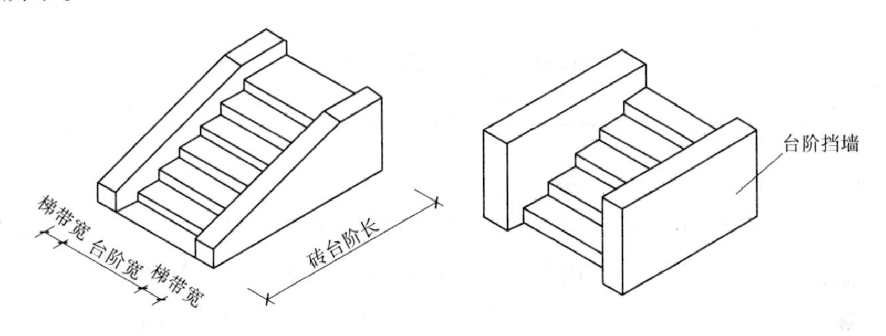

图 3-10　台阶示意图

(2)小型池槽、锅台、炉灶，按数量计算，计量单位为"个"，并以"长×宽×高"的顺序标明其外形尺寸。

(3)小便槽、地垄墙，按长度计算，计量单位为 m。

(4)其他零星项目(如梯带、台阶挡墙)，按图示尺寸以体积计算，计量单位为 m^3。

【例 3-7】　如图 3-11 所示为某房屋平面及基础剖面图，已知砖基础采用 M7.5 水泥砂浆砌筑，C10 混凝土垫层 200 mm 厚；墙体计算高度为 3 m，M5 混合砂浆砌筑；外墙基础钢筋混凝土地梁体积为 2.64 m^3，内墙基础钢筋混凝土地梁体积为 0.37 m^3；门窗洞口尺寸及墙体内埋件见表 3-21。试计算砖基础及墙体的清单工程量，并编制其工程量清单及报价。

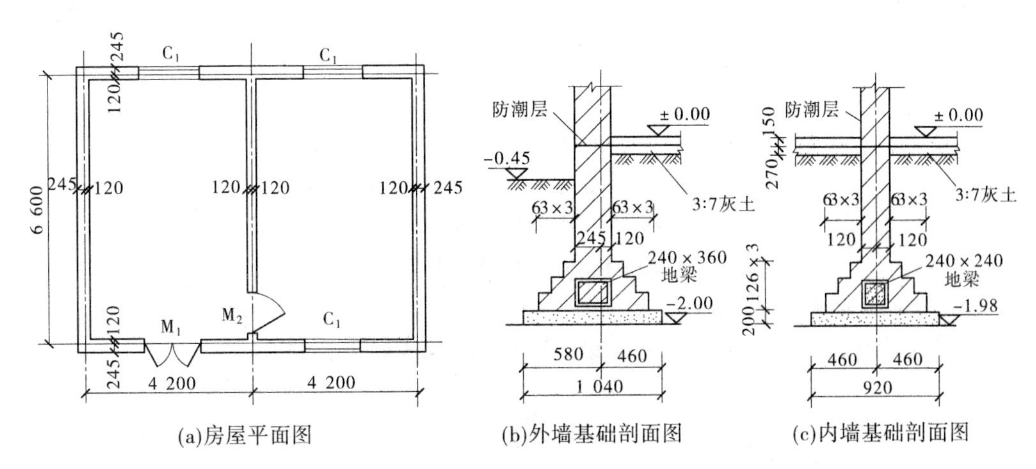

图 3-11　某房屋平面及基础剖面图

表 3-21　门窗洞口尺寸及墙体埋件体积表

门窗名称	洞口尺寸(长×宽)(mm×mm)	构件名称过梁		构件体积(m^3)
M_1	1 200×2 100	过梁	外墙	0.51
M_2	1 000 ×2 100		内墙	0.06
C_1	1 500×1 500	圈梁	外墙	2.23
			内墙	0.31

解　(1)外墙砖基础清单工程量计算。

外墙基础高度 $H=2.0-0.2=1.80(\text{m})$，外墙厚 $=0.365$ m

外墙中心线长 $=(4.2\times2+0.0625\times2+6.6+0.0625\times2)\times2=30.5(\text{m})$

砖基础采用等高三层砌筑法，查折算高度表 3-16 得 $H_{折高}=0.259$ m(等效于 0.365 m 墙厚的折算高度)。

外墙基础体积为：$V_{外}=30.5\times0.365\times(1.80+0.259)-2.64=20.28(\text{m}^3)$

(2)内墙砖基础清单工程量计算。

内墙基础高度 $H=1.98-0.2=1.78(\text{m})$，内墙厚 $=0.24$ m

内墙净长线长 $=6.6-0.24=6.36(\text{m})$

查表 3-16 得 $H_{折高}=0.394$ m(等效于 0.24 m 墙厚的折算高度)。

内墙基础体积为：$V_{内}=6.36\times0.24\times(1.78+0.394)\ -0.37=2.95(\text{m}^3)$

(3)外墙墙体清单工程量计算。

外墙墙体工程量 = 墙长×墙厚×墙高 − 应扣除的体积 + 应增加的体积

= 墙长×墙厚×墙高 − 门窗洞口及埋件所占的体积

$=30.5\times0.365\times3-(1.2\times2.1+1.5\times1.5\times3)\times0.365-0.51-2.23$

$=33.40-3.38-0.51-2.23=27.28(\text{m}^3)$

(4)内墙墙体清单工程量计算。

内墙墙体工程量 = 墙长×墙厚×墙高 − 应扣除的体积 + 应增加的体积

= 墙长×墙厚×墙高 − 门窗洞口及埋件所占体积

$=6.36\times0.24\times3-1\times2.1\times0.24-0.06-0.31$

$=4.58-0.50-0.06-0.31=3.71(\text{m}^3)$

(5)编制工程量清单。

砖基础及墙体工程量清单见表 3-22，报价见表 3-23 和表 3-24。

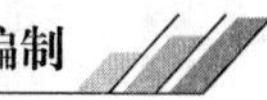

表 3-22　砖基础及墙体工程量清单

<table>
<tr><th>序号</th><th>项目编码</th><th>项目名称</th><th>项目特征描述</th><th>计量
单位</th><th>工程
数量</th></tr>
<tr><td rowspan="2">1</td><td rowspan="2">010401001001</td><td>砖基础
(370 墙)</td><td>M10 标准砖,M7.5 水泥砂浆砌筑,厚 365 mm;条形基础,深 1 800 mm</td><td>m^3</td><td rowspan="2">23.23</td></tr>
<tr><td>砖基础
(240 墙)</td><td>M10 标准砖,M7.5 水泥砂浆砌筑,厚 240 mm;条形基础,深 1 780 mm</td><td>m^3</td></tr>
<tr><td rowspan="2">2</td><td rowspan="2">010401003001</td><td>实心砖墙
(370 墙)</td><td>M10 标准砖,365 mm 厚外墙,M5 混合砂浆砌筑,墙高 3 m</td><td>m^3</td><td rowspan="2">30.99</td></tr>
<tr><td>实心砖墙
(240 墙)</td><td>M10 标准砖,240 mm 厚内墙,M5 混合砂浆砌筑,墙高 3 m</td><td>m^3</td></tr>
</table>

表 3-23　砖基础清单综合单价分析

<table>
<tr><td>项目
编码</td><td>010401001001</td><td colspan="2">项目
名称</td><td colspan="4">砖基础</td><td>计量
单位</td><td>m^3</td><td>工程量</td><td>23.23</td></tr>
<tr><td colspan="12">清单综合单价组成明细</td></tr>
<tr><td rowspan="2">定额
编号</td><td rowspan="2">定额项目
名称</td><td rowspan="2">定额
单位</td><td rowspan="2">数量</td><td colspan="4">单价</td><td colspan="4">合价</td></tr>
<tr><td>人工费</td><td>材料费</td><td>机械费</td><td>管理费
和利润</td><td>人工费</td><td>材料费</td><td>机械费</td><td>管理费
和利润</td></tr>
<tr><td>A3－1 换</td><td>砖基础、混合砂浆 M5,换:水泥砂浆 M7.5</td><td>10 m^3</td><td>2.323</td><td>1 024.86</td><td>1 411.33</td><td>55.30</td><td>302.31</td><td>2 380.75</td><td>3 278.52</td><td>128.46</td><td>702.27</td></tr>
<tr><td colspan="2">人工单价</td><td colspan="6">小计</td><td>2 380.75</td><td>3 278.52</td><td>128.46</td><td>702.27</td></tr>
<tr><td colspan="2">87 元/工日</td><td colspan="6">未计价材料费</td><td colspan="4"></td></tr>
<tr><td colspan="8">清单项目综合单价</td><td colspan="4">279.38</td></tr>
<tr><td rowspan="3">材料费
明细</td><td colspan="5">主要材料名称、规格、型号</td><td>单位</td><td>数量</td><td>单价
(元)</td><td>合价
(元)</td><td>暂估
单价
(元)</td><td>暂估
合价
(元)</td></tr>
<tr><td colspan="7">其他材料费</td><td>—</td><td>141.13</td><td>—</td><td></td></tr>
<tr><td colspan="7">材料费小计</td><td>—</td><td>141.13</td><td>—</td><td></td></tr>
</table>

表 3-24 墙体清单综合单价分析

项目编码	010401003001	项目名称		实心砖墙				计量单位	m^3	工程量	30.99
清单综合单价组成明细											
定额编号	定额项目名称	定额单位	数量	单价				合价			
				人工费	材料费	机械费	管理费和利润	人工费	材料费	机械费	管理费和利润
A3-5	外墙,365 mm 厚以内,混合砂浆 M5	10 m^3	0.371	1 342.41	1 421.65	56.69	333.56	498.03	527.43	21.03	123.75
A3-3	内墙,365 mm 厚以内,混合砂浆 M5	10 m^3	2.728	1 259.76	1 403.64	55.30	323.14	3 436.63	3 829.13	150.86	881.53
人工单价		小计						3 934.66	4 356.56	171.89	1 005.28
87 元/工日		未计价材料费									
清单项目综合单价								305.53			
材料费明细	主要材料名称、规格、型号					单位	数量	单价(元)	合价(元)	暂估单价(元)	暂估合价(元)
	其他材料费							—	140.58	—	
	材料费小计							—	140.58	—	

2 砌块砌体(编码 010402)

砌块砌体项目包括砌块墙和砌块柱两个清单项目,砌块砌体工程量清单项目设置及工程量计算规则如表 3-25 所示。

2.1 砌块墙

空心砖墙、砌块墙项目适用于各种规格的空心砖和砌块砌筑的各种类型的墙体。

2.2 砌块柱

空心砖柱、砌块柱项目适用于各种规格的空心砖和砌块砌筑的各种类型的柱体。

表 3-25 砌块砌体

项目编码	项目名称	项目特征	计量单位	工程量计算规则	工作内容
010402001	砌块墙	1. 砌块品种、规格、强度等级 2. 墙体类型 3. 砂浆强度等级	m^3	按设计图示尺寸以体积计算。 扣除门窗洞口、过人洞、空圈、嵌入墙内的钢筋混凝土柱、梁、圈梁、挑梁、过梁及凹进墙内的壁龛、管槽、暖气槽、消火栓箱所占体积,不扣除梁头、板头、檩头、垫木、木楞头、沿缘木、木砖、门窗走头、砌块墙内加固钢筋、木筋、铁件、钢管及单个面积≤0.3 m^2 的孔洞所占的体积。凸出墙面的腰线、挑檐、压顶、窗台线、虎头砖、门窗套的体积亦不增加。凸出墙面的砖垛并入墙体积内计算。 1. 墙长度:外墙按中心线、内墙按净长计算 2. 墙高度: (1)外墙:斜(坡)屋面无檐口天棚者算至屋面板底;有屋架且室内外均有天棚者算至屋架下弦底另加 200 mm;无天棚者算至屋架下弦底另加 300 mm,出檐宽度超过 600 mm 时按实砌高度计算;有钢筋混凝土楼板隔层者算至板顶;平屋面算至钢筋混凝土板底。 (2)内墙:位于屋架下弦者,算至屋架下弦底;无屋架者算至天棚底另加 100 mm;有钢筋混凝土楼板隔层者算至楼板顶;有框架梁时算至梁底。 (3)女儿墙:从屋面板上表面算至女儿墙顶面(如有混凝土压顶时算至压顶下表面)。 (4)内、外山墙:按其平均高度计算。 3. 框架间墙;不分内外墙按墙体净尺寸以体积计算 4. 围墙:高度算至压顶上表面(如有混凝土压顶时算至压顶下表面),围墙柱并入围墙体积内	1. 砂浆制作、运输 2. 砌砖、砌块 3. 勾缝 4. 材料运输
010402002	砌块柱	1. 砖品种、规格、强度等级 2. 墙体类型 3. 砂浆强度等级		按设计图示尺寸以体积计算。 扣除混凝土及钢筋混凝土梁垫、梁头、板头所占体积	

3　石砌体(编码010403)

石砌体项目包括石基础,石勒脚,石墙,石挡土墙,石柱,石栏杆,石护坡,石台阶,石坡道,石地沟、石明沟十个清单项目,石砌体工程量清单项目设置及工程量计算规则如表3-26所示。石基础、石勒脚、石墙身的划分见表3-15。

3.1　石基础

石基础项目适用于各种规格(条石、块石等)、各种材质(砂石、青石等)和各种类型(柱基、墙基、直形、弧形等)的基础。

3.2　石勒脚

石勒脚项目适用于各种规格、各种材质(砂石、青石等)和各种类型的勒脚。

3.3　石墙

石墙项目适用于各种规格、各种材质(砂石、青石等)和各种类型的墙体。

3.4　石挡土墙

石挡土墙项目适用于各种规格、各种材质(砂石、青石等)和各种类型的挡土墙。

注意:石梯膀应按石挡土墙项目编码列项。

3.5　石柱

石柱项目适用于各种规格、各种材质(砂石、青石等)和各种类型的柱子。

3.6　石栏杆

石栏杆项目适用于各种规格、各种材质(砂石、青石等)和各种类型的栏杆。

3.7　石护坡

石护坡项目适用于各种规格、各种材质(砂石、青石等)和各种类型的护坡。

3.8　石台阶

石台阶项目适用于各种规格、各种材质(砂石、青石等)和各种类型的台阶。

注意:石梯带工程量应计算在石台阶工程量内。

3.9　石坡道

石坡道项目适用于各种规格、各种材质(砂石、青石等)和各种类型的坡道。

3.10　石地沟、石明沟

石地沟、石明沟项目适用于各种规格、各种材质和各种类型的地沟、明沟。

表3-26　石砌体(编码010403)

项目编码	项目名称	项目特征	计量单位	工程量计算规则	工作内容
010403001	石基础	1. 石料种类、规格 2. 基础类型 3. 砂浆强度等级	m^3	按设计图示尺寸以体积计算。 包括附墙垛基础宽出部分体积,不扣除基础砂浆防潮层及单个面积≤0.3 m^2的孔洞所占体积,靠墙暖气沟的挑檐不增加体积。基础长度:外墙按中心线,内墙按净长计算	1. 砂浆制作、运输 2. 吊装 3. 砌石 4. 防潮层铺设 5. 材料运输

续表 3-26

项目编码	项目名称	项目特征	计量单位	工程量计算规则	工作内容
010403002	石勒脚	1. 石料种类、规格 2. 石表面加工要求 3. 勾缝要求 4. 砂浆强度等级、配合比	m^3	按设计图示尺寸以体积计算，扣除单个面积 >0.3 m^2 的孔洞所占的体积	1. 砂浆制作、运输 2. 吊装 3. 砌石 4. 石表面加工 5. 勾缝 6. 材料运输
010403003	石墙	1. 石料种类、规格 2. 石表面加工要求 3. 勾缝要求 4. 砂浆强度等级、配合比		按设计图示尺寸以体积计算。 扣除门窗洞口、过人洞、空圈、嵌入墙内的钢筋混凝土柱、梁、圈梁、挑梁、过梁及凹进墙内的壁龛、管槽、暖气槽、消火栓箱所占体积，不扣除梁头、板头、檩头、垫木、木楞头、沿缘木、木砖、门窗走头、石墙内加固钢筋、木筋、铁件、钢管及单个面积≤0.3 m^2 的孔洞所占的体积。凸出墙面的腰线、挑檐、压顶、窗台线、虎头砖、门窗套的体积亦不增加。凸出墙面的砖垛并入墙体体积内计算。 1. 墙长度：外墙按中心线、内墙按净长计算。 2. 墙高度： (1)外墙：斜(坡)屋面无檐口天棚者算至屋面板底；有屋架且室内外均有天棚者算至屋架下弦底另加200 mm；无天棚者算至屋架下弦底另加300 mm，出檐宽度超过600 mm时按实砌高度计算；平屋顶算至钢筋混凝土板底。 (2)内墙：位于屋架下弦者，算至屋架下弦底；无屋架者算至天棚底另加100 mm；有钢筋混凝土楼板隔层者算至楼板顶；有框架梁时算至梁底。 (3)女儿墙：从屋面板上表面算至女儿墙顶面(如有混凝土压顶时算至压顶下表面)。 (4)内、外山墙：按其平均高度计算。 3. 围墙：高度算至压顶上表面(如有混凝土压顶时算至压顶下表面)，围墙柱并入围墙体积内	

续表 3-26

项目编码	项目名称	项目特征	计量单位	工程量计算规则	工作内容
010403004	石挡土墙	1. 石料种类、规格 2. 石表面加工要求 3. 勾缝要求 4. 砂浆强度等级、配合比	m^3	按设计图示尺寸以体积计算	1. 砂浆制作、运输 2. 吊装 3. 砌石 4. 变形缝、泄水孔、压顶抹灰 5. 滤水层 6. 勾缝 7. 材料运输
010403005	石柱				1. 砂浆制作、运输 2. 吊装 3. 砌石 4. 石表面加工 5. 勾缝 6. 材料运输
010403006	石栏杆	1. 石料种类、规格 2. 石表面加工要求 3. 勾缝要求 4. 砂浆强度等级、配合比	m	按设计图示尺寸以长度计算	
010403007	石护坡	1. 垫层材料种类、厚度 2. 石料种类、规格 3. 护坡厚度、高度 4. 石表面加工要求 5. 勾缝要求 6. 砂浆强度等级、配合比	m^3	按设计图示尺寸以体积计算	
010403008	石台阶				1. 铺设垫层 2. 石料加工 3. 砂浆制作、运输 4. 砌石 5. 石表面加工 6. 勾缝 7. 材料运输
010403009	石坡道		m^2	按设计图示以水平投影面积计算	
010403010	石地沟、石明沟	1. 沟截面尺寸 2. 土壤类别、运距 3. 垫层材料种类、厚度 4. 石料种类、规格 5. 石表面加工要求 6. 勾缝要求 7. 砂浆强度等级、配合比	m	按设计图示以中心线长度计算	1. 土方挖、运 2. 砂浆制作、运输 3. 铺设垫层 4. 砌石 5. 石表面加工 6. 勾缝 7. 回填 8. 材料运输

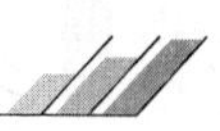

4　垫层(编码 010404)

垫层是指除混凝土垫层外的其他类型垫层。垫层工程量清单项目设置及工程量计算规则如表 3-27 所示。

表 3-27　垫层(编码 010404)

项目编码	项目名称	项目特征	计量单位	工程量计算规则	工作内容
010404001	垫层	1. 垫层材料种类、配合比、厚度	m^3	按设计图示尺寸以体积计算	1. 垫层材料的拌制 2. 垫层铺设 3. 材料运输

课题 3.6　混凝土及钢筋混凝土工程

混凝土及钢筋混凝土工程适用于建筑物和构筑物的混凝土工程,包括各种现浇混凝土构件、预制混凝土构件及钢筋工程、螺栓铁件等。

1　现浇混凝土基础(编码 010501)

现浇混凝土基础项目包括垫层、带形基础、独立基础、满堂基础、桩承台基础、设备基础六个清单项目,现浇混凝土基础工程量清单项目设置及工程量计算规则如表 3-28 所示。

表 3-28　现浇混凝土基础(编码 010501)

<table>
<tr><th>项目编码</th><th>项目名称</th><th>项目特征</th><th>计量单位</th><th>工程量计算规则</th><th>工作内容</th></tr>
<tr><td>010501001</td><td>垫层</td><td rowspan="5">1. 混凝土类别
2. 混凝土强度等级</td><td rowspan="6">m^3</td><td rowspan="6">按设计图示尺寸以体积计算。不扣除构件内钢筋、预埋铁件和伸入承台基础的桩头所占体积</td><td rowspan="6">1. 模板及支撑制作、安装、拆除、堆放、运输及清理模内杂物、刷隔离剂等。
2. 混凝土制作、运输、浇筑、振捣、养护</td></tr>
<tr><td>010501002</td><td>带形基础</td></tr>
<tr><td>010501003</td><td>独立基础</td></tr>
<tr><td>010501004</td><td>满堂基础</td></tr>
<tr><td>010501005</td><td>桩承台基础</td></tr>
<tr><td>010501006</td><td>设备基础</td><td>1. 混凝土类别
2. 混凝土强度等级
3. 灌浆材料、灌浆材料强度等级</td></tr>
</table>

注意:(1)带形基础项目适用于各种带形基础,墙下的板式基础包括浇筑在一字排桩上面的带形基础;有肋带形基础、无肋带形基础应分别编码列项,并注明肋高。

(2)独立基础项目适用于块体柱基、杯基、无筋倒圆台基础、壳体基础、电梯井基础等。

(3)满堂基础项目适用于地下室的箱式基础、筏片基础等;箱式满堂基础可按满堂基础、现浇柱、梁、墙、板分别编码列项,也可利用满堂基础中的第五级编码分别列项,如无梁式满堂基础(编码010501004001)、箱式满堂基础柱(编码010501004002)、箱式满堂基础梁(编码010501004003)、箱式满堂基础墙(编码010501004004)和箱式满堂基础板(编码010501004005)。

(4)设备基础项目适用于设备的块体基础、框架式基础等;桩承台基础项目适用于浇筑在组桩(如梅花桩)上的承台。

工程量计算应注意以下几点:

(1)带形基础。带形基础按其形式不同分为有肋式和无肋式两种。其工程量计算式为:

$$V = \text{基础断面面积} \times \text{基础长度} \tag{3-16}$$

式中,外墙基础长度按外墙中心线长度计算,内墙基础长度按基础间净长线计算,如图3-12所示。

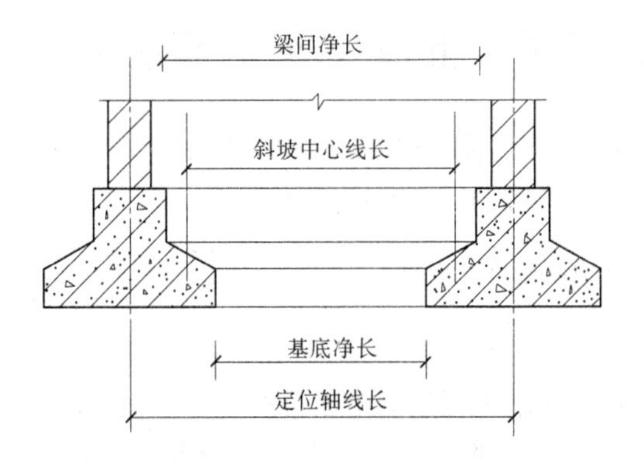

图3-12 内墙基础长度示意图

(2)独立基础。独立基础形式如图3-13所示,其计算式为

$$V = \frac{h_1}{6}[AB + ab + (A + a)(B + b)] + ABh_2 \tag{3-17}$$

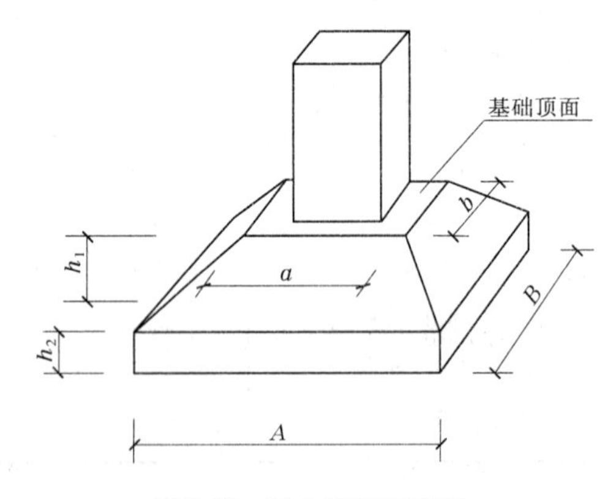

图3-13 独立基础示意图

(3)满堂基础。满堂基础按其形式不同可分为无梁式和有梁式两种,如图3-14所示。其工程计算式为

$$\text{无梁式满堂基础工程量} = \text{基础底板体积} + \text{柱墩体积} \tag{3-18}$$

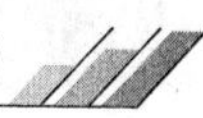

式中，柱墩体积的计算与角锥形独立基础的体积计算方法相同。

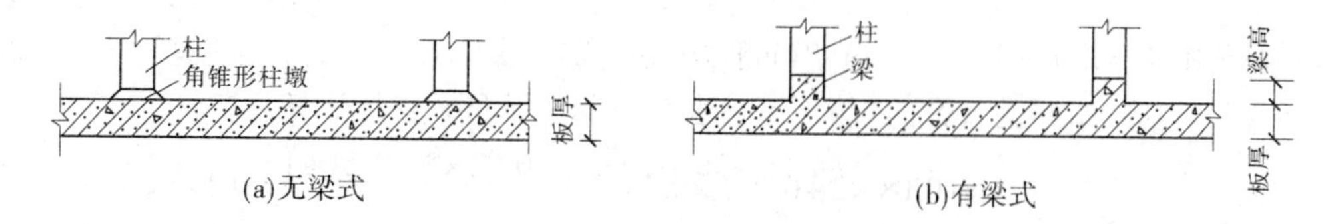

(a)无梁式　　(b)有梁式

图 3-14　满堂基础示意图

$$\text{有梁式满堂基础工程量} = \text{基础底板体积} + \text{梁体积} \tag{3-19}$$

【例 3-8】 如图 3-15 所示为某房屋基础平面及剖面图，如图 3-16 所示为内、外墙基础交接示意图，混凝土强度 C20。计算其带形基础清单工程量及报价。

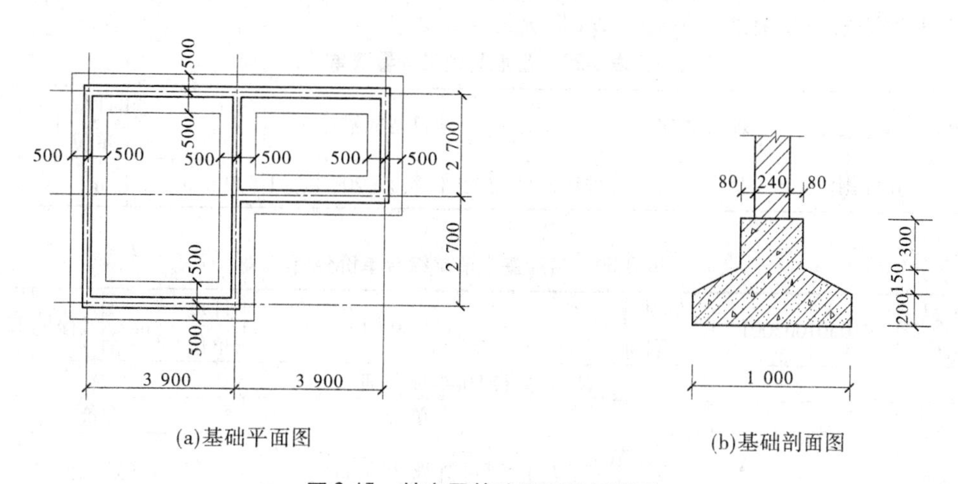

(a)基础平面图　　(b)基础剖面图

图 3-15　某房屋基础平面及剖面图

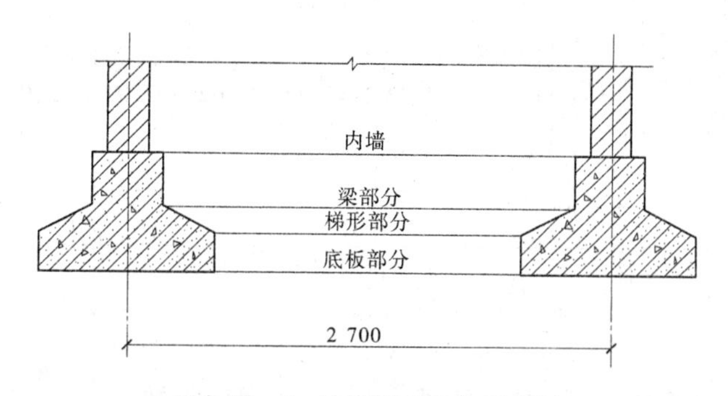

图 3-16　内、外墙基础交接示意图

解　基础工程量 = 基础断面面积 × 基础长度

$$\text{外墙下基础工程量} = \left[(0.08\times 2+0.24)\times 0.3+\frac{0.08\times 2+0.24+1}{2}\times 0.15+1\times 0.2\right]\times (3.9\times 2+2.7\times 2)\times 2$$

$$=(0.12+0.105+0.2)\times 26.4=11.22(\text{m}^3)$$

$$\text{梁间净长}=2.7-(0.12+0.08)\times 2=2.3(\text{m})$$

$$\text{斜坡中心线长} = 2.7 - (0.2 + \frac{0.3}{2}) \times 2 = 2.0(\text{m})$$

$$\text{基底净长} = 2.7 - 0.5 \times 2 = 1.7(\text{m})$$

$$\text{内墙下基础工程量} = \sum(\text{内墙下基础各部分断面面积} \times \text{相应计算长度})$$

$$= (0.08 \times 2 + 0.24) \times 0.3 \times 2.3 + \frac{0.08 \times 2 + 0.24 + 1}{2} \times 0.15 \times 2.0 + 1 \times 0.2 \times 1.7$$

$$= 0.28 + 0.21 + 0.34 = 0.83(\text{m}^3)$$

$$\text{基础工程量} = \text{外墙下基础工程量} + \text{内墙下基础工程量}$$

$$= 11.22 + 0.83 = 12.05(\text{m}^3)$$

带形基础工程量清单见表3-29，报价见表3-30。

表3-29　带形基础工程量清单

序号	项目编码	项目名称	项目特征描述	计量单位	工程数量
1	010501002001	带形基础	带形基础，混凝土强度C20，深度1 800 mm	m^3	12.05

表3-30　带形基础清单综合单价分析

项目编码	010501002001	项目名称		带形基础				计量单位	m^3	工程量	12.05
清单综合单价组成明细											
定额编号	定额项目名称	定额单位	数量	单价				合价			
				人工费	材料费	机械费	管理费和利润	人工费	材料费	机械费	管理费和利润
A4－2换	混凝土带形基础：现浇碎石混凝土，C15－40。换：现浇碎石混凝土，粒径20 mm，C20	10 m^3	1.205	840.42	2045.09	194.62	392.02	1012.71	2464.33	234.52	472.38
人工单价		小计						1012.71	2464.33	234.52	472.38
87元/工日		未计价材料费									
清单项目综合单价								347.21			
材料费明细	主要材料名称、规格、型号					单位	数量	单价（元）	合价（元）	暂估单价（元）	暂估合价（元）
	其他材料费							—	204.51	—	
	材料费小计							—	204.51	—	

2　现浇混凝土柱(编码010502)

现浇混凝土柱项目适用于各种结构形式的柱，包括矩形柱、构造柱和异形柱三个清单

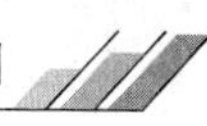

项目，现浇混凝土桩工程量清单项目设置及工程量计算规则如表3-31所示。

表3-31　现浇混凝土柱(编码010502)

项目编码	项目名称	项目特征	计量单位	工程量计算规则	工作内容
010502001	矩形柱	1. 混凝土类别 2. 混凝土强度等级	m^3	按设计图示尺寸以体积计算。不扣除构件内钢筋、预埋铁件所占体积。型钢混凝土柱扣除构件内型钢所占体积。 柱高:1. 有梁板的柱高。应自柱基上表面(或楼板上表面)至上一层楼板上表面之间的高度计算 2. 无梁板的柱高，应自柱基上表面(或楼板上表面)至柱帽下表面之间的高度计算 3. 框架柱的柱高，应自柱基上表面至柱顶高度计算 4. 构造柱按全高计算，嵌接墙体部分(马牙槎)并入柱身体积 5. 依附柱上的牛腿和升板的柱帽，并入柱身体积计算	1. 模板及支架(撑)制作、安装、拆除、堆放、运输及清理模内杂物、刷隔离剂等。 2. 混凝土制作、运输、浇筑、振捣、养护
010502002	构造柱				
010502003	异形柱	1. 柱形状 2. 混凝土类别 3. 混凝土强度等级			

注意：(1)不扣除构件内的钢筋、预埋铁件所占的体积。即

$$V = \text{柱断面面积} \times \text{柱高} \tag{3-20}$$

(2)构造柱按矩形柱项目编码列项，嵌入墙体部分并入柱体积。

(3)薄壁柱也称隐壁柱，指在框剪结构中，隐藏在墙体中的钢筋混凝土柱。单独的薄壁柱根据其截面形状，确定以矩形柱或异形柱编码列项。

(4)依附柱上的牛腿和升板的柱帽，并入柱身体积内计算。

(5)混凝土柱上的钢牛腿按金属结构工程中的零星钢构件编码列项。

【例3-9】　图3-17所示为某房屋所设构造柱的位置。已知该房屋2层板面至3层板面高为3.0 m，圈梁高300 mm，圈梁与板平齐，墙厚240 mm，构造柱混凝土为C20，尺寸为240 mm×240 mm，试计算标准层构造柱的清单工程量。

解　(1)图3-17所示的虚线表示构造柱与墙连接，砖墙砌筑为马牙槎，其计算尺寸如图3-18所示，这就使构造柱的断面尺寸发生了变化。为了简化工程量的计算过程，构造柱的断面计算尺寸取至马牙槎的中心线，即图3-18所示的虚线位置，则

构造柱断面面积＝构造柱的矩形断面面积＋马牙槎面积

构造柱工程量＝构造柱断面面积×构造柱高

(2)构造柱的计算高度取全高，即层高。马牙槎只留设至圈梁底，故马牙槎的计算高度取至圈梁底。

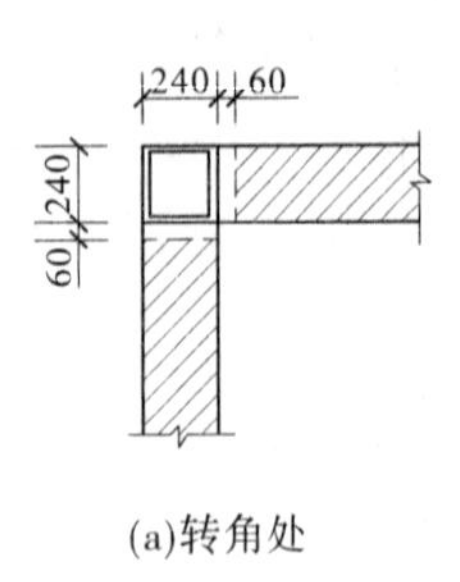

(a)转角处

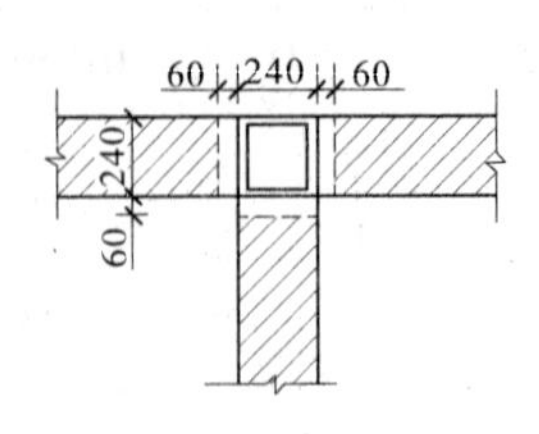

(b)T形接头处

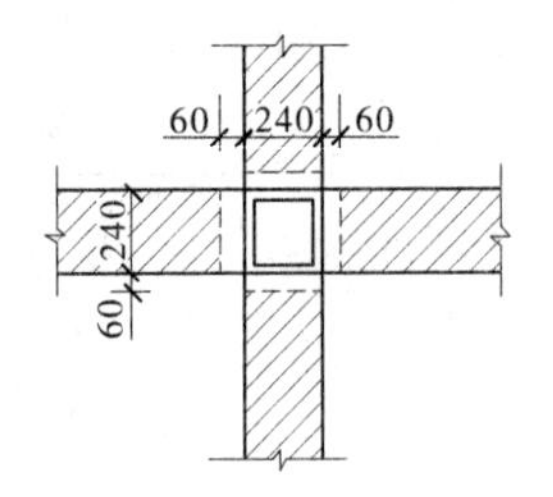

(c)十字形接头处

图 3-17 构造柱设置示意图

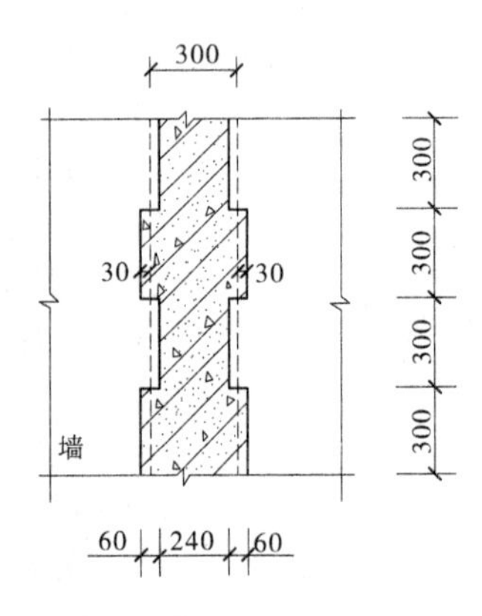

图 3-18 构造柱计算尺寸示意图

(3)工程量计算:

见图 3-17(a),得 $0.24\times0.24\times3+\frac{1}{2}\times0.06\times0.24\times2\times(3-0.3)=0.21(m^3)$

见图 3-17(b),得 $0.24\times0.24\times3+\frac{1}{2}\times0.06\times0.24\times3\times(3-0.3)=0.23(m^3)$

见图 3-17(c),得 $0.24\times0.24\times3+\frac{1}{2}\times0.06\times0.24\times4\times(3-0.3)=0.25(m^3)$

构造柱工程量 $=0.21+0.23+0.25=0.69(m^3)$

构造柱工程量清单见表 3-32,报价见表 3-33。

表 3-32 构造柱工程量清单

序号	项目编码	项目名称	项目特征描述	计量单位	工程数量
1	010502002001	构造柱	现浇混凝土构造柱,混凝土强度 C20	m^3	0.69

表 3-33 构造柱清单综合单价分析

<table>
<tr><td>项目编码</td><td colspan="2">010502002001</td><td>项目名称</td><td colspan="4">构造柱</td><td>计量单位</td><td>m^3</td><td>工程量</td><td>0.69</td></tr>
<tr><td colspan="12">清单综合单价组成明细</td></tr>
<tr><td rowspan="2">定额编号</td><td rowspan="2">定额项目名称</td><td rowspan="2">定额单位</td><td rowspan="2">数量</td><td colspan="4">单价</td><td colspan="4">合价</td></tr>
<tr><td>人工费</td><td>材料费</td><td>机械费</td><td>管理费和利润</td><td>人工费</td><td>材料费</td><td>机械费</td><td>管理费和利润</td></tr>
<tr><td>A4－15</td><td>混凝土构造柱:现浇碎石混凝土,C20－20</td><td>10 m^3</td><td>0.069</td><td>1 973.16</td><td>2 036.11</td><td>203.68</td><td>497.43</td><td>136.15</td><td>140.49</td><td>14.05</td><td>34.32</td></tr>
<tr><td colspan="3">人工单价</td><td colspan="5">小计</td><td>136.15</td><td>140.49</td><td>14.05</td><td>34.32</td></tr>
<tr><td colspan="3">87 元/工日</td><td colspan="5">未计价材料费</td><td colspan="4"></td></tr>
<tr><td colspan="8">清单项目综合单价</td><td colspan="4">471.04</td></tr>
<tr><td rowspan="3">材料费明细</td><td colspan="5">主要材料名称、规格、型号</td><td>单位</td><td>数量</td><td>单价(元)</td><td>合价(元)</td><td>暂估单价(元)</td><td>暂估合价(元)</td></tr>
<tr><td colspan="7">其他材料费</td><td>—</td><td>203.61</td><td>—</td><td></td></tr>
<tr><td colspan="7">材料费小计</td><td>—</td><td>203.61</td><td>—</td><td></td></tr>
</table>

3 现浇混凝土梁(编码 010503)

现浇混凝土梁项目包括基础梁,矩形梁,异形梁,圈梁,过梁,弧形、拱形梁六个清单项目,现浇混凝土梁工程量清单项目设置及工程量计算规则如表 3-34 所示。

表 3-34 现浇混凝土梁(编码 010503)

<table>
<tr><td>项目编码</td><td>项目名称</td><td>项目特征</td><td>计量单位</td><td>工程量计算规则</td><td>工作内容</td></tr>
<tr><td>010503001</td><td>基础梁</td><td rowspan="5">1. 混凝土类别
2. 混凝土强度等级</td><td rowspan="5">m^3</td><td rowspan="5">按设计图示尺寸以体积计算。
不扣除构件内钢筋、预埋铁件所占体积,伸入墙内的梁头、梁垫并入梁体积内。
型钢混凝土梁扣除构件内型钢所占体积。
梁长:
1. 梁与柱连接时,梁长度至柱侧面
2. 主梁与次梁连接时,次梁长算至主梁侧面</td><td rowspan="5">1. 模板及支架(撑)制作、安装、拆除、堆放、运输及清理模内杂物、刷隔离剂等
2. 混凝土制作、运输、浇筑、振捣、养护</td></tr>
<tr><td>010503002</td><td>矩形梁</td></tr>
<tr><td>010503003</td><td>异形梁</td></tr>
<tr><td>010503004</td><td>圈梁</td></tr>
<tr><td>010503005</td><td>过梁</td></tr>
</table>

续表 3-34

项目编码	项目名称	项目特征	计量单位	工程量计算规则	工作内容
010503006	弧形、拱形梁	1. 混凝土类别 2. 混凝土强度等级	m^3	按设计图示尺寸以体积计算。 不扣除构件内钢筋、预埋铁件所占体积,伸入墙内的梁头、梁垫并入梁体积内。 梁长: 1. 梁与柱连接时,梁长算至柱侧面 2. 主梁与次梁连接时,次梁长算至主梁侧面	1. 模板及支架(撑)制作、安装、拆除、堆放、运输及清理模内杂物、刷隔离剂等 2. 混凝土制作、运输、浇筑、振捣、养护

基础梁项目适用于独立基础间架设的、承受上部墙传来荷载的梁;圈梁项目适用于为了加强结构整体性,构造上要求设置的封闭型的水平的梁;过梁项目适用于建筑物门窗洞口上所设置的梁;矩形梁、异形梁、弧形梁及拱形梁项目,适用于除以上三种梁外的截面为矩形、异形及形状为弧形、拱形的梁。

注意:外墙圈梁长取外墙中心线长(当圈梁截面宽同外墙宽时),内墙圈梁长取内墙净长线。

4 现浇混凝土墙(编码 010504)

现浇混凝土墙项目包括直形墙、弧形墙、短肢剪力墙和挡土墙四个清单项目,直形墙和弧形墙两个项目除适用于墙项目外,也适用于电梯井,现浇混凝土墙工程量清单项目设置及工程量计算规则如表 3-35 所示。

表 3-35 现浇混凝土墙(编码 010504)

项目编码	项目名称	项目特征	计量单位	工程量计算规则	工作内容
010504001	直形墙	1. 混凝土类别 2. 混凝土强度等级	m^3	按设计图示尺寸以体积计算。 不扣除构件内钢筋、预埋铁件所占体积,扣除门窗洞口及单个面积 >0.3 m^2 的孔洞所占体积,墙垛及突出墙面部分并入墙体积计算内	1. 模板及支架(撑)制作、安装、拆除、堆放、运输及清理模内杂物、刷隔离剂等 2. 混凝土制作、运输、浇筑、振捣、养护
010504002	弧形墙				
010504003	短肢剪力墙				
010504004	挡土墙				

注意:(1)墙肢截面的最大长度与厚度之比小于或等于6倍的剪力墙,按短肢剪力墙项目列项。

(2)L形、Y形、T形、十字形、Z形、一字形的短肢剪力墙的单肢中心线长≤0.4 m,按柱项目列项。

5　现浇混凝土板(编码010505)

现浇混凝土板项目包括有梁板,无梁板,平板,拱板,薄壳板,栏板,天沟(檐沟)、挑檐板,雨篷、悬挑板、阳台板,其他板九个清单项目,现浇混凝土板工程量清单项目设置及工程量计算规则如表3-36所示。

表3-36　现浇混凝土板(编码010505)

项目编码	项目名称	项目特征	计量单位	工程量计算规则	工作
010505001	有梁板	1. 混凝土类别 2. 混凝土强度等级	m^3	按设计图示尺寸以体积计算。不扣除构件内钢筋、预埋铁件及单个面积≤0.3 m^2 的柱、垛以及孔洞所占体积。 压形钢板混凝土楼板扣除构件内压形钢板所占体积。 有梁板(包括主、次梁与板)按梁、板体积之和计算,无梁板按板和柱帽体积之和计算,各类板伸入墙内的板头并入板体积内,薄壳板的肋、基梁并入薄壳体积内计算	1. 模板及支架(撑)制作、安装、拆除、堆放、运输及清理模内杂物、刷隔离剂等 2. 混凝土制作、运输、浇筑、振捣、养护
010505002	无梁板				
010505003	平板				
010505004	拱板				
010505005	薄壳板				
010505006	栏板				
010505007	天沟(檐沟)、挑檐板	1. 混凝土类别 2. 混凝土强度等级		按设计图示尺寸以体积计算	
010505008	雨篷、悬挑板、阳台板			按设计图示尺寸以墙外部分体积计算。包括伸出墙外的牛腿和雨篷反挑檐的体积	
010505009	其他板			按设计图示尺寸以体积计算	

注意:(1)有梁板项目适用于密肋板、井字梁板,有梁板(包括主、次梁和板)按梁、板体积之和计算。

(2)无梁板项目适用于直接支撑在柱上的板,无梁板按板和柱帽体积之和计算。

(3)平板项目适用于直接支撑在墙上(或圈梁上)的板;栏板项目适用于楼梯或阳台

上所设的安全防护板。

(4)薄壳板按板、肋和基梁体积之和计算。

(5)当天沟、挑檐板与板(屋面板)连接时,以外墙的外边线为界,与圈梁(包括其他梁)连接时,以梁的外边线为界,外边线以外为天沟、挑檐。

(6)雨篷和阳台板按设计图示尺寸以墙外部分体积计算(包括伸出墙外的牛腿和雨篷反挑檐的体积)。雨篷、阳台与板(楼板、屋面板)连接时,以外墙的外边线为界,与圈梁(包括其他梁)连接时,以梁的外边线为界,外边线以外为雨篷、阳台。

(7)混凝土板采用浇筑复合高强薄型空心管时,其工程量应扣除管所占的体积,复合高强薄型空心管应包括在报价内。采用轻质材料浇筑在有梁板内时,轻质材料应包括在报价内。

【例3-10】 如图3-19所示为某房屋二层结构平面图。已知一层板顶标高为3.0 m,二层板顶标高为6.0 m,现浇板厚100 mm,各构件混凝土强度等级为C25,断面尺寸见表3-37。试计算二层各钢筋混凝土构件的工程量,编制工程量清单。

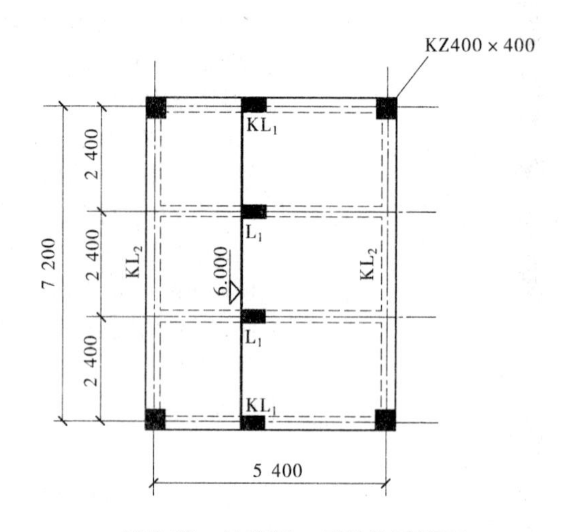

图3-19 某房屋二层结构平面图

表3-37 构件尺寸

构件名称	构件尺寸
KZ	400 mm×400 mm
KL_1	宽×高=250 mm×500 mm
KL_2	宽×高=300 mm×650 mm
L_1	宽×高=250 mm×400 mm

解 (1)矩形柱(KZ)。

矩形柱工程量=柱断面面积×柱高×根数=0.4×0.4×(6−3)×4 =1.92(m^3)

(2)矩形梁(KL_1、KL_2、L_1)。

矩形梁工程量=梁断面面积×梁长×根数

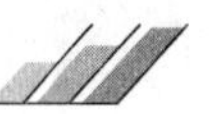

KL_1 工程量 $=0.25\times(0.5-0.1)\times(5.4-0.2\times2)\times2=1.00(m^3)$

KL_2 工程量 $=0.3\times(0.65-0.1)\times(7.2-0.2\times2)\times2=2.24(m^3)$

L_1 工程量 $=0.25\times(0.4-0.1)\times(5.4+0.2\times2-0.3\times2)\times2=0.78(m^3)$

矩形梁工程量 $=KL_1$ 工程量 $+KL_2$ 工程量 $+L_1$ 工程量

$=1.0+2.24+0.78=4.02(m^3)$

(3)平板。

平板工程量 = 板长 × 板宽 × 板厚 − 柱所占体积

$=(7.2+0.2\times2)\times(5.4+0.2\times2)\times0.1-0.4\times0.4\times0.1\times4$

$=4.408-0.064=4.34(m^3)$

(4)编制工程量清单见表3-38。

表3-38 清单项目表

序号	项目编码	项目名称	项目特征描述	计量单位	工程数量
1	010502001001	现浇混凝土矩形柱	柱高3 m,断面尺寸为400 mm×400 mm,C25商品混凝土	m^3	1.92
2	010503002001	现浇混凝土矩形梁	断面尺寸为250 mm×500 mm,C25商品混凝土	m^3	1.00
3	010503002002	现浇混凝土矩形梁	断面尺寸为300 mm×650 mm,C25商品混凝土	m^3	2.24
4	010503002003	现浇混凝土矩形梁	断面尺寸为250 mm×400 mm,C25商品混凝土	m^3	0.78
5	010505003001	现浇混凝土平板	板厚为100 mm,C25商品混凝土	m^3	4.34

【例3-11】 接例3-10,如图3-20所示,若屋面设计为挑檐,混凝土强度C20,试计算其挑檐工程量清单及报价。

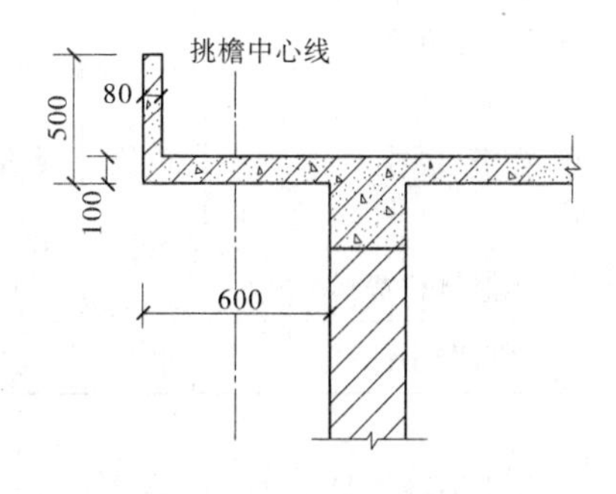

图3-20 挑檐剖面图

解 挑檐工程量 = 挑檐断面面积 × 挑檐长度

从图 3-20 可以看出,挑檐工程量应计算挑檐平板及挑檐立板两部分。而这两部分的计算长度不同,故应分别计算。

外墙外边线长 $=(5.4+0.2\times2+7.2+0.2\times2)\times2=26.8(\mathrm{m})$

挑檐平板工程量 $=0.6\times0.1\times(26.8+\frac{0.6}{2}\times8)=0.6\times0.1\times29.2=1.75(\mathrm{m}^3)$

挑檐立板工程量 $=(0.5-0.1)\times0.08\times[26.8+(0.6-\frac{0.08}{2})\times8]$

$=0.4\times0.08\times31.28=1.0(\mathrm{m}^3)$

挑檐工程量 = 挑檐平板工程量 + 挑檐立板工程量 $=1.75+1.0=2.75(\mathrm{m}^3)$

混凝土挑檐工程量清单见表 3-39,报价见表 3-40。

表 3-39　混凝土挑檐工程量清单

序号	项目编码	项目名称	项目特征描述	计量单位	工程数量
1	010505007001	混凝土挑檐	挑檐,混凝土强度 C20,深 1 800 mm	m^3	2.75

表 3-40　混凝土挑檐清单综合单价分析

项目编码	010505007001	项目名称		混凝土挑檐				计量单位	m^3	工程量	2.75
清单综合单价组成明细											
定额编号	定额项目名称	定额单位	数量	单价				合价			
				人工费	材料费	机械费	管理费和利润	人工费	材料费	机械费	管理费和利润
A4－40 换	混凝土挑檐天沟:现浇碎石混凝土,C15－31.5,换:现浇碎石混凝土,粒径 20 mm,C20	10 m^3	0.275	1 918.35	2 113.15	276.73	511.50	527.55	581.12	76.10	140.66
人工单价		小计						527.55	581.12	76.10	140.66
87 元/工日		未计价材料费									
清单项目综合单价								481.97			
材料费明细	主要材料名称、规格、型号					单位	数量	单价(元)	合价(元)	暂估单价(元)	暂估合价(元)
	其他材料费							—	211.32	—	
	材料费小计							—	211.32	—	

6　现浇混凝土楼梯(编码 010506)

现浇混凝土楼梯项目包括直形楼梯和弧形楼梯两个清单项目,现浇混凝土楼梯工程

量清单项目设置及工程量计算规则如表3-41所示。

表3-41 现浇混凝土楼梯(编码010506)

项目编码	项目名称	项目特征	计量单位	工程量计算规则	工作内容
010506001	直形楼梯	1. 混凝土类别 2. 混凝土强度等级	1. m^2 2. m^3	1. 以平方米计量,按设计图示尺寸以水平投影面积计算。不扣除宽度≤500 mm的楼梯井,伸入墙内部分不计算 2. 以立方米计量,按设计图示尺寸以体积计算	1. 模板及支架(撑)制作、安装、拆除、堆放、运输及清理模内杂物、刷隔离剂等 2. 混凝土制作、运输、浇筑、振捣、养护
010506002	弧形楼梯				

注意:(1)水平投影面积包括休息平台、平台梁、斜梁以及楼梯与楼板连接的梁。当整体楼梯与现浇楼板无梯梁连接时,以楼梯的最后一个踏步边缘加300 mm为界。

(2)当楼梯各层水平投影面积相等时,楼梯工程量为

$$楼梯工程量 = L \times B \times 楼梯层数 - 各层梯井所占面积(梯井宽 > 500\ mm时) \quad (3\text{-}21)$$

式中,L为梯间净长度,m;B为梯间净宽度,m。

(3)单跑楼梯的工程量计算与直形楼梯、弧形楼梯的工程量计算相同,单跑楼梯如无中间休息平台,应在工程量清单中进行描述。

7 现浇混凝土其他构件(编码010507)

现浇混凝土其他构件项目包括散水、坡道,电缆沟、地沟,台阶,扶手、压顶,化粪池底、壁、顶,检查井底、壁、顶和其他构件十一个清单项目,现浇混凝土其他构件工程量清单项目设置及工程量计算规则如表3-42所示。

表3-42 现浇混凝土其他构件(编码010507)

项目编码	项目名称	项目特征	计量单位	工程量计算规则	工作内容
010507001	散水、坡道	1. 垫层材料种类、厚度 2. 面层厚度 3. 混凝土类别 4. 混凝土强度等级 5. 变形缝填塞材料种类	m^2	以平方米计量,按设计图示尺寸以面积计算。不扣除单个≤0.3 m^2的孔洞所占面积	1. 地基夯实 2. 铺设垫层 3. 模板及支撑制作、安装、拆除、堆放、运输及清理模内杂物、刷隔离剂等 4. 混凝土制作、运输、浇筑、振捣、养护 5. 变形缝填塞

续表 3-42

项目编码	项目名称	项目特征	计量单位	工程量计算规则	工作内容
010507002	电缆沟、地沟	1. 土壤类别 2. 沟截面净空尺寸 3. 垫层材料种类、厚度 4. 混凝土类别 5. 混凝土强度等级 6. 防护材料种类	m	以米计量,按设计图示以中心线长计算	1. 挖填、运土石方 2. 铺设垫层 3. 模板及支撑制作、安装、拆除、堆放、运输及清理模内杂物、刷隔离剂等 4. 混凝土制作、运输、浇筑、振捣、养护 5. 刷防护材料
010507003	台阶	1. 踏步高宽比 2. 混凝土类别 3. 混凝土强度等级	1. m^2 2. m^3	1. 以平方米计量,按设计图示尺寸水平投影面积计算 2. 以立方米计量,按设计图示尺寸以体积计算	1. 模板及支撑制作、安装、拆除、堆放、运输及清理模内杂物、刷隔离剂等 2. 混凝土制作、运输、浇筑、振捣、养护
010507004	扶手、压顶	1. 断面尺寸 2. 混凝土类别 3. 混凝土强度等级	1. m 2. m^3	1. 以米计量,按设计图示的延长米计算 2. 以立方米计量,按设计图示尺寸以体积计算	1. 模板及支架(撑)制作、安装、拆除、堆放、运输及清理模内杂物、刷隔离剂等 2. 混凝土制作、运输、浇筑、振捣、养护
010507005	化粪池底	1. 混凝土强度等级 2. 防水、抗渗要求	m^3	按设计图示尺寸以体积计算。不扣除构件内钢筋、预埋铁件所占体积	1. 模板及支架(撑)制作、安装、拆除、堆放、运输及清理模内杂物、刷隔离剂等 2. 混凝土制作、运输、浇筑、振捣、养护
010507006	化粪池壁				
010507007	化粪池顶				
010507008	检查井底				
010507009	检查井壁				
010507010	检查井顶				
010507011	其他构件	1. 构件的类型 2. 构件规格 3. 部位 4. 混凝土类别 5. 混凝土强度等级	m^3		

注意:(1)扶手、压顶按长度(包括伸入墙内的长度)计算,计量单位为 m。

(2)台阶按水平投影面积计算,计量单位为m^2。台阶与平台连接时,其分界线以最上层踏步外沿加300 mm计算。

(3)小型池槽、门框等按设计图示尺寸以体积计算,计量单位为m^3。不扣除构件内钢筋、预埋铁件等所占体积。

(4)散水、坡道、电缆沟、地沟需抹灰时,其费用应包含在报价内。

【例3-12】 如图3-21所示为某房屋平面图及台阶示意图,试计算其C15混凝土台阶和散水清单工程量。

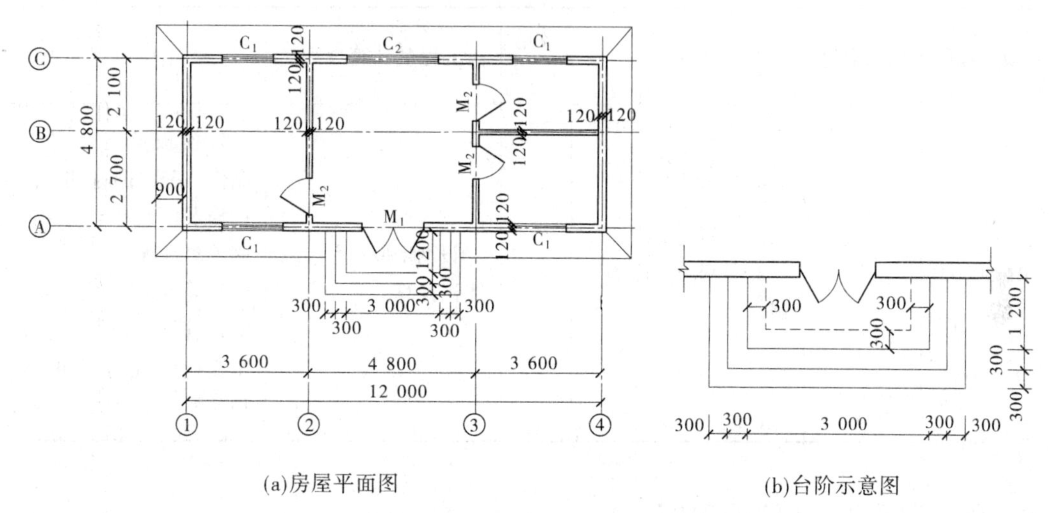

(a)房屋平面图　　(b)台阶示意图

图3-21 某房屋平面图及台阶示意图

解 (1)台阶工程量。

由图3-21(a)可以看出,台阶与平台相连,故台阶应算至最上一层踏步外沿300 mm,如图3-21(b)所示。

台阶工程量 = 水平投影面积

$= (3.0+0.3\times4)\times(1.2+0.3\times2)-(3.0-0.3\times2)\times(1.2-0.3)$

$= 7.56-2.16=5.40(m^2)$

(2)散水工程量。

散水工程量 = 散水中心线长 × 散水宽 − 台阶所占面积

$= (12+0.24+0.45\times2+4.8+0.24+0.45\times2)\times2\times0.9-$

$(3+0.3\times4)\times0.9$

$= 38.16\times0.9-4.2\times0.9=30.56(m^2)$

台阶、散水工程量清单见表3-43。

表3-43 台阶、散水工程量清单

序号	项目编码	项目名称	项目特征描述	计量单位	工程数量
1	010507001001	混凝土散水	垫层3:7灰土,混凝土强度C20,宽度900 mm	m^2	30.56
2	010507003001	混凝土台阶	台阶宽300 mm,高150 mm, 混凝土强度C20	m^2	5.40

8 后浇带(编码010508)

后浇带是一种刚性变形缝,适用于不允许留设柔性变形缝的部位。后浇带的浇筑应待两侧结构的主体混凝土干缩变形稳定后进行。后浇带项目适用于基础(满堂式)、梁、墙、板的后浇带,一般宽在700~1 000 mm。后浇带工程量清单项目设置及工程量计算规则如表3-44所示。

表3-44 后浇带(编码010508)

项目编码	项目名称	项目特征	计量单位	工程量计算规则	工作内容
010508001	后浇带	1. 混凝土类别 2. 混凝土强度等级	m^3	设计图示尺寸以体积计算	1. 模板及支架(撑)制作、安装、拆除、堆放、运输及清理模内杂物、刷隔离剂等 2. 混凝土制作、运输、浇筑、振捣、养护及混凝土交接面、钢筋等的清理

9 预制混凝土柱(编码010509)

预制混凝土柱项目包括矩形柱和异形柱两个清单项目,预制混凝土柱工程量清单项目设置及工程量计算规则如表3-45所示。

表3-45 预制混凝土柱(编码010509)

项目编码	项目名称	项目特征	计量单位	工程量计算规则	工作内容
010509001	矩形柱	1. 图代号 2. 单件体积 3. 安装高度 4. 混凝土强度等级 5. 砂浆强度等级、配合比	1. m^3 2. 根	1. 以立方米计量,按设计图示尺寸以体积计算。不扣除构件内钢筋、预埋铁件所占体积 2. 以根计量,按设计图示尺寸以数量计算	1. 构件安装 2. 砂浆制作、运输 3. 接头灌缝、养护
010509002	异形柱				

注意:预制构件的制作、运输、安装、接头灌缝等工序的费用都应包括在相应项目的报价内,不需分别编码列项。但其吊装机械(如履带式起重机、塔式起重机等)不应包含在内,应列入措施项目费。

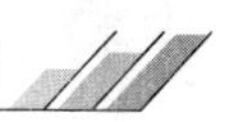

10　预制混凝土梁(编码010510)

预制混凝土梁项目包括矩形梁、异形梁、过梁、拱形梁、鱼腹式吊车梁、风道梁六个清单项目,预制混凝土梁工程量清单项目设置及工程量计算规则如表3-46所示。

表3-46　预制混凝土梁(编码010510)

项目编码	项目名称	项目特征	计量单位	工程量计算规则	工作内容
010510001	矩形梁	1. 图代号 2. 单件体积 3. 安装高度 4. 混凝土强度等级 5. 砂浆强度等级、配合比	1. m^3 2. 根	1. 以立方米计量,按设计图示尺寸以体积计算。不扣除构件内钢筋、预埋铁件所占体积 2. 以根计量,按设计图示尺寸以数量计算	1. 构件安装 2. 砂浆制作、运输 3. 接头灌缝、养护
010510002	异形梁				
010510003	过梁				
010510004	拱形梁				
010510005	鱼腹式吊车梁				
010510006	风道梁				

11　预制混凝土屋架(编码010511)

预制混凝土屋架项目包括折线型屋架、组合屋架、薄腹屋架、门式刚架屋架、天窗架屋架五个清单项目,预制混凝土屋架工程量清单项目设置及工程量计算规则如表3-47所示。

表3-47　预制混凝土屋架(编码010511)

项目编码	项目名称	项目特征	计量单位	工程量计算规则	工作内容
010511001	折线型屋架	1. 图代号 2. 单件体积 3. 安装高度 4. 混凝土强度等级 5. 砂浆强度等级、配合比	1. m^3 2. 榀	1. 以立方米计量,按设计图示尺寸以体积计算。不扣除构件内钢筋、预埋铁件所占体积 2. 以榀计量,按设计图示尺寸以数量计算	1. 构件安装 2. 砂浆制作、运输 3. 接头灌缝、养护
010511002	组合屋架				
010511003	薄腹屋架				
010511004	门式刚架屋架				
010511005	天窗架屋架				

注意:组合屋架中钢杆件应按金属结构工程中相应项目编码列项,工程量按质量以"吨"计算。

12　预制混凝土板(编码010512)

预制混凝土板项目包括平板,空心板,槽形板,网架板,折线板,带肋板,大型板,沟盖板、井盖板、井圈八个清单项目,预制混凝土板工程量清单项目设置及工程量计算规则如表3-48所示。

表 3-48　预制混凝土板(编码 010512)

项目编码	项目名称	项目特征	计量单位	工程量计算规则	工作内容
010512001	平板	1. 图代号 2. 单件体积 3. 安装高度 4. 混凝土强度等级 5. 砂浆强度等级、配合比	1. m^3 2. 块	1. 以立方米计量,按设计图示尺寸以体积计算。不扣除构件内钢筋、预埋铁件及单个尺寸≤300 mm×300 mm 的孔洞所占体积,扣除空心板空洞体积 2. 以块计量,按设计图示尺寸以"数量"计算	1. 构件安装 2. 砂浆制作、运输 3. 接头灌缝、养护
010512002	空心板				
010512003	槽形板				
010512004	网架板				
010512005	折线板				
010512006	带肋板				
010512007	大型板				
010512008	沟盖板、井盖板、井圈	1. 单件体积 2. 安装高度 3. 混凝土强度等级 4. 砂浆强度等级、配合比	1. m^3 2. 块(套)	1. 以立方米计量,按设计图示尺寸以体积计算,不扣除构件内钢筋、预埋铁件所占体积 2. 以块计量,按设计图示尺寸以"数量"计算	1. 构件安装 2. 砂浆制作、运输 3. 接头灌缝、养护

注意:(1)项目特征内的构件标高(如梁底标高、板底标高等)、安装高度,不需要每个构件都注上标高和高度,而是要求选择关键部件注明,以便投标人选择吊装机械和垂直运输机械。

(2)同类型同规格的预制混凝土板、沟盖板,其工程量可按数量计,计量单位为"块";同类型同规格的混凝土井圈、井盖板,工程量可按数量计,计量单位为"套"。

13　预制混凝土楼梯(编码 010513)

预制混凝土楼梯项目包括梯板、休息平台,以及梯梁,其工程量清单项目设置及工程量计算规则如表 3-49 所示。

表 3-49　预制混凝土楼梯(编码 010513)

项目编码	项目名称	项目特征	计量单位	工程量计算规则	工作内容
010513001	楼梯	1. 楼梯类型 2. 单件体积 3. 混凝土强度等级 4. 砂浆强度等级	1. m^3 2. 块	1. 以立方米计量,按设计图示尺寸以体积计算。不扣除构件内钢筋、预埋铁件所占体积,扣除空心踏步板空洞体积 2. 以块计量,按设计图示数量计算	1. 构件安装 2. 砂浆制作、运输 3. 接头灌缝、养护

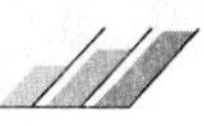

14 其他预制构件(编码010514)

其他预制构件项目包括垃圾道、通风道、烟道,其他构件,水磨石构件三个清单项目,其中“其他构件”指的是预制小型池槽、压顶、扶手、垫块、隔热板、花格等构件。其他预制构件工程量清单项目设置及工程量计算规则如表3-50所示。

表3-50 其他预制构件(编码010514)

项目编码	项目名称	项目特征	计量单位	工程量计算规则	工作内容
010514001	垃圾道、通风道、烟道	1. 单件体积 2. 混凝土强度等级 3. 砂浆强度等级	1. m^3 2. m^2 3. 根(块)	1. 以立方米计量,按设计图示尺寸以体积计算。不扣除构件内钢筋、预埋铁件及单个面积≤300 mm×300 mm的孔洞所占体积,扣除烟道、垃圾道、通风道的孔洞所占体积 2. 以平方米计量,按设计图示尺寸以面积计算。不扣除构件内钢筋、预埋铁件及单个面积≤300 mm×300 mm的孔洞所占面积 3. 以根计量,按设计图示尺寸数量计算	1. 构件安装 2. 砂浆制作、运输 3. 接头灌缝、养护 4. 酸洗、打蜡
010514002	其他构件	1. 单件体积 2. 构件的类型 3. 混凝土强度等级 4. 砂浆强度等级			
010514003	水磨石构件	1. 构件的类型 2. 单件体积 3. 水磨石面层厚度 4. 混凝土强度等级 5. 水泥石子浆配合比 6. 石子品种、规格、颜色 7. 酸洗、打蜡要求			

15 钢筋工程(编码010515)

钢筋工程项目包括现浇构件钢筋、钢筋网片、钢筋笼、先张法预应力钢筋、后张法预应力钢筋、预应力钢丝、预应力钢绞线、支撑钢筋(铁马)、声测管九个清单项目,钢筋工程工程量清单项目设置及工程量计算规则如表3-51所示。

表3-51 钢筋工程(编码010515)

项目编码	项目名称	项目特征	计量单位	工程量计算规则	工作内容
010515001	现浇构件钢筋	钢筋种类、规格	t	按设计图示钢筋(网)长度(面积)乘以单位理论质量计算	1. 钢筋制作、运输 2. 钢筋安装 3. 焊接
010515002	钢筋网片				1. 钢筋网制作、运输 2. 钢筋网安装 3. 焊接
010515003	钢筋笼				1. 钢筋笼制作、运输 2. 钢筋笼安装 3. 焊接

续表 3-51

项目编码	项目名称	项目特征	计量单位	工程量计算规则	工作内容
010515004	先张法预应力钢筋	1. 钢筋种类、规格 2. 锚具种类	t	按设计图示钢筋长度乘以单位理论质量计算	1. 钢筋制作、运输 2. 钢筋张拉
010515005	后张法预应力钢筋	1. 钢筋种类、规格 2. 钢丝种类、规格 3. 钢绞线种类、规格 4. 锚具种类 5. 砂浆强度等级		按设计图示钢筋(丝束、绞线)长度乘以单位理论质量计算。 1. 低合金钢筋两端均采用螺杆锚具时,钢筋长度按孔道长度减 0.35 m 计算,螺杆另行计算 2. 低合金钢筋一端采用墩头插片、另一端采用螺杆锚具时,钢筋长度按孔道长度计算,螺杆另行计算 3. 低合金钢筋一端采用墩头插片、另一端采用帮条锚具时,钢筋增加 0.15 m 计算;两端均采用帮条锚具时,钢筋长度按孔道长度增加 0.3 m 计算 4. 低合金钢筋采用后张混凝土自锚时,钢筋长度按孔道长度增加 0.35 m 计算 5. 低合金钢筋(钢绞线)采用 JM、XM、QM 型锚具,孔道长度≤20 m 时,钢筋长度增加 1 m 计算,孔道长度>20 m时,钢筋长度增加 1.8 m 计算 6. 碳素钢丝采用锥形锚具,孔道长度≤20 m 时,钢丝束长度按孔道长度增加 1 m 计算,孔道长度 >20 m 时,钢丝束长度按孔道长度增加 1.8 m 计算 7. 碳素钢丝采用镦头锚具时,钢丝束长度按孔道长度增加 0.35 m 计算	1. 钢筋、钢丝、钢绞线制作、运输 2. 钢筋、钢丝、钢绞线安装 3. 预埋管孔道铺设 4. 锚具安装 5. 砂浆制作、运输 6. 孔道压浆、养护
010515006	预应力钢丝				
010515007	预应力钢绞线				
010515008	支撑钢筋(铁马)	1. 钢筋种类 2. 规格		按钢筋长度乘以单位理论质量计算	钢筋制作、焊接、安装
010515010	声测管	1. 材质 2. 规格型号		按设计图示尺寸质量计算	1. 检测管截断、封头 2. 套管制作、焊接 3. 定位、固定

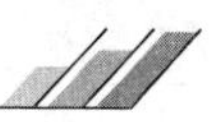

15.1 现浇及预制构件钢筋计算

15.1.1 钢筋长度

钢筋长度可按式(3-22)计算:

$$钢筋长度=构件支座间净长度+应增加长度 \quad (3\text{-}22)$$

式中,应增加长度指钢筋弯钩、弯起、锚固和搭接等应增加的长度。

15.1.1.1 钢筋弯钩增加长度

钢筋弯钩增加长度应根据钢筋弯钩形状来确定,如图3-22所示。

(1)半圆弯钩增加长度:$6.25d$(d为纵筋直径);

(2)直弯钩增加长度:Ⅰ级钢筋弯曲直径取$2.5d$时,为$3.5d$;Ⅱ级钢筋弯曲直径取$4d$时,为$3.9d$;

(3)斜弯钩增加长度:Ⅰ级钢筋弯曲直径取$2.5d$时,为$4.9d$;Ⅱ级钢筋弯曲直径取$4d$时,为$5.9d$。

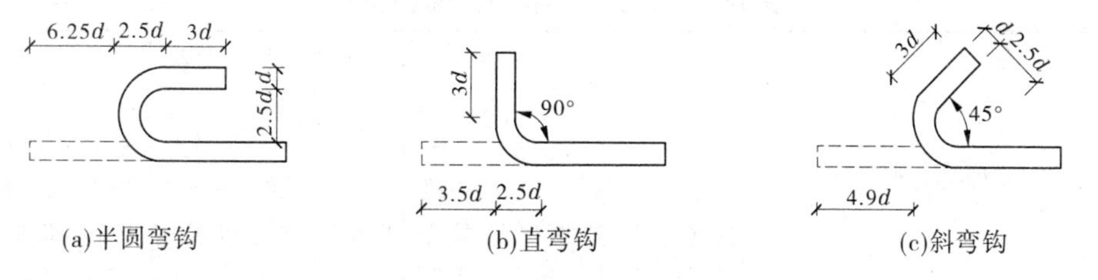

图3-22 钢筋弯钩示意图

15.1.1.2 弯起钢筋增加长度

弯起钢筋增加长度应根据弯起的角度α和弯起的高度h计算求出:

(1)当$\alpha=30°$时,弯起钢筋增加长度$=0.268h$;

(2)当$\alpha=45°$时,弯起钢筋增加长度$=0.414h$;

(3)当$\alpha=60°$时,弯起钢筋增加长度$=0.577h$。

15.1.1.3 钢筋锚固长度

为了满足受力需要,埋入支座的钢筋必须具有足够的长度,此长度称为钢筋的锚固长度。锚固长度的大小,应依实际设计内容按表3-52及表3-53的规定确定。

表3-52 受拉钢筋的最小锚固长度 l_a (单位:mm)

钢筋种类		混凝土强度等级									
		C20		C25		C30		C35		≥C40	
		$d\le25$	$d>25$	$d\le25$	$d>25$	$d\le25$	$d>25$	$d\le25$	$d>25$	$d\le25$	$d>25$
HPB235	普通钢筋	$31d$	$31d$	$27d$	$27d$	$24d$	$24d$	$22d$	$22d$	$20d$	$20d$
HRB335	普通钢筋	$39d$	$42d$	$34d$	$37d$	$30d$	$33d$	$27d$	$30d$	$25d$	$27d$
	环氧树脂涂层钢筋	$48d$	$53d$	$42d$	$46d$	$37d$	$41d$	$34d$	$37d$	$31d$	$34d$

续表 3-51

钢筋种类		混凝土强度等级									
		C20		C25		C30		C35		≥C40	
		$d \leqslant 25$	$d>25$	$d \leqslant 25$	$d>25$	$d \leqslant 25$	$d>25$	$d \leqslant 25$	$d>25$	$d \leqslant 25$	$d>25$
HRB400 RRB400	普通钢筋	46d	51d	40d	44d	36d	39d	33d	36d	30d	33d
	环氧树脂涂层钢筋	58d	63d	50d	55d	45d	49d	41d	45d	37d	41d

注:1. 表中 d 指钢筋直径。

2. 当弯锚时,有些部位的锚固长度≥$0.4l_{aE}+15d$,见 16G101—1 图集中各类构件的标准构造详图。

3. 当钢筋在混凝土施工中易受扰动(如滑模施工)时,其锚固长度应乘以修正系数 1.1。

4. 在任何情况下,锚固长度不得小于 250 mm。

5. HPB235 钢筋为受拉时,其末端应做成 180°弯钩,弯钩平直段长度不应小于 3d。当为受压时,可不做弯钩。

表 3-53　纵向受拉钢筋抗震锚固长度 l_{aE}

钢筋种类与直径			混凝土强度等级与抗震等级									
			C20		C25		C30		C35		≥C40	
			一、二级抗震等级	三级抗震等级	一、二级抗震等级	三级抗震等级	一、二级抗震等级	三级抗震等级	一、二级抗震等级	三级抗震等级	一、二级抗震等级	三级抗震等级
HPB235	普通钢筋		36d	33d	31d	28d	27d	25d	25d	23d	23d	21d
HRB335	普通钢筋	$d \leqslant 25$ mm	44d	41d	38d	35d	34d	31d	31d	29d	29d	26d
		$d>25$ mm	49d	45d	42d	39d	38d	34d	34d	31d	32d	29d
	环氧树脂涂层钢筋	$d \leqslant 25$ mm	55d	51d	48d	44d	43d	39d	39d	36d	36d	33d
		$d>25$ mm	61d	56d	53d	48d	47d	43d	43d	39d	39d	36d
HRB400 RRB400	普通钢筋	$d \leqslant 25$ mm	53d	49d	46d	42d	41d	37d	37d	34d	34d	31d
		$d>25$ mm	58d	53d	51d	46d	45d	41d	41d	38d	38d	34d
	环氧树脂涂层钢筋	$d \leqslant 25$ mm	66d	61d	57d	53d	51d	47d	47d	43d	43d	39d
		$d>25$ mm	73d	67d	63d	58d	56d	51d	51d	47d	47d	43d

注:1. 四级抗震等级,$l_{aE}=l_a$。

2. 当弯锚时,有些部位的锚固长度≥$0.4l_{aE}+15d$,见 16G101—1 图集中各类构件的标准构造详图。

3. 当 HRB335、HRB400 和 RRB400 级纵向受拉钢筋末端采用机械锚固措施时,包括附加锚固端头在内的锚固长度可取表 3-52 和表 3-53 中锚固长度的 70%。机械锚固的形式及构造要求见 16G101—1 图集中的详图。

4. 当钢筋在混凝土施工中易受扰动(如滑模施工)时,其锚固长度应乘以修正系数 1.1。

5. 在任何情况下,锚固长度不得小于 250 mm。

15.1.1.4 钢筋接头及搭接长度

钢筋按外形分有光面圆钢筋、螺纹钢筋、钢丝和钢绞线。其中,光面圆钢筋中10 mm以内的钢筋为盘条钢筋;10 mm以外及螺纹钢筋为直条钢筋,长度为6~12 m。也就是说,当构件设计长度较长时,10 mm以内的圆钢筋,可以按设计要求长度下料,但10 mm以外的圆钢筋及螺纹钢筋就需要接头了。钢筋的接头方式有:绑扎连接、焊接和机械连接。规范规定:受力钢筋的接头应优先采用焊接或机械连接。焊接的方法有闪光对焊、电弧焊、电渣压力焊等;机械连接的方法有钢筋套筒挤压连接、锥螺纹套筒连接。

计算钢筋工程量时,设计已规定钢筋搭接长度,按相关规范规定的搭接长度计算的,见表3-54和表3-55;设计未规定钢筋搭接长度的(如焊接接头长度,双面焊接$5d$,单面焊接$10d$),已包括在钢筋的损耗率之内,不另计算搭接长度。钢筋电渣压力焊接、套筒挤压等接头,以"个"计算。

表3-54 纵向受拉钢筋绑扎搭接长度l_{lE}、l_l

抗震	非抗震
$l_{lE}=\xi l_{aE}$	$l_l=\xi l_a$

注:1. 当不同直径的钢筋搭接时,其l_{lE}与l_l值按较小的直径计算。

2. 在任何情况下,l_l不得小于300 mm。

3. 式中ξ为搭接长度修正系数,见表3-55。

表3-55 纵向受拉钢筋搭接长度修正系数ζ

纵向受拉钢筋搭接接头面积百分率(%)	≤25	50	100
ξ	1.2	1.4	1.6

15.1.2 箍筋长度

箍筋长度可按式(3-23)计算:

$$箍筋长度=单根箍筋长度\times箍筋根数 \tag{3-23}$$

15.1.2.1 单根箍筋长度计算

单根箍筋长度与箍筋的设置形式有关。箍筋常见的设置形式有双肢箍、四肢箍及螺旋箍。

1. 双肢箍

单根箍筋长度=(构件截面宽-受力筋混凝土保护层厚度×2+箍筋直径)+
(构件截面高-受力筋混凝土保护层厚度×2+箍筋直径)]×2+
箍筋两个弯钩增加长度
=构件断面外边周长-8×受力筋混凝土保护层厚度+
4×箍筋直径+箍筋两个弯钩增加长度 (3-24)

式中,受力筋混凝土保护层厚度是指受力钢筋外边缘至混凝土表面的距离,见表3-56。

箍筋每个弯钩增加长度见表3-57。

表 3-56　受力筋混凝土保护层最小厚度　（单位:mm）

环境类别		墙、板、壳			梁			柱		
		≤C20	C25 ~ C45	≥C50	≤C20	C25 ~ C45	≥C50	≤C20	C25 ~ C45	≥C50
一		20	15	15	30	25	25	30	30	30
二	a		20	20		30	30		30	30
	b		25	20		35	30		35	30
三			30	25		40	35		40	35

注:1. 基础中纵向受力钢筋的混凝土保护层厚度不应小于 40 mm;当无垫层时,不应小于 70 mm。
2. 墙、板、壳中分布钢筋的保护层厚度不应小于表 3-56 中相应数值减 10 mm,且不应小于 10 mm;梁中箍筋和构造钢筋的保护层厚度不应小于 15 mm。
3. 当梁、柱中纵向受力钢筋的混凝土保护层厚度大于 40 mm 时,应对保护层采取有效的防裂构造措施。
4. 处于二、三类环境中的悬臂板,其上表面应采取有效的保护措施。环境类别划分见表 3-58。
5. 对有防火要求的建筑物,其混凝土保护层厚度尚应符合国家现行有关标准的要求。
6. 处于四、五类环境的建筑物,其混凝土保护层厚度尚应符合国家现行有关标准的要求。

表 3-57　箍筋每个弯钩增加长度

弯钩形式		180°	90°	135°
弯钩增加值	一般结构	8.25d	5.5d	6.87d
	有抗震等要求结构			11.87d

表 3-58　混凝土结构的环境类别

环境类别		条　件
一		室内正常环境
二	a	室内潮湿环境;非严寒和非寒冷地区的露天环境、与无侵蚀性的水或土壤直接接触的环境
	b	严寒和寒冷地区的露天环境、与无侵蚀性的水或土壤直接接触的环境
三		室内潮湿环境;严寒和寒冷地区的冬季水位变动的环境;冰海室外环境
四		海水环境
五		受人为或自然的侵蚀性物质影响的环境

注:1. 严寒地区:累年最冷月平均温度低于或等于 -10 ℃的地区。
2. 寒冷地区:累年最冷月平均温度高于 -10 ℃、低于或等于 0 ℃的地区。

在实际工作中,为简化计算,箍筋长度也可按构件周长计算,既不加弯钩长度,也不减混凝土保护层厚度。

2. 四肢箍

四肢箍即两个双肢箍,其长度与构件纵向钢筋根数及其排列有关。当纵向钢筋每侧为四根时,可按式(3-25):

四肢箍长度 = 一个双肢箍长度 ×2

$$= \{[(构件宽度 - 两端混凝土保护层厚度) \times \frac{2}{3} + 构件高度 - 两端混凝土保护层厚度] \times 2 + 箍筋两个弯钩增加长度)\} \times 2 + 8 \times 箍筋直径 \quad (3\text{-}25)$$

3. 螺旋箍

$$螺旋箍长度 = \sqrt{(螺距)^2 + (3.14 \times 螺旋直径)^2} \times 螺旋直径 \quad (3\text{-}26)$$

15.1.2.2　箍筋根数的计算

箍筋根数的多少与构件的长短及箍筋的间距有关。箍筋既可等间距设置,也可在局部范围内加密。无论采用何种设置方式,计算方法是一样的,其计算式可表示为

$$箍筋根数 = \frac{箍筋设置区域的长度}{箍筋设置间距} + 1 \quad (3\text{-}27)$$

当箍筋在构件中等间距设置时,箍筋设置区域的长度为

$$箍筋设置区域的长度 = 构件长度 - 两端混凝土保护层厚度 \quad (3\text{-}28)$$

【例3-13】　如图3-23所示为某房屋标准层结构平面图。已知板的混凝土强度等级为C25,板厚为100 mm,正常环境下使用。试计算板内钢筋工程量清单及报价。(板中未注明分布钢筋按Φ 6@200计算)

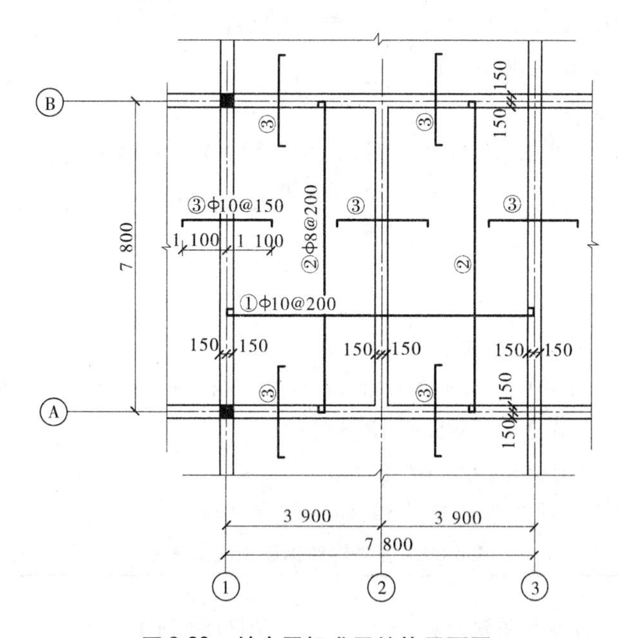

图3-23　某房屋标准层结构平面图

解　通过对图3-23分析可知,板中共需配置3种钢筋:①号、②号受力钢筋,③号负弯矩筋,按构造要求在③号负弯矩筋下设置分布钢筋。

(1)①号钢筋(Φ10@200)长度。

①号钢筋(Φ10)每根长度=轴线长+两个弯钩长

$$=3.9\times2+6.25\times0.01\times2=7.93(\text{m})$$

①号钢筋(Φ10)的根数 $=\dfrac{7.8-0.15\times2-0.05\times2}{0.2}+1\approx38$(根)

①号钢筋(Φ10)总长 $=7.93\times38=301.34(\text{m})$

(2)②号钢筋(Φ8@200)长度。

②号钢筋(Φ8)每根长度 $=7.8+2\times6.25\times0.008=7.9(\text{m})$

②号钢筋(Φ8)的根数 $=\dfrac{3.9-0.15\times2-0.05\times2}{0.2}+1\approx19$(根)

②号钢筋(Φ8)总长 $=7.9\times19\times2=300.2(\text{m})$

(3)③号钢筋(Φ10@150)长度。

③号钢筋(Φ10)每根长度=直长度+两个弯钩长度

弯钩长度=板厚-板上部混凝土保护层厚度

③号钢筋(Φ10)每根长度 $=1.1\times2+2\times(0.1-0.015)=2.2+0.17=2.37(\text{m})$

③号钢筋(Φ10)根数 $=\left(\dfrac{7.8-0.15\times2-0.05\times2}{0.15}+1\right)\times3+$

$$\left(\dfrac{3.9-0.15\times2-0.05\times2}{0.15}+1\right)\times2\times2$$

$$\approx(49+1)\times3+(23+1)\times2\times2$$

$$\approx246(\text{根})$$

③号钢筋(Φ10)总长 $=2.37\times246=583.02(\text{m})$

(4)分布钢筋(Φ6@200)长度。

分布钢筋不设弯钩,则

分布钢筋(Φ6)每根长度 $=7.8-(1.1-0.15)\times2+0.15\times2=6.2(\text{m})$

分布钢筋(Φ6)根数 $=\left(\dfrac{1.1-0.15-0.05}{0.2}+1\right)\times2\times5=(4+1)\times2\times5=50$(根)

分布钢筋(Φ6)总长 $=6.2\times50=310(\text{m})$

(5)计算钢筋质量。

钢筋质量=钢筋总长×钢筋每米长质量

Φ10钢筋质量 $=(301.34+583.02)\times0.617=884.36\times0.617=545.65(\text{kg})$

Φ8钢筋质量 $=300.2\times0.395=118.58(\text{kg})$

Φ6钢筋质量 $=310\times0.222=68.82(\text{kg})$

现浇构件钢筋工程量清单见表3-59,报价见表3-60。

表3-59 现浇构件钢筋工程量清单

序号	项目编码	项目名称	项目特征描述	计量单位	工程数量
1	010515001001	现浇构件钢筋	Ⅰ级钢筋,钢筋规格Φ10以内	t	0.733

表 3-60　现浇构件钢筋清单综合单价分析

项目编码	010515001001	项目名称		现浇构件钢筋				计量单位	t	工程量	0.733
清单综合单价组成明细											
定额编号	定额项目名称	定额单位	数量	单价				合价			
				人工费	材料费	机械费	管理费和利润	人工费	材料费	机械费	管理费和利润
A4－418	现浇构件螺纹钢筋，Φ10以内	t	0.733	1 773.05	3 330.45	82.94	649.70	1 299.65	2 441.22	60.80	476.23
人工单价		小计						1 299.65	2 441.22	56.96	476.23
87元/工日		未计价材料费									
清单项目综合单价								5 836.15			
材料费明细	主要材料名称、规格、型号					单位	数量	单价（元）	合价（元）	暂估单价（元）	暂估合价（元）
	其他材料费							—	3 330.45	—	
	材料费小计							—	3 330.45	—	

15.2　预应力钢筋计算

按设计图示尺寸钢筋（钢丝束、钢绞线）长度乘以单位理论质量计算，计量单位为t。

（1）低合金钢筋两端均采用螺杆锚具时，钢筋长度按孔道长度减0.35 m计算，螺杆另行计算。

（2）低合金钢筋一端采用墩头插片、另一端采用螺杆锚具时，钢筋长度按孔道长度计算，螺杆另行计算。

（3）低合金钢筋一端采用墩头插片、另一端采用帮条锚具时，钢筋长度按孔道长度增加0.15 m计算；两端均采用帮条锚具时，钢筋长度按孔道长度增加0.3 m计算。

（4）低合金钢筋采用后张混凝土自锚时，钢筋长度按孔道长度增加0.35 m计算。

（5）低合金钢筋（钢绞线）采用JM、XM、QM型锚具，孔道长度在20 m以内时，钢筋长度按孔道长度增加1 m计算；孔道长度在20 m以外时，钢筋（钢绞线）长度按孔道长度增加1.8 m计算。

（6）碳素钢丝采用锥形锚具，孔道长度在20 m以内时，钢丝束长度按孔道长度增加1 m计算；孔道长度在20 m以上时，钢丝束长度按孔道长度增加1.8 m计算。

（7）碳素钢丝束采用墩头锚具时，钢丝束长度按孔道长度增加0.35 m计算。

16 螺栓、铁件(编码010516)

螺栓、铁件项目包括螺栓、预埋铁件和机械连接三个清单项目,其工程量清单项目设置及工程量计算规则如表3-61所示。

表3-61 螺栓、铁件(编码010516)

项目编码	项目名称	项目特征	计量单位	工程量计算规则	工作内容
010516001	螺栓	1. 螺栓种类 2. 规格	t	按设计图示尺寸以质量计算	1. 螺栓、铁件制作、运输 2. 螺栓、铁件安装
010516002	预埋铁件	1. 钢材种类 2. 规格 3. 铁件尺寸	t		
010516003	机械连接	1. 连接方式 2. 螺纹套筒种类 3. 规格	个	按数量计算	1. 钢筋套丝 2. 套筒连接

【例3-14】 某框架结构房屋,抗震等级为二级,其框架梁的配筋如图3-24所示。已知梁混凝土的强度等级为C30,柱的断面尺寸为450 mm×450 mm,板厚100 mm,正常室内环境使用,试计算梁内的钢筋清单工程量。

解 1. 分析

图3-24所示是梁配筋的平法表示。它的含义是:

(1)①、②轴线间的KL2(2)300×650表示KL2共有两跨,截面宽度为300 mm,截面高度为650 mm;2 Φ 20表示梁的上部贯通筋为2根Φ 20;G4 Φ 16表示按构造要求配置了4根Φ 16的腰筋;4 Φ 20表示梁的下部贯通筋为4根Φ 20;Φ 8@100/200(2)表示箍筋直径为Φ 8,加密区间距为100 mm,非加密区间距为200 mm,采用两肢箍。(注:Φ为Ⅰ级钢筋,Φ为Ⅱ级钢筋)

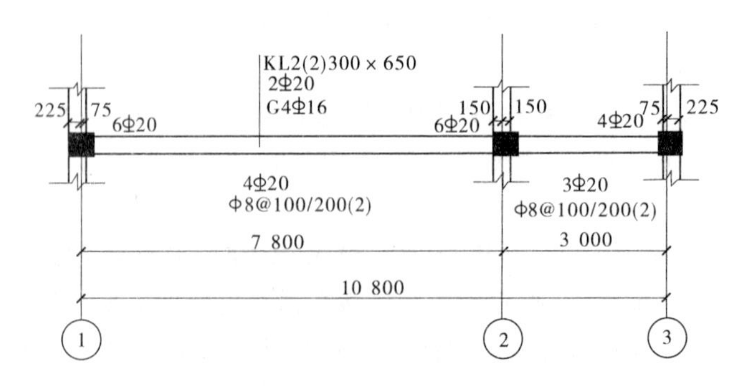

图3-24 梁平面配筋图

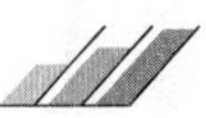

(2)①轴支座处的6 Φ 20,表示支座处的负弯矩筋为6根Φ 20,其中两根为上部贯通筋;②轴及③轴支座处的6 Φ 20和4 Φ 20与①轴表示意思相同。

(3)②、③轴线间的标注表示的含义与①、②轴线间的标注相同。

以上各位置钢筋的放置情况如图3-25所示。

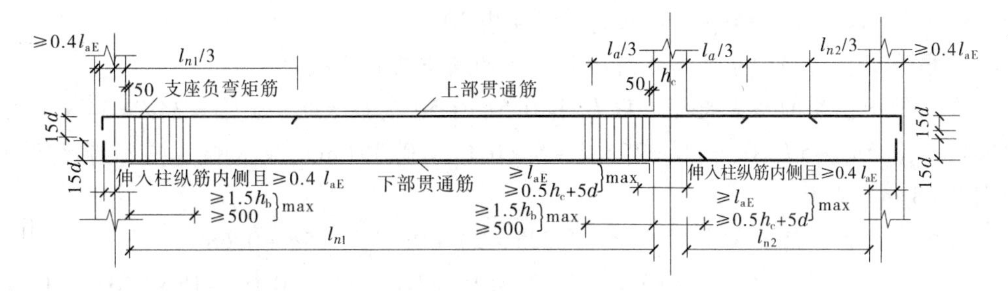

注:1. l_n表示相邻两跨的最大值。

2. h_b指梁的高度。

3. 当楼层框架梁的纵向钢筋直锚长度≥l_{aE}且≥$0.5h_c+5d$时,可以直锚。

图3-25　一、二级抗震等级楼层框架梁配筋示意图

2. 工程量计算

(1)上部贯通筋2 Φ 20。

每根上部贯通筋的长度

=各跨净长度+中间支座的宽度+两端支座的锚固长度

$=(7.8+3+0.225\times2-0.03\times2)+15\times0.02\times2=11.79(\mathrm{m})$

上部贯通筋总长度=每根上部贯通筋的长度×根数$=11.79\times2=23.58(\mathrm{m})$

(2)①轴支座处负弯矩筋4 Φ 20。

①轴支座处每根负弯矩筋长度$=\dfrac{l_{n1}}{3}$+支座锚固长度

$$=\frac{1}{3}\times(7.8-0.225\times2)+(0.45-0.03+15\times0.02)$$

$$=2.45+0.72=3.17(\mathrm{m})$$

①轴支座处负弯矩筋总长度$=3.17\times4=12.68(\mathrm{m})$

(3)②轴支座处负弯矩筋4 Φ 20。

②轴支座处每根负弯矩筋长度$=\dfrac{l_{n1}}{3}\times2$+支座宽度

$$=\frac{1}{3}\times(7.8-0.225\times2)\times2+0.225\times2$$

$$=4.9+0.45=5.35(\mathrm{m})$$

②轴支座处负弯矩筋总长度$=5.35\times4=21.40(\mathrm{m})$

(4)③轴支座处负弯矩筋2 Φ 20。

因②、③轴间跨长3 m,其中②轴支座处负弯矩筋伸入第二跨连同支座长共为$0.225+2.45=2.675(\mathrm{m})$,故②轴支座处4 Φ 20直接伸入③轴支座处。

③轴支座处每根负弯矩筋计算长度 $=(3-2.675-0.225)+$

$(0.4\times34\times0.02+15\times0.02)$

$=0.1+0.57=0.67(\mathrm{m})$

③轴支座处负弯矩筋总长度 $=0.67\times2=1.34(\mathrm{m})$

(5)第一跨(①②轴线间)下部贯通筋4 Φ 20。

每根下部贯通筋的长度 = 本跨净长度 + 两端支座锚固长度

在②轴支座处的锚固长度应取 l_{aE} 和 $0.5h_c+5d$ 的最大值,因 $l_{aE}=34d=34\times0.02=0.68(\mathrm{m})$,$0.5h_c+5d=0.5\times0.225\times2+5\times0.02=0.35(\mathrm{m})$,故②轴支座处的锚固长度应取0.68 m。则有

每根下部贯通筋的长度 $=(7.8-0.225\times2)+0.4l_{aE}+15d+0.68$

$=(7.8-0.225\times2)+(0.4\times34\times0.02+15\times0.02)+0.68$

$=7.35+0.57+0.68=8.6(\mathrm{m})$

第一跨(①②轴线间)下部贯通筋总长度 $=8.6\times4=34.4(\mathrm{m})$

(6) 第二跨(②③轴线间)下部贯通筋3 Φ 20。

每根下部贯通筋的长度 $=(3-0.225\times2)+0.68+(0.4\times34\times0.02+15\times0.02)$

$=2.55+0.68+0.572=3.8(\mathrm{m})$

第二跨(②③轴线间)下部贯通筋总长度 $=3.8\times3=11.4(\mathrm{m})$

(7) 箍筋Φ 8。

①第一跨

每根箍筋长度 = 梁周长 − 8 × 混凝土保护层厚度 + 4 × 箍筋直径 +

两个弯钩长度(见表3-57)

$=(0.3+0.65)\times2-8\times0.025+8\times0.008+2\times11.87\times0.008$

$=1.9-0.2+0.064+0.19=1.95(\mathrm{m})$

由图3-25可知:箍筋加密区长度应大于或等于 $1.5h_b$ 且大于或等于500 mm,因 $1.5h_b=1.5\times0.65=0.975(\mathrm{m})=975\ \mathrm{mm}>500\ \mathrm{mm}$,故第一跨箍筋加密区长度 =0.975 m。

第一跨箍筋设置个数 = 加密区个数 + 非加密区个数

$$=(\frac{0.975-0.05}{0.1}+1)\times2+\frac{7.8-0.225\times2-0.975\times2}{0.2}-1$$

$$\approx(10+1)\times2+(27-1)=48(\text{根})$$

第一跨箍筋总长度 $=1.92\times48=93.60(\mathrm{m})$

②第二跨

每根箍筋长度同第一跨,即1.95 m。

第二跨箍筋加密区长度同第一跨,即0.975 m。

第二跨箍筋设置个数 $=(\frac{0.975-0.05}{0.1}+1)\times2+\frac{3-0.225\times2-0.975\times2}{0.2}-1$

$$\approx(10+1)\times2+3-1=24(\text{根})$$

第二跨箍筋总长度 $=1.95\times24=46.80(\mathrm{m})$

梁内箍筋总长度 = 第一跨箍筋总长度 + 第二跨箍筋总长度

$=93.60+46.80=140.40(m)$

(8)腰筋4 Φ 16及其拉筋。

按构造要求，当梁高大于450 mm时，在梁的两侧应沿高度配腰筋(见图3-26)，其间距小于或等于200 mm；当梁宽小于或等于350 mm时，腰筋上拉筋直径为6 mm，间距为非加密区箍筋间距的2倍，即间距为400 mm，拉筋弯钩长度为10d。

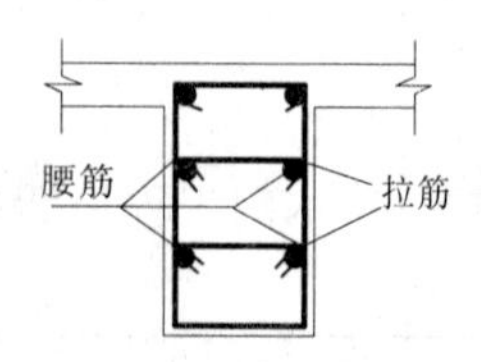

图3-26　腰筋及拉筋设置示意图

目前，市场供应钢筋直径为Φ 6.5，故本例以直径为Φ 6.5说明拉筋的计算方法。

因梁腹板高为(650－100) mm≥450 mm，故梁应沿梁高每侧设2根Φ 16的腰筋，即共设腰筋4根，其锚固长度取15d。则有

腰筋长度＝每根腰筋长度×根数

$=[(10.8-0.225\times2)+2\times15\times0.016(\text{两端锚固长度})]\times4$

$=10.83\times4=43.32(m)$

拉筋长度＝每根拉筋长度×根数

$=(\text{梁宽}-2\times\text{保护层厚度}+2\times\text{弯钩长度})\times(\frac{\text{腰筋长度}}{\text{拉筋间距}}+1)\times$

沿梁高每侧设置腰筋根数

$=(0.3-2\times0.025+2\times10\times0.0065)\times(\frac{10.83}{0.4}+1)\times2$

$=0.38\times(27+1)\times2=21.28(m)$

(9)计算钢筋重量。

钢筋重量＝钢筋总长度×每米长钢筋重量

Φ 20钢筋重量$=(23.58+12.68+21.4+8.26+1.34+34.4+11.4)\times2.47$

$=113.06\times2.47=279.26(kg)$

Φ 16钢筋重量$=43.32\times1.58=68.45(kg)$

Φ 8钢筋重量$=140.40\times0.395=55.46(kg)$

Φ 6.5钢筋重量$=21.28\times0.26=5.53(kg)$

现浇构件钢筋工程量清单如表3-62所示。

表3-62　现浇构件钢筋工程量清单

序号	项目编码	项目名称	项目特征描述	计量单位	工程数量
1	010515001001	现浇构件钢筋	Ⅰ级钢筋，钢筋规格Φ 10以内	t	0.348
2	010515001002	现浇构件钢筋	Ⅱ级钢筋，钢筋规格Φ 20以内	t	0.061

课题3.7　门窗工程

门窗工程包括木门，金属门，金属卷帘，厂库房大门及特种门，其他门，木窗，金属窗，

门窗套,窗台板,窗帘、窗帘盒、轨等。

1　木门(编码010801)

木门项目包括木质门、木质门带套、木质连窗门、木质防火门、木门框、门锁安装六个清单项目,木门工程量清单项目设置及工程量计算规则如表3-63所示。

表3-63　木门(编码010801)

项目编码	项目名称	项目特征	计量单位	工程量计算规则	工作内容
010801001	木质门	1. 门代号及洞口尺寸 2. 镶嵌玻璃品种、厚度	1. 樘 2. m^2	1. 以樘计量,按设计图示数量计算 2. 以平方米计量,按设计图示洞口尺寸以面积计算	1. 门安装 2. 玻璃安装 3. 五金安装
010801002	木质门带套				
010801003	木质连窗门				
010801004	木质防火门	1. 门代号及洞口尺寸 2. 镶嵌玻璃品种、厚度			
010801005	木门框	1. 门代号及洞口尺寸 2. 框截面尺寸 3. 防护材料种类			1. 木门框制作、安装 2. 运输 3. 刷防护材料
010801006	门锁安装	1. 锁品种 2. 锁规格	个(套)	按设计图示数量计算	安装

1.1　木质门

木质门应区分镶板木门、企口木板门、实木装饰门、胶合板门、夹板装饰门、木纱门、全玻门及木质半玻门等不同的门。木门五金包括折页、插锁、风钩、弓背拉手、搭扣、弹簧折页、管子拉手、地弹簧、滑轮、滑轨、门轧头、铁角、木螺钉等。

1.2　木质门带套

木质门带套计量按洞口尺寸以面积计算,以平方米计量,项目特征可不描述洞口尺寸。

2　金属门(编码010802)

金属门项目包括金属(塑钢)门、彩板门、钢质防火门、防盗门四个清单项目,金属门工程量清单项目设置及工程量计算规则如表3-64所示。

金属(塑钢)门应区分金属平开门、金属推拉门、金属地弹门、全玻门、金属半玻门等项目。铝合金门五金包括地弹簧、门锁、拉手、门销、门插、门铰、螺丝等。金属门五金包括L形执手插锁、门轨头、地锁、防盗门机、门眼、门碰珠、电子锁、闭门器、装饰拉手等。

表3-64　金属门(编码010802)

项目编码	项目名称	项目特征	计量单位	工程量计算规则	工作内容
010802001	金属(塑钢)门	1. 门代号及洞口尺寸 2. 门框或扇外围尺寸 3. 门框、扇材质 4. 玻璃品种、厚度	1. 樘 2. m^2	1. 以樘计量,按设计图示数量计算 2. 以平方米计量,按设计图示洞口尺寸以面积计算	1. 门安装 2. 五金安装 3. 玻璃安装
010802002	彩板门	1. 门代号及洞口尺寸 2. 门框或扇外围尺寸			
010802003	钢质防火门	1. 门代号及洞口尺寸 2. 门框或扇外围尺寸 3. 门框、扇材质			
010802004	防盗门	1. 门代号及洞口尺寸 2. 门框或扇外围尺寸 3. 门框、扇材质			1. 门安装 2. 五金安装

3　金属卷帘(编码010803)

金属卷帘项目包括金属卷帘(闸)门和防火卷帘(闸)门两个清单项目,其工程清单项目设置及工程量计算规则如表3-65所示。

表3-65　金属卷帘(编码010803)

项目编码	项目名称	项目特征	计量单位	工程量计算规则	工作内容
010803001	金属卷帘(闸)门	1. 门代号及洞口尺寸 2. 门材质 3. 启动装置品种、规格	1. 樘 2. m^2	1. 以樘计量,按设计图示数量计算 2. 以平方米计量,按设计图示洞口尺寸以面积计算	1. 门运输、安装 2. 启动装置、活动小门、五金安装
010803002	防火卷帘(闸)门				

4　厂库房大门及特种门(编码010804)

厂库房大门及特种门项目包括木板大门、钢木大门、全钢板大门、防护铁丝门、金属格栅门、钢质花饰大门、特种门七个清单项目,厂库房大门及特种门工程量清单项目设置及工程量计算规则如表3-66所示。

注意:特种门应区分冷藏门、冷冻间门、保温门、变电室门、隔音门、防射电门、人防门、金属门等项目。

表 3-66　厂库房大门及特种门(编码 010804)

项目编码	项目名称	项目特征	计量单位	工程量计算规则	工作内容
010804001	木板大门	1. 门代号及洞口尺寸 2. 门框或扇外围尺寸 3. 门框、扇材质 4. 五金种类、规格 5. 防护材料种类	1. 樘 2. m²	1. 以樘计量,按设计图示数量计算 2. 以平方米计量,按设计图示洞口尺寸以面积计算	1. 门(骨架)制作、运输 2. 门、五金配件安装 3. 刷防护材料
010804002	钢木大门				
010804003	全钢板大门				
010804004	防护铁丝门			1. 以樘计量,按设计图示数量计算 2. 以平方米计量,按设计图示门框或扇以面积计算	
010804005	金属格栅门	1. 门代号及洞口尺寸 2. 门框或扇外围尺寸 3. 门框、扇材质 4. 启动装置的品种、规格		1. 以樘计量,按设计图示数量计算 2. 以平方米计量,按设计图示洞口尺寸以面积计算	1. 门安装 2. 启动装置、五金配件安装
010804006	钢质花饰大门	1. 门代号及洞口尺寸 2. 门框或扇外围尺寸 3. 门框、扇材质		1. 以樘计量,按设计图示数量计算 2. 以平方米计量,按设计图示门框或扇以面积计算	1. 门安装 2. 五金配件安装
010804007	特种门			1. 以樘计量,按设计图示数量计算 2. 以平方米计量,按设计图示洞口尺寸以面积计算	

5　其他门(编码 010805)

其他门项目包括平开电子感应门、旋转门、电子对讲门、电动伸缩门、全玻自由门、镜面不锈钢饰面门六个清单项目,其他门工程量清单项目设置及工程量计算规则如表 3-67 所示。

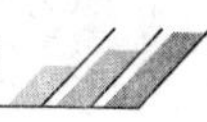

表 3-67　其他门(编码 010805)

项目编码	项目名称	项目特征	计量单位	工程量计算规则	工作内容
010805001	平开电子感应门	1. 门代号及洞口尺寸 2. 门框或扇外围尺寸 3. 门框、扇材质 4. 玻璃品种、厚度 5. 启动装置的品种、规格 6. 电子配件品种、规格	1. 樘 2. m^2	1. 以樘计量,按设计图示数量计算 2. 以平方米计量,按设计图示洞口尺寸以面积计算	1. 门安装 2. 启动装置、五金、电子配件安装
010805002	旋转门				
010805003	电子对讲门	1. 门代号及洞口尺寸 2. 门框或扇外围尺寸 3. 门材质 4. 玻璃品种、厚度 5. 启动装置的品种、规格 6. 电子配件品种、规格			
010805004	电动伸缩门				
010805005	全玻自由门	1. 门代号及洞口尺寸 2. 门框或扇外围尺寸 3. 框材质 4. 玻璃品种、厚度			1. 门安装 2. 五金安装
010805006	镜面不锈钢饰面门	1. 门代号及洞口尺寸 2. 门框或扇外围尺寸 3. 框、扇材质 4. 玻璃品种、厚度			

6　木窗(编码 010806)

木窗项目包括木质窗、木橱窗、木飘(凸)窗、木质成品窗四个清单项目,木窗工程量清单项目设置及工程量计算规则如表 3-68 所示。

表 3-68　木窗(编码 010806)

项目编码	项目名称	项目特征	计量单位	工程量计算规则	工作内容
010806001	木质窗	1. 窗代号及洞口尺寸 2. 玻璃品种、厚度 3. 防护材料种类	1. 樘 2. m^2	1. 以樘计量,按设计图示数量计算 2. 以平方米计量,按设计图示洞口尺寸以面积计算	1. 窗制作、运输、安装 2. 五金、玻璃安装 3. 刷防护材料
010806002	木橱窗	1. 窗代号 2. 框截面及外围展开面积 3. 玻璃品种、厚度 4. 防护材料种类		1. 以樘计量,按设计图示数量计算 2. 以平方米计量,按设计图示尺寸以框外围展开面积计算	
010806003	木飘(凸)窗				
010806004	木质成品窗	1. 窗代号及洞口尺寸 2. 玻璃品种、厚度	1. 樘 2. m^3	1. 以樘计量,按设计图示数量计算 2. 以平方米计量,按设计图示洞口尺寸以面积计算	1. 窗安装 2. 五金、玻璃安装

注意:(1)木质窗应区分木百叶窗、木组合窗、木天窗、木固定窗、木装饰空花窗等项目。

(2)木飘窗以樘计量应为外围展开面积。

(3)木窗五金包括:折页、插销、风钩、木螺丝、滑楞滑轨等。

7　金属窗(编码 010807)

金属窗项目包括金属(塑钢、断桥)窗、金属防火窗、金属百叶窗、金属纱窗、金属格栅窗、金属(塑钢、断桥)橱窗、金属(塑钢、断桥)飘(凸)窗、彩板窗八个清单项目,金属窗工程量清单项目设置及工程量计算规则如表 3-69 所示。

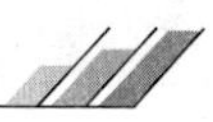

表 3-69 金属窗（编码 010807）

项目编码	项目名称	项目特征	计量单位	工程量计算规则	工作内容
010807001	金属（塑钢、断桥）窗	1. 窗代号及洞口尺寸 2. 框、扇材质 3. 玻璃品种、厚度	1. 樘 2. m^2	1. 以樘计量，按设计图示数量计算 2. 以平方米计量，按设计图示洞口尺寸以面积计算	1. 窗安装 2. 五金、玻璃安装
010807002	金属防火墙				
010807003	金属百叶窗				1. 窗安装 2. 五金安装
010807004	金属纱窗	1. 窗代号及洞口尺寸 2. 框材质 3. 窗纱材料品种、规格			
010807005	金属格栅窗	1. 窗代号 2. 框外围展开面积 3. 框、扇材质	1. 樘 2. m^2	1. 以樘计量，按设计图示数量计算 2. 以平方米计量，按设计图示洞口尺寸以面积计算	1. 窗安装 2. 五金安装
010807006	金属（塑钢、断桥）橱窗	1. 窗代号及洞口尺寸 2. 框外围尺寸 3. 框、扇材质 4. 玻璃品种、厚度 5. 防护材料种类		1. 以樘计量，按设计图示数量计算 2. 以平方米计量，按设计图示尺寸以框外围展开面积计算	1. 窗制作、运输、安装 2. 五金、玻璃安装 3. 刷防护材料
010807007	金属（塑钢、断桥）飘（凸）窗	1. 窗代号 2. 框外围展开面积 3. 框、扇材质 4. 玻璃品种、厚度			1. 窗安装 2. 五金、玻璃安装
010807008	彩板窗	1. 窗代号及洞口尺寸 2. 框外围尺寸 3. 框、扇材质 4. 玻璃品种、厚度		1. 以樘计量，按设计图示数量计算 2. 以平方米计量，按设计图示洞口尺寸或框外围以面积计算	

注意:(1)金属窗应区分金属组合窗、防盗窗等项目。

(2)金属橱窗、飘窗以樘计量应为外围展开面积。

(3)金属铝合金窗五金包括:卡锁、滑轮、铰拉、执手、拉把、拉手等。

【例3-15】 某工程采用塑钢窗,其中1 800 mm×1 800 mm的窗20樘,1 500 mm×1 800 mm的窗8樘,600 mm×1 200 mm的窗3樘。具体工程做法为:忠旺型材80系列;双层中空白玻璃,外侧3 mm厚,内侧5 mm厚。试编制此项目的工程量清单。

解 塑钢窗工程量清单见表3-70。

表3-70 塑钢窗工程量清单

序号	项目编码	项目名称	计量单位	工程数量
1	010807001001	塑钢窗 洞口尺寸为1 800 mm×1 800 mm 忠旺型材80系列 双层中空白玻璃,外侧3 mm厚,内侧5 mm厚	樘	20
2	010807001002	塑钢窗 洞口尺寸为1 500 mm×1 800 mm 忠旺型材80系列 双层中空白玻璃,外侧3 mm厚,内侧5 mm厚	樘	8
3	010807001003	塑钢窗 洞口尺寸为600 mm×1 200 mm 忠旺型材80系列 双层中空白玻璃,外侧3 mm厚,内侧5 mm厚	樘	3

8 门窗套(编码010808)

门窗套项目包括木门窗套、木筒子板、饰面夹板筒子板、金属门窗套、石材门窗套、门窗木贴脸、成品木门窗套七个清单项目,门窗套工程量清单项目设置及工程量计算规则如表3-71所示。

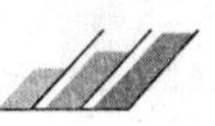

表3-71　门窗套(编码010808)

项目编码	项目名称	项目特征	计量单位	工程量计算规则	工作内容
010808001	木门窗套	1. 窗代号及洞口尺寸 2. 门窗套展开宽度 3. 基层材料种类 4. 面层材料品种、规格 5. 线条品种、规格 6. 防护材料种类	1. 樘 2. m^2 3. m	1. 以樘计量,按设计图示数量计算 2. 以平方米计量,按设计图示尺寸以展开面积计算 3. 以米计量,按设计图示中心以延长米计算	1. 清理基层 2. 立筋制作、安装 3. 基层板安装 4. 面层铺贴 5. 线条安装 6. 刷防护材料
010808002	木筒子板	1. 筒子板宽度 2. 基层材料种类 3. 面层材料品种、规格 4. 线条品种、规格 5. 防护材料种类			
010808003	饰面夹板筒子板	1. 筒子板宽度 2. 基层材料种类 3. 面层材料品种、规格 4. 线条品种、规格 5. 防护材料种类			
010808004	金属门窗套	1. 窗代号及洞口尺寸 2. 门窗套展开宽度 3. 基层材料种类 4. 面层材料品种、规格 5. 防护材料种类			1. 清理基层 2. 立筋制作、安装 3. 基层板安装 4. 面层铺贴 5. 刷防护材料
010808005	石材门窗套	1. 窗代号及洞口尺寸 2. 门窗套展开宽度 3. 底层厚度、砂浆配合比 4. 面层材料品种、规格 5. 线条品种、规格			1. 清理基层 2. 立筋制作、安装 3. 基层抹灰 4. 面层铺贴 5. 线条安装
010808006	门窗木贴脸	1. 门窗代号及洞口尺寸 2. 贴脸板宽度 3. 防护材料种类	1. 樘 2. m	1. 以樘计量,按设计图示数量计算 2. 以米计量,按设计图示尺寸以延长米计算	贴脸板安装
010808007	成品木门窗套	1. 窗代号及洞口尺寸 2. 门窗套展开宽度 3. 门窗套材料品种、规格	1. 樘 2. m^2 3. m	1. 以樘计量,按设计图示数量计算 2. 以平方米计量,按设计图示尺寸以展开面积计算 3. 以米计量,按设计图示中心以延长米计算	1. 清理基层 2. 立筋制作、安装 3. 板安装

9 窗台板(编码010809)

窗台板项目包括木窗台板、铝塑窗台板、金属窗台板、石材窗台板四个清单项目,窗台板工程量清单项目设置及工程量计算规则如表3-72所示。

表3-72 窗台板(编码010809)

<table>
<tr><th>项目编码</th><th>项目名称</th><th>项目特征</th><th>计量单位</th><th>工程量计算规则</th><th>工作内容</th></tr>
<tr><td>010809001</td><td>木窗台板</td><td rowspan="3">1. 基层材料种类
2. 窗台面板材质、规格、颜色
3. 防护材料种类</td><td rowspan="4">m^2</td><td rowspan="4">按设计图示尺寸以展开面积计算</td><td rowspan="3">1. 基层清理
2. 基层制作、安装
3. 窗台板制作、安装
4. 刷防护材料</td></tr>
<tr><td>010809002</td><td>铝塑窗台板</td></tr>
<tr><td>010809003</td><td>金属窗台板</td></tr>
<tr><td>010809004</td><td>石材窗台板</td><td>1. 黏结层厚度、砂浆配合比
2. 窗台板材质、规格、颜色</td><td>1. 基层清理
2. 抹找平层
3. 窗台板制作、安装</td></tr>
</table>

10 窗帘、窗帘盒、轨(编码010810)

窗帘、窗帘盒、轨项目包括窗帘(杆),木窗帘盒,饰面夹板、塑料窗帘盒,铝合金窗帘盒,窗帘轨五个清单项目,其工程量清单项目设置及工程量计算规则如表3-73所示。

表3-73 窗帘、窗帘盒、轨(编码010810)

<table>
<tr><th>项目编码</th><th>项目名称</th><th>项目特征</th><th>计量单位</th><th>工程量计算规则</th><th>工作内容</th></tr>
<tr><td>010810001</td><td>窗帘(杆)</td><td>1. 窗帘材质
2. 窗帘高度、宽度
3. 窗帘层数
4. 带幔要求</td><td>1. m
2. m^2</td><td>1. 以米计量,按设计图示尺寸以长度计算
2. 以平方米计量,按图示尺寸以展开面积计算</td><td>1. 制作、运输
2. 安装</td></tr>
<tr><td>010810002</td><td>木窗帘盒</td><td rowspan="3">1. 窗帘盒材质、规格
2. 防护材料种类</td><td rowspan="4">m</td><td rowspan="4">按设计图示尺寸以长度计算</td><td rowspan="4">1. 制作、运输、安装
2. 刷防护材料</td></tr>
<tr><td>010810003</td><td>饰面夹板、塑料窗帘盒</td></tr>
<tr><td>010810004</td><td>铝合金窗帘盒</td></tr>
<tr><td>010810005</td><td>窗帘轨</td><td>1. 窗帘轨材质、规格
2. 防护材料种类</td></tr>
</table>

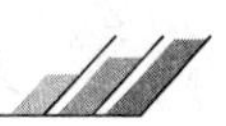

课题 3.8　屋面及防水工程

屋面及防水工程包括瓦、型材及其他屋面，屋面防水及其他，墙面防水、防潮，楼（地）面防水、防潮等。

1　瓦、型材及其他屋面（编码 010901）

瓦、型材及其他屋面项目包括瓦屋面、型材屋面、阳光板屋面、玻璃钢屋面、膜结构屋面五个清单项目，其工程量清单项目设置及工程量计算规则如表 3-74 所示。

表 3-74　瓦、型材及其他屋面（编码 010901）

项目编码	项目名称	项目特征	计量单位	工程量计算规则	工作内容
010901001	瓦屋面	1. 瓦品种、规格 2. 黏结层砂浆的配合比	m^2	按设计图示尺寸以斜面积计算。 不扣除房上烟囱、风帽底座、风道、小气窗、斜沟等所占面积。小气窗的出檐部分不增加面积	1. 砂浆制作、运输、摊铺、养护 2. 安瓦、作瓦脊
010901002	型材屋面	1. 型材品种、规格 2. 金属檩条材料品种、规格 3. 接缝、嵌缝材料种类			1. 檩条制作、运输、安装 2. 屋面型材安装 3. 接缝、嵌缝
010901003	阳光板屋面	1. 阳光板品种、规格 2. 骨架材料品种、规格 3. 接缝、嵌缝材料种类 4. 油漆品种、刷漆遍数		按设计图示尺寸以斜面积计算。 不扣除屋面面积≤0.3 m^2 孔洞所占面积	1. 骨架制作、运输、安装，刷防护材料、油漆 2. 阳光板安装 3. 接缝、嵌缝
010901004	玻璃钢屋面	1. 玻璃钢品种、规格 2. 骨架材料品种、规格 3. 玻璃钢固定方式 4. 接缝、嵌缝材料种类 5. 油漆品种、刷漆遍数			1. 骨架制作、运输、安装，刷防护材料、油漆 2. 玻璃钢制作、安装 3. 接缝、嵌缝
010901005	膜结构屋面	1. 膜布品种、规格 2. 支柱（网架）钢材品种、规格 3. 钢丝绳品种、规格 4. 锚固基座做法 5. 油漆品种、刷漆遍数		按设计图示尺寸以需要覆盖的水平投影面积计算	1. 膜布热压胶接 2. 支柱（网架）制作、安装 3. 膜布安装 4. 穿钢丝绳、锚头锚固 5. 锚固基座挖土、回填 6. 刷防护材料、清漆

1.1 瓦屋面

瓦屋面项目适用于用小青瓦、平瓦、筒瓦、石棉水泥瓦、玻璃钢波形瓦等材料做的屋面。

注意:瓦屋面基层包括檩条、椽子、木屋面板、顺水条、挂瓦条等,其费用应包含在报价内。

1.2 型材屋面

型材屋面项目适用于压型钢板、金属压型夹心板等屋面。

注意:型材屋面的钢檩条或木檩条以及骨架、螺栓、挂钩等应包括在报价内,即为完成型材屋面实体所需的一切人工、材料、机械费用都应包括在型材屋面的报价内。

1.3 膜结构屋面

膜结构也称索膜结构,是一种以膜布与支撑(柱、网架等)和拉结结构(拉杆、钢丝绳等)组成的屋盖、篷顶结构。膜结构屋面项目适用于膜布屋面。

注意:(1)索膜结构中支撑和拉结构件应包括在膜结构屋面的报价内。

(2)支撑屋面的柱、梁、屋架、钢筋混凝土柱基、锚固的钢筋混凝土基础以及地脚螺栓等按混凝土及钢筋混凝土的相关项目单独编码列项。

(3)瓦屋面、型材屋面、膜结构屋面的钢檩条、钢支撑(柱、网架等)和拉结结构需刷防护材料时,可按相关项目单独编码列项,也可包括在瓦屋面、型材屋面、膜结构屋面项目的报价内。

2 屋面防水及其他(编码010902)

屋面防水及其他项目包括屋面卷材防水,屋面涂膜防水,屋面刚性层,屋面排水管,屋面排(透)气管,屋面(廊、阳台)吐水管,屋面天沟、檐沟,屋面变形缝八个清单项目,屋面防水及其他工程量清单项目设置及工程量计算规则如表3-75所示。

2.1 屋面卷材防水

屋面卷材防水项目适用于利用胶结材料粘贴卷材进行防水的屋面,如高聚物改性沥青防水卷材屋面。

注意:(1)屋面找平层、基层处理(清理修补、刷基层处理剂);檐沟、天沟、水落口、泛水收头、变形缝等处的卷材附加层;浅色、反射涂料保护层,绿豆砂保护层,细砂、云母及蛭石保护层等费用应包括在报价内。

(2)水泥砂浆保护层、细石混凝土保护层的费用可包含在报价内,也可按相关项目编码列项。

(3)屋面找坡层(如1:6水泥炉渣)的费用可包括在屋面防水项目内,也可包括在屋面保温项目内。清单编制人在项目特征描述中要注意描述找坡层的种类、厚度。

表 3-75　屋面防水及其他(编码 010902)

项目编码	项目名称	项目特征	计量单位	工程量计算规则	工作内容
010902001	屋面卷材防水	1. 卷材品种、规格、厚度 2. 防水层数 3. 防水层做法	m^2	按设计图示尺寸以面积计算。 1. 斜屋顶(不包括平屋顶找坡)按斜面积计算,平屋顶按水平投影面积计算 2. 不扣除房上烟囱、风帽底座、风道、屋面小气窗和斜沟所占面积 3. 屋面的女儿墙、伸缩缝和天窗等处的弯起部分,并入屋面工程量内	1. 基层处理 2. 刷底油 3. 铺油毡卷材、接缝
010902002	屋面涂膜防水	1. 防水膜品种 2. 涂膜厚度、遍数 3. 增强材料种类			1. 基层处理 2. 刷基层处理剂 3. 铺布、喷涂防水层
010902003	屋面刚性层	1. 刚性层厚度 2. 混凝土强度等级 3. 嵌缝材料种类 4. 钢筋规格、型号		按设计图示尺寸以面积计算。不扣除房上烟囱、风帽底座,风道等所占面积	1. 基层处理 2. 混凝土制作、运输、铺筑、养护 3. 钢筋制安
010902004	屋面排水管	1. 排水管品种、规格 2. 雨水斗、山墙出水口品种、规格 3. 接缝、嵌缝材料种类 4. 油漆品种、刷漆遍数	m	按设计图示尺寸以长度计算。如设计未标注尺寸,以檐口至设计室外散水上表面垂直距离计算	1. 排水管及配件安装、固定 2. 雨水斗、山墙出水口、雨水箅子安装 3. 接缝、嵌缝 4. 刷漆
010902005	屋面排(透)气管	1. 排(透)气管品种、规格 2. 接缝、嵌缝材料种类 3. 油漆品种、刷漆遍数		按设计图示尺寸以长度计算	1. 排(透)气管及配件安装、固定 2. 铁件制作、安装 3. 接缝、嵌缝 4. 刷漆
010902006	屋面(廊、阳台)吐水管	1. 吐水管品种、规格 2. 接缝、嵌缝材料种类 3. 吐水管长度 4. 油漆品种、刷漆遍数	根(个)	按设计图示数量计算	1. 吐水管及配件安装、固定 2. 接缝、嵌缝 3. 刷漆
010902007	屋面天沟、檐沟	1. 材料品种、规格 2. 接缝、嵌缝材料种类	m^2	按设计图示尺寸以展开面积计算	1. 天沟材料铺设 2. 天沟配件安装 3. 接缝、嵌缝 4. 刷防护材料
010902008	屋面变形缝	1. 嵌缝材料种类 2. 止水带材料种类 3. 盖缝材料 4. 防护材料种类	m	按设计图示以长度计算	1. 清缝 2. 填塞防水材料 3. 止水带安装 4. 盖缝制作、安装 5. 刷防护材料

【例 3-16】 已知某工程女儿墙厚 240 mm,屋面卷材在女儿墙处卷起 250 mm,如图 3-27所示为其屋顶平面图,屋面做法为:

(1)4 mm 厚高聚物改性沥青卷材防水层一道。

(2)20 mm 厚 1:3水泥砂浆找平层。

(3)1:6水泥焦渣找 2% 坡,最薄处 30 mm 厚。

(4)60 mm 厚聚苯乙烯泡沫塑料板保温层。

(5)现浇钢筋混凝土板。

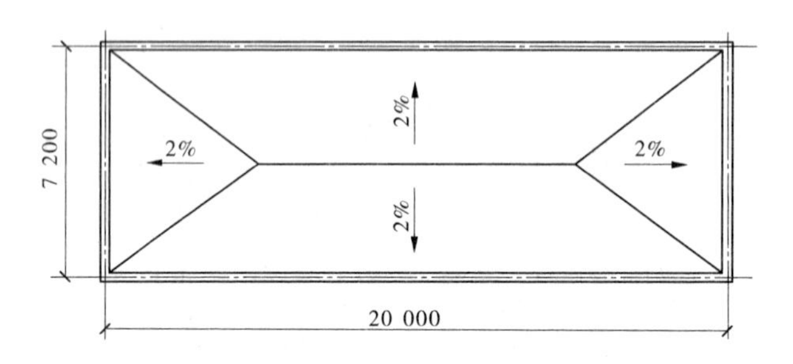

图 3-27 屋顶平面图

试编制其屋面工程的工程量清单。

解 (1)计算工程量。屋面卷材防水项目包括抹找平层,也可以包括找坡层和屋面保温层。

屋面面积 = 屋面净长 × 屋面净宽

$$=(20-0.12\times 2)\times(7.2-0.12\times 2)=137.53(m^2)$$

女儿墙弯起部分面积 = 女儿墙内周长 × 卷材弯起高度

$$=(20-0.12\times 2+7.2-0.12\times 2)\times 2\times 0.25$$

$$=53.44\times 0.25=13.36(m^2)$$

屋面卷材防水层工程量 = 屋面面积 + 在女儿墙处弯起的部分面积

$$=137.53+13.36=150.89(m^2)$$

(2)屋面工程工程量清单。

屋面工程工程量清单见表 3-76。

表 3-76 屋面工程工程量清单

序号	项目编码	项目名称	项目特征描述	计量单位	工程数量
1	010902001001	屋面卷材防水	4 mm 厚高聚物改性沥青卷材防水层一道,20 mm 厚 1:3水泥砂浆找平层,1:6水泥焦渣找 2% 坡,最薄处 30 mm 厚,60 mm 厚聚苯乙烯泡沫塑料板保温层	m^2	150.89

注:聚苯乙烯泡沫塑料板保温层也可按保温隔热屋面单独列项。

2.2 屋面涂膜防水

涂膜防水是指在基层上涂刷防水涂料,经固化后形成具有防水效果的薄膜。屋面涂膜防水项目适用于厚质涂料、薄质涂料和有加增强材料或无加增强材料的涂膜防水屋面。

2.3 屋面刚性层

屋面刚性层项目适用于细石混凝土、补偿收缩混凝土、块体混凝土、预应力混凝土和钢纤维混凝土等刚性防水屋面。

注意：刚性防水屋面的分格缝、泛水、变形缝部位的防水卷材、密封材料、背衬材料、沥青麻丝等费用应包括在刚性防水屋面的报价内。

2.4 屋面排水管

屋面排水管项目适用于各种排水管材(PVC管、玻璃钢管、铸铁管等)项目。

注意：雨水口、水斗、箅子板、安装排水管的卡箍等都应包括在排水管项目报价内。

2.5 屋面天沟、檐沟

屋面天沟、檐沟项目适用于屋面各种形式的天沟、檐沟。

3 墙面防水、防潮(编码010903)

墙面防水、防潮项目包括墙面卷材防水、墙面涂膜防水、墙面砂浆防水(防潮)、墙面变形缝四个清单项目,其工程量清单项目设置及工程量计算规则如表3-77所示。

表3-77 墙面防水、防潮(编码010903)

项目编码	项目名称	项目特征	计量单位	工程量计算规则	工作内容
010903001	墙面卷材防水	1. 卷材品种、规格、厚度 2. 防水层数 3. 防水层做法	m^2	按设计图示尺寸以面积计算	1. 基层处理 2. 刷黏结剂 3. 铺防水卷材 4. 接缝、嵌缝
010903002	墙面涂膜防水	1. 防水膜品种 2. 涂膜厚度、遍数 3. 增强材料种类			1. 基层处理 2. 刷基层处理剂 3. 铺布、喷涂防水层
010903003	墙面砂浆防水(防潮)	1. 防水层做法 2. 砂浆厚度、配合比 3. 钢丝网规格			1. 基层处理 2. 挂钢丝网片 3. 设置分格缝 4. 砂浆制作、运输、摊铺、养护
010903004	墙面变形缝	1. 嵌缝材料种类 2. 正水带材料种类 3. 盖缝材料 4. 防护材料种类	m	按设计图示以长度计算	1. 清缝 2. 填塞防水材料 3. 止水带安装 4. 盖缝制作、安装 5. 刷防护材料

3.1 墙面卷材防水、涂膜防水

墙面卷材防水、涂膜防水项目适用于墙面等部位的防水。

注意：(1)工程量计算按设计图示尺寸以面积计算,计量单位为m^2。

①墙基防水:外墙按中心线长,内墙按净长乘以宽度计算。

②墙身防水:外墙面按外墙外边线长,内墙面按内墙面净长乘以高度计算。

③墙面变形缝若做双面,工程量乘以系数2。

(2)抹找平层、刷基础处理剂、刷胶黏剂、胶黏卷材防水、特殊处理部位的嵌缝材料、附加卷材垫衬的费用应包含在报价内。

(3)永久性保护层(如砖墙)应按相关项目编码列项。

3.2 墙面砂浆防水(防潮)

墙面砂浆防水(防潮)项目适用于墙面等部位的防水防潮。

注意:防水、防潮层的外加剂费用应包含在报价中。

3.3 变形缝

变形缝项目适用于墙体部位的抗震缝、伸缩缝、沉降缝的处理。

4 楼(地)面防水、防潮(编码010904)

楼(地)面防水、防潮项目包括楼(地)面卷材防水、楼(地)面涂膜防水、楼(地)面砂浆防水(防潮)、楼(地)面变形缝四个清单项目,其工程量清单项目设置及工程量计算规则如表3-78所示。

表3-78 楼(地)面防水、防潮(编码010904)

项目编码	项目名称	项目特征	计量单位	工程量计算规则	工作内容
010904001	楼(地)面卷材防水	1. 卷材品种、规格、厚度 2. 防水层数 3. 防水层做法	m^2	按设计图示尺寸以面积计算 1. 楼(地)面防水:按主墙间净空面积计算,扣除凸出地面的构筑物、设备基础等所占面积,不扣除间壁墙及单个面积≤0.3 m^2 柱、垛、烟囱和孔洞所占面积 2. 楼(地)面防水反边高度≤300 mm算作地面防水,反边高度>300 mm算作墙面防水	1. 基层处理 2. 刷黏结剂 3. 铺防水卷材 4. 接缝、嵌缝
010904002	楼(地)面涂膜防水	1. 防水膜品种 2. 涂膜厚度、遍数 3. 增强材料种类			1. 基层处理 2. 刷基层处理剂 3. 铺布、喷涂防水层
010904003	楼(地)面砂浆防水(防潮)	1. 防水层做法 2. 砂浆厚度、配合比			1. 基层处理 2. 砂浆制作、运输、摊铺、养护
010904004	楼(地)面变形缝	1. 嵌缝材料种类 2. 止水带材料种类 3. 盖缝材料 4. 防护材料种类	m	按设计图示以长度计算	1. 清缝 2. 填塞防水材料 3. 止水带安装 4. 盖缝制作、安装 5. 刷防护材料

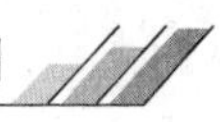

4.1　楼(地)面卷材防水、楼(地)面涂膜防水

楼(地)面卷材防水、楼(地)面涂膜防水项目适用于基础、楼地面等部位的防水。

注意:(1)工程量计算按设计图示尺寸以面积计算,计量单位 m^2。按主墙间净空面积计算,扣除凸出地面的构筑物、设备基础等所占面积,不扣除间壁墙及单个 0.3 m^2以内的柱、垛、烟囱和孔洞所占面积。

(2)抹找平层、刷基础处理剂、刷胶粘剂、胶粘卷材防水、特殊处理部位的嵌缝材料、附加卷材垫衬的费用应包含在报价内。

(3)永久性保护层(如砖墙、混凝土地坪等)应按相关项目编码列项。

4.2　楼(地)面砂浆防水(防潮)

楼(地)面砂浆防水(防潮)项目适用于地下、基础、楼地面等部位的防水防潮。

注意:防水、防潮层的外加剂费用应包含在报价中。

4.3　楼(地)面变形缝

楼(地)面变形缝项目适用于基础、屋面等部位的抗震缝、伸缩缝、沉降缝的处理。

课题 3.9　保温、隔热、防腐工程

保温 、隔热、防腐工程包括保温、隔热、防腐面层及其他防腐等。

课题 3.10　金属结构工程

金属结构工程包括钢网架 ,钢屋架、钢桁架、钢托架、钢桥架,钢柱,钢梁,钢板楼梯、墙板,钢构件,金属制品等。

课题 3.11　木结构工程

木结构工程包括木屋架、木构件、木屋面基层等。

课题 3.12　能力训练

1　计算建筑面积

1.1　训练目的

熟悉建筑面积的计算规则,掌握建筑面积的计算方法。

1.2　能力目标

能结合实际工程图样准确计算各类工业与民用建筑工程的建筑面积。

1.3　原始资料

×××办公楼建筑、结构施工图及详图(见附录),建筑面积的计算规则。

1.4 训练步骤

1.4.1 分析

首先应熟悉本施工图的建筑平面图、立面图、剖面图及详图。由图可知,此建筑物有二层。平面布局只是一个简单的矩形,所以单层的建筑面积就等于建筑物图示的外包长度乘以外包宽度。一层有一个弧形雨篷,雨篷挑出外墙的宽度为4.4 m(大于2.1 m),应按雨篷结构板的水平投影面积的1/2计算建筑面积。

1.4.2 工程量计算

(1)一层建筑面积。

首层建筑面积 $=32.25\times11.25=362.81(\mathrm{m}^2)$

(2)雨篷建筑面积。按附录中顶层平面图所示尺寸计算。

雨篷建筑面积 $=\dfrac{1}{2}$ 雨篷顶盖的水平投影面积

$=26.70(\mathrm{m}^2)$

(3)二层建筑面积。

二层建筑面积 $=32.25\times11.25=362.81(\mathrm{m}^2)$

(4)总建筑面积。

总建筑面积 = 首层建筑面积 + 雨篷建筑面积 + 二层建筑面积

$=362.81+26.70+362.81=752.32(\mathrm{m}^2)$

注意:在本例中主要应注意弧形雨篷建筑面积的计算。从附录中可以看出,弧形半径 $R=10\ 090$ mm,为圆心至雨篷弧形梁中心线的长度,而雨篷面积应按结构板的外围水平投影面积的一半计算。所以,弧形雨篷的实际半径应为10 215 mm。

讨论:(1)本例中,如果雨篷挑出墙外的宽度为2.10 m,雨篷是否计算建筑面积?雨篷无柱、独立柱或2根以上柱的情况下,建筑面积计算方法是否一致?

(2)封闭阳台与不封闭阳台建筑面积的计算方法是否相同?

(3)设有维护结构但墙体不垂直于水平面而向建筑物外倾斜,层高在2.2 m以上的建筑物,其建筑面积如何计算?

2 计算土石方工程工程量

2.1 训练目的

掌握土石方工程中各分项工程工程量的计算方法。

2.2 能力目标

能结合实际工程进行各分项工程的列项及工程量的计算。

2.3 原始资料

×××办公楼设计图(见附录),土质Ⅱ类土,现场不留土,弃土运距3 km。

2.4 训练步骤

2.4.1 分析及列项

本例应列的清单项目有:平整场地、挖基础土方、基底3:7灰土垫层填料碾压、基础土方回填、室内土方回填,应列项目见表3-79。

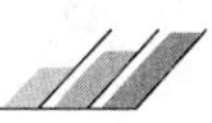

表3-79　土方工程应列清单项目

序号	项目编码	项目名称
1	010101001001	平整场地 土质Ⅱ类土,现场不留土,弃土运距3 km
2	010101003001	挖基础土方 土质Ⅱ类土,挖沟槽土方,挖土深2.3 m
3	010103001001	基底3∶7灰土垫层填料碾压 3∶7灰土,厚1 000 mm
4	010103001002	基础土方回填、室内土方回填 基础土方回填、室内土方回填密实度达到0.95以上

2.4.2　工程量计算

为了方便各个分项工程量的计算,首先应算出首层建筑面积、外墙外边线长、内墙净长线长。其中,外墙外边线长是指外墙外侧与外侧之间的距离,内墙净长线长是指内墙与外墙(或内墙)交点之间的距离。

首层建筑面积 $=32.25\times11.25=362.81(m^2)$

外墙外边线长 $=(32.25+11.25)\times2=87(m)$

外墙中心线长 $=87-\dfrac{0.25}{2}\times8=86(m)$

200 mm 内墙净长线长 $=(7.8+3-0.025\times2)\times2=21.5(m)$

120 mm 内墙净长线长 $=3.6-0.025-0.1=3.475(m)$

(1)平整场地。

平整场地工程量 = 建筑物首层面积 $=362.81\ m^2$

(2)挖基础土方。

挖基础土方工程量 = 3∶7灰土垫层长 × 3∶7灰土垫层宽 × 挖土深度

$=[(31.8+1.5\times2+1\times2)\times(10.8+1.2+1.5+1\times2)+2.1\times(9.0+1.75\times2+1\times2)]\times2.3$

$=1\ 381.96(m^3)$

(3)基底3∶7灰土垫层填料碾压。

基底3∶7灰土垫层填料碾压工程量 = 回填面积 × 回填厚度

$=600.85\times1=600.85(m^3)$

(4)基础土方回填。

由附录可知,室外地坪以下埋设有3∶7灰土填料、独立基础及其垫层、基础梁、暖沟垫层、散水下3∶7灰土垫层,故

基础土方回填工程量 = 挖土体积 − 设计室外地坪以下埋设的基础等体积

$= 1381.96 - 600.85_{(3:7灰土填料)} - 65.92_{(基础)} - 19.16_{(基础下垫层)} - 27.05_{(基础梁)} - 4.17_{(暖沟垫层)} - 10.52_{(散水下3:7灰土垫层)}$

$= 654.29(m^3)$

式中,基础下垫层、暖沟垫层、散水下3:7灰土垫层的体积计算如下:

基础下垫层体积 $V = 2.6 \times 2.6 \times 0.1 \times 4_{(J-1)} + 3.2 \times 3.2 \times 0.1 \times 8_{(J-2)} + 3.9 \times 3.2 \times 0.1 \times 2_{(J-3)} + 3.2 \times 2.6 \times 0.1 \times 2_{(J-4)} + 3.7 \times 5.55 \times 0.1 \times 2_{(J-5)}$

$= 19.16(m^3)$

暖沟垫层体积 $V = [(31.8 - 0.145 \times 2) + (10.8 - 1.49 - 0.145 \times 2) + = (7.8 - 0.1) \times 2] \times 1.49 \times 0.1$

$= 8.33(m^3)$

因暖沟垫层底标高为 -1.25 m,设计室外地坪为 -1.2 m,所以基础土方回填体积中应扣除暖沟垫层体积的一半,即4.17 m^3。

散水下3:7灰土垫层体积 V = 散水面积 × 散水厚度

$= 70.15 \times 0.15 = 10.52(m^3)$

(5)室内土方回填。

本工程中一层卫生间地面厚0.265 m,卫生间以外的其他地面厚0.26 m。由建施6可知,室内外高差为1.2 m,则卫生间土方回填厚度 = 1.2 - 0.265 = 0.935(m),卫生间以外的其他房间土方回填厚度 = 1.2 - 0.26 = 0.94(m)。由建施2可知,卫生间 M_3 处墙厚120 mm,且不是主墙,故其土方回填取至120 mm厚墙的中线。

卫生间土方回填工程量 = 主墙间净面积 × 回填厚度

$= (3.6 - 0.025 - 0.1) \times (1.5 - 0.025) \times 0.935 = 4.8(m^3)$

卫生间以外其他地面土方回填工程量 = 主墙间净面积 × 回填厚度

=(首层建筑面积 - 主墙、卫生间所占面积)× 回填厚度 - 暖沟及其垫层所占体积

$= [362.81 - (0.37 \times 86 + 0.37 \times 21.5)_{(主墙)} - 5.13] \times 0.94 - [(31.8 - 0.145 \times 2 + 10.8 - 0.145 \times 2 - 1.39 + 7.8 \times 2) \times 1.39 \times (0.94 - 0.05)]_{(暖沟)} - 4.17_{(暖沟垫层)}$

$= 225.10(m^3)$

室内土方回填工程量 = 卫生间土方回填工程量 + 卫生间以外其他地面土方回填工程量

$= 4.8 + 225.10 = 229.90(m^3)$

注意:土石方工程的列项及工程量计算与现场施工情况息息相关,进行工程计价时,应详细了解有关资料,如施工现场周边环境、场地大小、施工组织设计等。

讨论:(1)现有一住宅楼工程,且首层设计有阳台,其平整场地工程量的计算与阳台是否有关?

(2)挖基础土方项目的工程量是按垫层底面面积乘以挖土深度计算的。当工程中不进行地基处理时,条形基础、独立基础、满堂基础的土方工程量应如何计算?计算方法与本例相同吗?

(3)若现场场地狭小,挖土后不留土,则土方运输工程量应为多少?所列清单项目与本例有何差别?

(4)若设计要求基槽内回填3:7灰土,其工程量与本例回填素土相等,所列清单项目是否有所变化?

(5)某工程设计有地下室,回填土部分的列项与本例相同吗?其工程量的计算又有何变化?

3 计算砌筑工程工程量

3.1 训练目的

掌握砌筑工程中各分项工程工程量的计算方法。

3.2 能力目标

能结合实际工程进行各分项工程的列项及工程量的计算。

3.3 原始资料

×××办公楼设计图(见附录)。

3.4 训练步骤

3.4.1 分析及列项

由附录结施1中的结构设计说明可以看出,本工程地面以下墙体使用MU10普通烧结黏土砖及M7.5水泥砂浆砌筑,地面以上墙体使用A3.5加气混凝土砌块及M7.5混合砂浆砌筑,故基础与墙身分界线取自标高-0.06 m处。由附录建施3可以看出本工程设计有砖地沟。应列项目见表3-80。

表3-80 砌筑工程应列清单项目

序号	项目编码	项目名称
1	010401001001	砖基础 M7.5水泥砂浆、M10标准砖砌筑
2	010401003001	女儿墙 M7.5混合砂浆砌筑标准砖,厚240 mm
3	010402001001	加气混凝土砌块墙 M7.5混合砂浆砌筑A3.5加气混凝土砌块外墙,厚250 mm
4	010402001002	加气混凝土砌块墙 M7.5混合砂浆砌筑A3.5加气混凝土砌块内墙,厚200 mm
5	010402001003	加气混凝土砌块墙 M7.5混合砂浆砌筑A3.5加气混凝土砌块内墙,厚120mm
6	010404015001	砖地沟 地沟净宽1 m、净高1 m,C10素混凝土垫层,M5混合砂浆砌筑
7	010404013001	零星砌砖 M5混合砂浆砌筑台阶挡墙

3.4.2 工程量计算

由附录可以看出，本工程基础及墙体中埋设有门窗洞口、预制 GL、GZ、TZ，详见表 3-81、表 3-82。

表 3-81 门窗洞口面积计算 （单位：m^2）

门窗名称	洞口尺寸（长×宽）	数量	洞口所在部位				
			一层			二层	
			250 mm 厚外墙	200 mm 厚内墙	120 mm 厚内墙	250 mm 厚外墙	200 mm 厚内墙
C1	2 100×900	4	7.56				
C2	1 500×1 800	4	5.4			5.4	
C3	1 200×1 200	4	5.76				
C5	2 100×1 800	9	3.78			30.24	
C6	1 200×1 500	2				3.6	
M2	1 000×2 100	7		6.3			8.4
M3	750×2 000	2			3		
M4	1 500×2 400	1	3.6				
M5	1 500×2 100	2					6.3
小计			26.1	6.3	3	39.24	14.7

表 3-82 砖基础、墙体埋件体积计算 （单位：m^3）

构件名称	构件所在部位					
	砖基础	一层		二层		女儿墙
		250 mm 厚外墙	200 mm 厚内墙	250 mm 厚外墙	200 mm 厚内墙	
预制 GL		0.92	0.11	1.24	0.23	
GZ	0.42	1.46	0.25	1.48	0.65	1.65
TZ	0.15	0.24	0.33			
小计	0.57	2.62	0.69	2.72	0.88	1.65

（1）砖基础。由附录结施 1 中的结构设计说明可知，砖基础中设有构造柱 GZ 和 TZ，则

砖基础工程量 = 基础长度 × 基础断面面积 − GZ、TZ 所占体积

由附录结施 2、表 3-16 可知：

⑧、⑩轴线$[(31.8-0.45\times5)+(31.8-0.45\times3-0.5\times2)]\times0.37\times(0.99-0.18)$
$=17.68(m^3)$

①、②、⑦、⑧轴线 $(10.8-0.45\times2)\times0.37\times(1.09-0.18)\times4=13.34(m^3)$

砖基础工程量 $=17.68+13.34-0.57=30.45(m^3)$

(2)240 mm 砖砌女儿墙。由附录建施 5、建施 8 可知:

女儿墙中心线长 $=[32.25-0.12\times2+(7.8+3+0.225\times2-0.12\times2)]\times2$
$=86.04(m)$

女儿墙工程量 = 女儿墙中心线长 × 墙高 × 墙厚 − 构造柱所占体积
$=86.04\times(0.9-0.06)\times0.24-1.65=15.7(m^3)$

(3)250 mm 加气混凝土砌块外墙。由附录建施 3、建施 4、结施 4、结施 5 可知,本工程外墙上设有门窗洞口,预制 GL、GZ、TZ,具体数据见表 5-12、表 5-13,则

砌块外墙墙体工程量 = 框架间净空面积 × 墙厚 − 门窗洞口及预制 GL、GZ、TZ 所占体积
$=[(3.6-0.45)\times2\times(8.7-0.45\times2)+(24.6-0.45\times3)\times(8.7-0.75\times2)+(3.6-0.45)\times2\times(8.7-0.4\times2)+(7.8-0.45)\times2\times(8.7-0.65\times2)]\times0.25-(2.61+39.24)\times0.25-(2.62+2.72)$
$=77.97(m^3)$

(4)200 mm 加气混凝土砌块内墙。由附录建施 3、建施 4、结施 4、结施 5 可知,本工程 200 mm 内墙上设有门洞口、预制 GL、GZ、TZ,则

砌块内墙墙体工程量 = 框架间净空面积 × 墙厚 − 门洞口及预制 GL、GZ、TZ 所占体积

一层砌块内墙墙体工程量 $=[(3-0.45)\times2\times(4.76-0.4)+(7.8-0.45)\times2\times(4.76-0.65)]\times0.2-6.3\times0.2-0.69=14.58(m^3)$

二层砌块内墙墙体工程量 $=[(32.25-0.225\times2-3.6\times2-0.45\times3)\times(8.7-4.76-0.75)+(7.8-0.45)\times2\times(8.7-4.76-0.65)+(7.8-0.1-0.025)\times2\times(8.7-4.76-0.65)+(3-0.45)\times(8.7-4.76-0.4)]\times0.2-14.7\times0.2-0.88$
$=32.60(m^3)$

砌块内墙墙体工程量 $=14.58+32.60=47.18(m^3)$

(5)120 mm 加气混凝土砌块内墙。由附录建施 3、建施 4、结施 4、结施 5 可知,本工程在 120 mm 内墙上设有门洞口,则

砌块内墙墙体工程量 = 墙长 × 墙高 × 墙厚 − 门洞口所占体积
$=(3.6-0.025-0.1)\times(4.76-0.35-0.4)\times0.12-3\times0.12$
$=1.31(m^3)$

(6)砖地沟。由附录建施 4、建施 7 可知地沟设置的位置及立面尺寸,则

砖地沟工程量 = 砖地沟墙长 × 墙厚 × 墙高
$=[(31.8-0.145\times2)+(10.8-1.27-0.145\times2)+7.8+(7.8+3-0.145-1.27)]\times0.12\times1.0+[31.8-0.145\times2-(0.06+1+0.12)\times3]+[(10.8-1.27-0.14\times2)+7.8\times2]\times0.24\times1.0$
$=6.95+12.67=19.62(m^3)$

(7)零星砌砖。由附录建施 7 的台阶平面及剖面图可以看出,本工程台阶设有台阶

挡墙,其应列项目为零星砌砖。

零星砌砖工程量 = 台阶挡墙长 × 厚 × 高

$$= [(2.1+0.9)\times 0.37\times(1.12+0.5)]\times 2 = 3.6(\mathrm{m}^3)$$

注意:多层房屋设计中,不同层的砌体,砌筑砂浆强度等级往往不同,在工程计价时,应注意区分。

讨论:(1)当某房屋设计为砖混结构时,其墙体工程量的计算与本例框架结构的计算方法有无区别?长度、高度应如何计算才比较简便?

(2)门窗洞口若采用钢筋砖过梁,其体积是否应从所在墙体工程量中扣除?钢筋砖过梁是否需要单独编码列项?

4 计算混凝土及钢筋混凝土工程工程量

4.1 训练目的

掌握混凝土及钢筋混凝土工程中各分项工程工程量的计算方法。

4.2 能力目标

能结合实际工程进行各分项工程的列项及工程量的计算。

4.3 原始资料

×××办公楼设计图(见附录)。

4.4 训练步骤

4.4.1 分析及列项

由结施1、结施8可以看出,本工程应列项目见表3-83。

表3-83 混凝土及钢筋混凝土工程应列清单项目

序号	项目编码	项目名称
1	010501001001	C15 素混凝土垫层;商品混凝土
2	010501003001	C20 独立基础;商品混凝土
3	010502001001	C25 矩形柱(框架柱);商品混凝土
4	010502001002	C25 矩形柱(TZ);商品混凝土
5	010502002003	C20 构造柱;商品混凝土
6	010502003001	C25 圆形柱;商品混凝土
7	010503001001	C20 基础梁;商品混凝土
8	010503002001	C25 矩形梁;商品混凝土
9	010503004001	C20 圈梁;商品混凝土
10	010503006001	C25 弧形梁;商品混凝土
11	010505003001	C25 平板;商品混凝土
12	010505006001	C25 栏板(弧形雨篷处);商品混凝土
13	010505008001	C25 雨篷板(矩形);商品混凝土
14	010505008002	C25 雨篷板(弧形);商品混凝土
15	010506001001	C25 楼梯;商品混凝土
16	010507004001	C25 女儿墙压顶;商品混凝土
17	010507004002	C25 栏板处压顶;商品混凝土
18	010507003002	C15 台阶;商品混凝土

续表 3-83

序号	项目编码	项目名称
19	010507001001	40 mm 厚 C20 细石混凝土散水,40 mm 厚 C20 细石混凝土撒 1:1 水泥砂子压实赶光,150 mm 厚 3:7灰土垫层,素土夯实,向外坡 4%,沥青砂浆嵌缝
20	010510003001	C20 预制过梁
21	010512008001	C20 预制沟盖板
22	010515001001	现浇构件圆钢筋
23	010515001002	现浇构件螺纹钢筋
24	010515001003	砌体拉结钢筋
25	010515003001	预制构件圆钢筋
26	010515003002	预制构件螺纹钢筋

4.4.2 工程量计算

(1)独立基础下垫层。由结施 2、结施 3 可以看出,本工程垫层设计为独立基础下垫层,其计算方法为

垫层工程量 = 垫层长 × 垫层宽 × 垫层厚 × 基础个数

J-1:$(2.6\times2.6\times0.1)\times4=2.70(m^3)$

J-2:$(3.2\times3.2\times0.1)\times8=8.19(m^3)$

J-3:$(3.9\times3.2\times0.1)\times2=2.50(m^3)$

J-4:$(3.2\times2.6\times0.1)\times2=1.66(m^3)$

J-5:$(3.7\times5.55\times0.1)\times2=4.11(m^3)$

垫层工程量 = 各垫层工程量之和

$=2.70+8.19+2.50+1.66+4.11=19.16(m^3)$

(2)独立基础。由结施 2、结施 3 可以看出,本工程基础设计为台阶式独立基础,其计算方法为

独立基础工程量 = 基础长 × 基础宽 × 基础厚 × 基础个数

J-1:$(2.4\times2.4\times0.3+1.4\times1.4\times0.3)\times4=9.26(m^3)$

J-2:$(3\times3\times0.3+1.7\times1.7\times0.3)\times8=28.54(m^3)$

J-3:$(3.7\times3\times0.3+2.1\times1.7\times0.3)\times2=8.80(m^3)$

J-4:$(3\times2.4\times0.3+1.7\times1.4\times0.3)\times2=5.75(m^3)$

J-5:$[3.5\times5.35\times0.25+(0.4+3.5)/2\times0.15\times5.35+0.4\times5.35\times0.2+0.7\times0.2\times0.2\times4]\times2=13.57(m^3)$

独立基础工程量 = 各独立基础工程量之和

$=9.26+28.54+8.80+5.75+13.57=65.92(m^3)$

(3)框架柱(Z_1)。框架柱的计算方法为

框架柱 = 柱断面面积 × 柱高 × 根数

由结施1、结施4、结施6、结施8 可知框架柱的设计尺寸及设计位置,柱高由基础上表面取至柱顶面。

框架柱(Z_1)工程量 = 室外地坪以下部分体积 + 室外地坪以上部分体积

$= 0.55 \times 0.55 \times 0.6 \times 16 + 0.45 \times 0.45 \times (8.7 + 1.2) \times 16$

$= 2.90 + 32.08 = 34.98(m^3)$

(4)TZ。TZ 的计算方法为

TZ = 柱断面面积 × 柱高 × 根数

由 TZ 的设计尺寸及设计位置,其高度取基础梁与框架梁之间净高。为方便砌筑工程中有关工程量的计算,TZ 工程量以 -0.06 m 为界分别计算。

-0.06 m 以下:

TZ_1:$0.24^2 \times 1.09 = 0.06(m^3)$

TZ_2:$0.2^2 \times 1.09 \times 2 = 0.09(m^3)$

-0.06 m 以上:

TZ_1:$0.24^2 \times (4.76 - 0.65 + 0.06) = 0.24(m^3)$

TZ_2:$0.2^2 \times (4.76 - 0.65 + 0.06) \times 2 = 0.33(m^3)$

TZ 工程量 = (-0.06 m 以下工程量) + (0.06 m 以上工程量)

$= 0.06 + 0.09 + 0.24 + 0.33 = 0.15 + 0.57 = 0.72(m^3)$

(5)构造柱。构造柱的计算方法为

构造柱工程量 = 构造柱断面面积 × 构造柱高 × 根数

由结施1、结施5 可知构造柱的设计尺寸及设计位置,其高度取基础梁与框架梁之间净高。需要注意,计算构造柱工程量时,应包含马牙槎部分的体积。另外,女儿墙上构造柱间距按 2.5 m 计算。则

-0.06 m 以下:

A - A 处:$(0.24 + 0.06) \times 0.24 \times 0.99 \times 3 = 0.21(m^3)$

B - B 处:$(0.24 + 0.06) \times 0.24 \times 1.09 \times 2 + (0.2 + 0.06) \times 0.2 \times 1.09 = 0.21(m^3)$

-0.06 m 以上:

GZ_1:$(0.24 + 0.06) \times 0.24 \times (8.7 + 0.06 - 0.75 \times 2) \times 3 + (0.24 + 0.06) \times 0.24 \times (8.7 + 0.06 - 0.65 \times 2) \times 2 = 2.64(m^3)$(一层 1.46 m^3,二层 1.18 m^3)

GZ_2:外墙上 $(0.2 + 0.03) \times 0.2 \times (8.7 - 4.76 - 0.75) \times 2 = 0.3(m^3)$

内墙上 $(0.2 + 0.06) \times 0.2 \times (8.7 - 4.76 - 0.65) \times 3 = 0.51(m^3)$

GZ3:$(0.2 + 0.06) \times 0.2 \times (8.7 + 0.06 - 0.65 \times 2) = 0.39(m^3)$

女儿墙上 $0.24 \times 0.24 \times (0.9 - 0.06) \times 34 = 1.65(m^3)$

构造柱工程量 = 各构造柱工程量之和

$= 0.21 + 0.21 + 2.64 + 0.3 + 0.51 + 0.39 + 1.65 = 5.91(m^3)$

(6)圆形柱。由结施1、结施4、结施6 可知,圆形柱的计算方法为

圆形柱工程量 = 柱断面面积 × 柱高 × 根数

$= 3.14 \times 0.3^2 \times 0.6 \times 4 + 3.14 \times 0.25^2 \times (4.76 + 1.2) \times 4 + 3.14 \times$

$0.25^2 \times (8.7 - 4.76) \times 2$

$= 0.678 + 4.679 + 1.546 = 6.9(m^3)$

(7)基础梁。由结施2、结施3可知基础梁的设计位置及尺寸，基础梁的计算方法为

基础梁工程量 = 梁长 × 梁断面面积

⑧、⑩轴线处：(室外地坪以下 12.92 m^3)

$$[(31.8 - \frac{0.55 \times 0.6 + 0.45 \times 0.15}{0.75} \times 5) + (31.8 - \frac{0.55 \times 0.6 + 0.45 \times 0.15}{0.75} \times 3 - \frac{0.6 \times 0.6 + 0.5 \times 0.15}{0.75} \times 2)] \times 0.37 \times 0.75 = 16.15(m^3)$$

①、⑧轴线处：(室外地坪以下 4.32 m^3)

$$(10.8 - \frac{0.55 \times 0.6 + 0.45 \times 0.05}{0.65} \times 2) \times 0.37 \times 0.65 \times 2 = 4.68(m^3)$$

②、⑦轴线处同①、⑧轴线处，为 4.68 m^3；

④、⑤轴线处：(室外地坪以下 5.49 m^3)

$(13.2 + 1.2 - 0.55 \times 1.5 - 0.6 \times 2) \times 0.37 \times 0.65 \times 2 = 5.95(m^3)$

基础梁工程量 = 各基础梁工程量之和

$= 16.15 + 4.68 + 4.68 + 5.95 = 31.46(m^3)$

(8)矩形梁。由结施6可知，本例中设计的矩形梁有框架梁及框架梁以外的现浇梁。其计算方法为

矩形梁工程量 = 梁长 × 梁断面面积 × 根数

式中，梁高取至现浇板底。则 $1KL_1$ 工程量为

①轴线处：$(3 - 0.45) \times 0.3 \times (0.4 - 0.12) + (7.8 - 1.5 - 0.225 - 0.125) \times 0.3 \times 0.65 + (1.5 + 0.125 - 0.225) \times 0.3 \times (0.6 - 0.08) = 1.60(m^3)$

②、⑦、⑧轴线处：$(3 - 0.45) \times 0.3 \times (0.4 - 0.12) + (7.8 - 0.45) \times 0.3 \times (0.65 - 0.12) \times 3 = 4.15(m^3)$

$1L_1$ 工程量 $= (7.8 - 0.15 - 0.075) \times 0.25 \times (0.65 - 0.12) \times 2 = 2.0(m^3)$

同理可以计算出其他矩形梁的工程量。

矩形梁工程量 = 各矩形梁工程量之和 = 58.08 m^3

(9)圈梁。由结施2、结施3可知，本例中圈梁设置在砖基础上、标高为 −0.06 m 处，并与相应部位的构造柱相交。

圈梁工程量 = 梁长 × 梁断面面积 − 构造柱所占体积

$= [(31.8 - 0.45 \times 5) + (31.8 - 0.45 \times 3 - 0.5 \times 2) + (10.8 - 0.45 \times 2) \times 4] \times 0.37 \times 0.18 - 0.08_{(GZ)} = 6.49(m^3)$

(10)弧形梁。由结施6可知，在弧形雨篷处设计了弧形梁 1 L_3，则

$$弧形梁中心线长 = 10.09_{(半径)} \times 112.73°_{(圆心角)} \times \frac{3.14}{180°} = 19.84(m)$$

弧形梁工程量 = 弧形梁中心线长 × 梁断面面积

$= 19.84 \times 0.25 \times 0.3 = 1.49(m^3)$

(11)平板。由结施4、结施5可知，本工程中楼板均设计为现浇钢筋混凝土楼板，因

为楼板与框架柱相交，而框架柱计算高度已取至板顶，故

平板工程量 = 板长 × 板宽 × 板厚 − 框架柱所占体积

一层平板工程量 $= 32.25 \times 11.25 \times 0.12 - (0.45^2 \times 0.12 \times 16 + 3.14 \times 0.25^2 \times 2 \times 0.12)_{(柱)} - (3.6 - 0.075 - 0.15) \times (7.8 - 1.5 - 0.15 - 0.125) \times 0.12_{(楼梯间)}$

$= 40.66(m^3)$

同理可计算出其他层平板的工程量。

平板工程量 = 各层平板工程量之和 = $84.13\ m^3$

(12)栏板。由结施4、结施8可知，弧形雨篷处：

弧形栏板中心线长 $= (10.09 + 0.125 - 0.06) \times 112.73° \times \dfrac{3.14}{180°} = 19.97(m)$

弧形栏板工程量 = 弧形栏板中心线长 × 栏板高 × 栏板厚

$= 19.97 \times 0.8 \times 0.12 = 1.92(m^3)$

(13)雨篷板(矩形)。由建施4、结施4可知：

雨篷板(矩形)工程量 = 板长 × 板宽 × 板厚

$= (3.6 + 0.225 + 0.125) \times (1.72 - 0.225) \times 0.08 = 0.47(m^3)$

(14)雨篷板(弧形)。由结施4可知：

雨篷板(弧形)工程量 = 弧形板面积 × 板厚

$= [\dfrac{112.73°}{360°} \times 3.14 \times (10.09 - 0.125)^2_{(扇形面积)} - 50.73_{(三角形面积)}] \times 0.08$

$= 3.75(m^3)$

(15)楼梯。由结施8可知，本工程设计采用现浇钢筋混凝土楼梯。由结施4可知：

楼梯工程量 = 楼梯水平投影面积

$= (3.6 - 0.075 - 0.15) \times (7.8 - 1.5 - 0.15 - 0.125) = 20.33(m^2)$

(16)女儿墙压顶。由结施5、结施8可知，女儿墙的设置位置及其上压顶的断面形式。则

女儿墙压顶工程量 = 女儿墙压顶中心线长

$= (32.25 + 11.25 - 0.15 \times 4) \times 2 = 85.8(m)$

(17)栏板处压顶。

栏板处压顶工程量 = 栏板处压顶中心线长

$= (10.09 + 0.125 + 0.2 - 0.06) \times 112.73° \times \dfrac{3.14}{180°} = 20.17(m)$

(18)台阶。由建施3可知：本工程共设计了2个台阶，按计算规则台阶与平台的分界取至台阶最上一层踏步外沿300 mm。

正面台阶工程量 $= 16.8 \times (3.3 + 2.4 - 0.225) - (16.8 - 2.4 \times 2) \times (3.3 + 2.4 - 0.225 - 2.4) = 55.08(m^2)$

背面台阶工程量 $= 3.31 \times (2.1 + 0.3) = 7.94(m^2)$.

台阶工程量 = 正面台阶工程量 + 背面台阶工程量

$= 55.08 + 7.94 = 63.02(m^2)$

(19)散水。本设计有散水和台阶，所以

散水工程量 =(散水中心线长 - 台阶所占长度)

散水工程量 $= (32.25 + 11.25) \times 2 + 4 \times 1 - (3.9 \times 2 + 9 + 3.31 + 0.37 \times 2)_{台阶} \times 1$

$= 70.15(m^2)$

(20)预制过梁。

预制过梁工程量 = 过梁长 × 过梁宽 × 过梁高

C1 过梁工程量 $= (2.1 + 0.37 \times 2) \times 0.18 \times 0.25 \times 4 = 0.51(m^3)$

同理可计算出其他过梁工程量。

预制过梁工程量 = 各过梁工程量之和 = $2.5\ m^3$

(21)预制沟盖板。由建施3可知，本工程有暖沟。

每块沟盖板体积 $= 1.24 \times 0.495 \times 0.08 = 0.049(m^3)$

沟盖板块数 $= [(31.8 - 0.145 \times 2) + (10.8 - 1.27 - 0.145 \times 2) + 7.8 \times 2] \div 0.495 =$ 114(块)

沟盖板工程量 $= 0.049 \times 114 = 5.59(m^3)$

讨论：(1)砖混结构与框架结构在计算构造柱工程量时，柱高度的取值有何不同？

(2)当设计采用圈梁代替过梁时，应如何列项？相应工程量应如何计算？

(3)某工程设计采用井字梁板，进行工程计价时，所列项目与本例是否相同？若不同，应如何列项？

(4)砖混结构中板工程量的计算与本例有何相同与不同之处？

(5)目前在工程设计中，有时采用现浇空心楼板，其工程量应如何计算？

(6)构造柱钢筋采用搭接，其钢筋工程量的计算与框架柱有何不同？

(7)框架结构中，中柱钢筋工程量的计算与边柱不同，它们的区别是什么？

(8)基础中钢筋工程量如何计算？

5 计算门窗工程的工程量

5.1 训练目的

熟悉门窗工程的清单项目划分和工程量计算规则，掌握门窗工程工程量计算方法。

5.2 能力目标

能结合实际工程准确列出门窗工程工程量清单项目并计算工程量。

5.3 原始资料

×××办公楼设计图(见附录)。

5.4 训练步骤

首先应熟悉图中门窗工程的具体做法，按门窗不同材质、不同洞口尺寸分别列项，应列项目见表3-84，门窗工程量清单见表3-85。

表 3-84　门窗工程应列清单项目

序号	项目编码	项目名称
1	010805005001	全玻钢化自由门:洞口尺寸为 8 200 mm×4 000 mm
2	010801001001	夹板门制作、安装,洞口尺寸为 1 000 mm×2 100 mm,刷调和漆二遍,底油一遍,满刮腻子
3	010801001002	夹板门制作、安装,洞口尺寸为 750 mm×2 000 mm,刷调和漆二遍,底油一遍,满刮腻子
4	010801001003	夹板门制作、安装,洞口尺寸为 1 500 mm×2 400 mm,刷调和漆二遍,底油一遍,满刮腻子
5	010801001004	夹板门制作、安装 ,洞口尺寸为 1 500 mm×2 100 mm,刷调和漆二遍,底油一遍,满刮腻子
6	010801001005	夹板门制作、安装 ,洞口尺寸为 700 mm×1 800 mm,刷调和漆二遍,底油一遍,满刮腻子
7	010807001001	塑钢推拉窗:洞口尺寸为 1 500 mm×1 800 mm
8	010807001002	塑钢推拉窗:洞口尺寸为 1 200 mm×1 200 mm
9	010807001003	塑钢推拉窗:洞口尺寸为 2 100 mm×1 800 mm
10	010807001004	塑钢推拉窗:洞口尺寸为 1 200 mm×1 500 mm
11	010807001005	塑钢固定窗:洞口尺寸为 2 100 mm×900 mm
12	010807001007	钢化全玻窗:洞口尺寸为 7 325 mm×3 700 mm,不锈钢包边
13	010807001008	钢化全玻窗:洞口尺寸为 3 560 mm×2 900 mm,不锈钢包边
14	010807001009	钢化全玻窗:洞口尺寸为 8 500 mm×2 900 mm,不锈钢包边

表 3-85　门窗工程量清单

序号	项目编码	项目名称	项目特征描述	计量单位	工程数量
1	010805005001	全玻钢化自由门	洞口尺寸为 8 200 mm×4 000 mm	樘	1
2	010801001001	夹板门制作、安装	洞口尺寸为 1 000 mm×2 100 mm,刷调和漆二遍,底油一遍,满刮腻子	樘	7
3	010801001002	夹板门制作、安装	洞口尺寸为 750 mm×2 000 mm,刷调和漆二遍,底油一遍,满刮腻子	樘	2
4	010801001003	夹板门制作、安装	洞口尺寸为 1 500 mm×2 400 mm,刷调和漆二遍,底油一遍,满刮腻子	樘	1
5	010801001004	夹板门制作、安装	洞口尺寸为 1 500 mm×2 100 mm,刷调和漆二遍,底油一遍,满刮腻子	樘	2
6	010801001005	夹板门制作、安装	洞口尺寸为 700 mm×1 800 mm,刷调和漆二遍,底油一遍,满刮腻子	樘	2

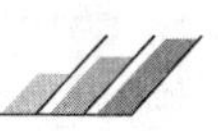

续表 3-85

序号	项目编码	项目名称	项目特征描述	计量单位	工程数量
7	010807001001	塑钢推拉窗	洞口尺寸为 1 500 mm×1 800 mm	樘	4
8	010807001002	塑钢推拉窗	洞口尺寸为 1 200 mm×1 200 mm	樘	4
9	010807001003	塑钢推拉窗	洞口尺寸为 2 100 mm×1 800 mm	樘	9
10	010807001004	塑钢推拉窗	洞口尺寸为 1 200 mm×1 500 mm	樘	2
11	010807001005	塑钢固定窗	洞口尺寸为 2 100 mm×900 mm	樘	4
12	010807001007	钢化全玻窗	洞口尺寸为 7 325 mm×3 700 mm,不锈钢包边	樘	2
13	010807001008	钢化全玻窗	洞口尺寸为 3 560 mm×2 900 mm,不锈钢包边	樘	4
14	010807001009	钢化全玻窗	洞口尺寸为 8 500 mm×2 900 mm,不锈钢包边	樘	1

注意:(1)在计算门窗工程量时,首先应对门窗统计表所列门窗的规格和数量进行校核,确保数据准确,避免遗漏。

(2)相同材质、不同类型、不同洞口尺寸以及具有不同其他项目特征的门窗必须分别列项。

(3)门窗工程的项目特征,尽可能描述完整,以便报价。

讨论:(1)门窗套与贴脸板、筒子板是什么关系?工程量应如何计算?

(2)在编制门窗工程的工程量清单时,图样只给出了门窗的材质和门窗的洞口尺寸,则门窗工程的项目特征应如何描述?

(3)木门窗的油漆应包括在门窗工程内,还是在油漆、涂料工程中单独列项?

思考与练习题

1. 简述建筑面积计算规则。

2. 试述建筑工程中各工程项目的工程量计算规则。

3. 建筑工程中各项工程的项目编码、项目名称、项目特征、计量单位、工作内容各应注意哪些?

单元4　装饰工程工程量清单编制

【**知识要点**】本单元讲述了装饰工程中楼地面装饰工程,墙、柱面装饰与隔断、幕墙工程,天棚工程,油漆、涂料、裱糊工程等各项目中的清单项目编码、项目名称、项目特征描述、工程量计算规则和工程内容;通过本单元学习,应掌握装饰工程工程量清单的编制。

【**教学目标**】能够按照《建设工程工程量清单计价规范》(GB 50500—2013)编制装饰工程工程量清单。

课题4.1　楼地面装饰工程

楼地面装饰工程适用于楼地面抹灰,楼地面镶贴,橡塑面层,其他材料面层,踢脚线,楼梯装饰,台阶装饰,零星装饰项目等。

1　楼地面抹灰(编码011101)

楼地面抹灰项目包括水泥砂浆、现浇水磨石、细石混凝土、菱苦土、自流坪楼地面、平面砂浆找平层六个清单项目,楼地面抹灰工程工程量清单项目设置及工程量计算规则如表4-1所示。

1.1　工程量计算

整体面层工程量按设计图示尺寸以面积计算。扣除凸出地面构筑物、设备基础、室内铁道、地沟等所占面积,不扣除间壁墙和0.3 m^2以内的柱、垛、附墙烟囱及孔洞所占面积。门洞、空圈、暖气包槽、壁龛的开口部分不增加面积。

1.2　项目特征

描述垫层材料种类、厚度,找平层厚度、砂浆配合比,防水层厚度、材料种类,面层厚度、砂浆配合比或混凝土强度等级。

对于现浇水磨石楼地面,描述的项目特征还有嵌缝材料种类、规格,石子种类、规格颜色,颜料种类、颜色,图案要求等。

嵌条材料,是用于水磨石的分格、作图案等的嵌条,如玻璃嵌条、铜嵌条、铝合金嵌条、不锈钢嵌条等。

1.3　工程内容

工程内容包含基层清理,垫层铺设,抹找平层,防水层铺设,抹面层(或匾层铺设),嵌缝条安装,磨光、酸洗、打蜡,材料运输等。

表 4-1 楼地面抹灰工程(编码 011101)

项目编码	项目名称	项目特征	计量单位	工程量计算规则	工作内容
011101001	水泥砂浆楼地面	1.垫层材料种类、厚度 2.找平层厚度,砂浆配合比 3.素水泥浆遍数 4.面层厚度、砂浆配合比 5.面层做法要求	m^2	按设计图示尺寸以面积计算。扣除凸出地面构筑物、设备基础、室内管道、地沟等所占面积,不扣除间壁墙及≤0.3 m^2 柱、垛、附墙烟囱及孔洞所占面积。门洞、空圈、暖气包槽、壁龛的开口部分不增加面积	1.基层清理 2.垫层铺设 3.抹找平层 4.抹面层 5.材料运输
011101002	现浇水磨石楼地面	1.垫层材料种类、厚度 2.找平层厚度,砂浆配合比 3.面层厚度、水泥石子浆配合比 4.嵌条材料种类、规格 5.石子种类、规格、颜色 6.颜料种类、颜色 7.图案要求 8.磨光、酸洗、打蜡要求			1.基层清理 2.垫层铺设 3.抹找平层 4.面层铺设 5.嵌缝条安装 6.磨光、酸洗打蜡 7.材料运输
011101003	细石混凝土楼地面	1.垫层材料种类、厚度 2.找平层厚度、砂浆配合比 3.面层厚度、混凝土强度等级			1.基层清理 2.垫层铺设 3.抹找平层 4.面层铺设 5.材料运输
011101004	菱苦土楼地面	1.垫层材料种类、厚度 2.找平层厚度、砂浆配合比 3.面层厚度 4.打蜡要求			1.基层清理 2.垫层铺设 3.抹找平层 4.面层铺设 5.打蜡 6.材料运输
011101005	自流坪楼地面	1.垫层材料种类、厚度 2.找平层厚度、砂浆配合比			1.基层清理 2.垫层铺设 3.抹找平层 4.材料运输
011101006	平面砂浆找平层	1.找平层砂浆配合比、厚度 2.界面剂材料种类 3.中层漆材料种类、厚度 4.面漆材料种类、厚度 5.面层材料种类		按设计图示尺寸以面积计算	1.基层处理 2.抹找平层 3.涂界面剂 4.涂刷中层漆 5.打磨、吸尘 6.慢自流平面漆(浆) 7.拌和自流平浆料 8.铺面层

【例 4-1】 图 4-1 所示为某建筑平面图,地面工程做法为:

(1)20 mm 厚 1:2 水泥砂浆抹面压实抹光(面层)。

(2)刷素水泥浆结合层一道(结合层)。

(3)60 mm 厚 C20 细石混凝土找坡层,最薄处 30 mm 厚。
(4)聚氨酯涂膜防水层厚 1.5~1.8 mm,防水层周边卷起 150 mm。
(5)40 mm 厚 C20 细石混凝土随打随抹平。
(6)150 mm 厚 3∶7 灰土垫层。
(7)素土夯实。
试编制水泥砂浆楼地面工程量清单及报价。

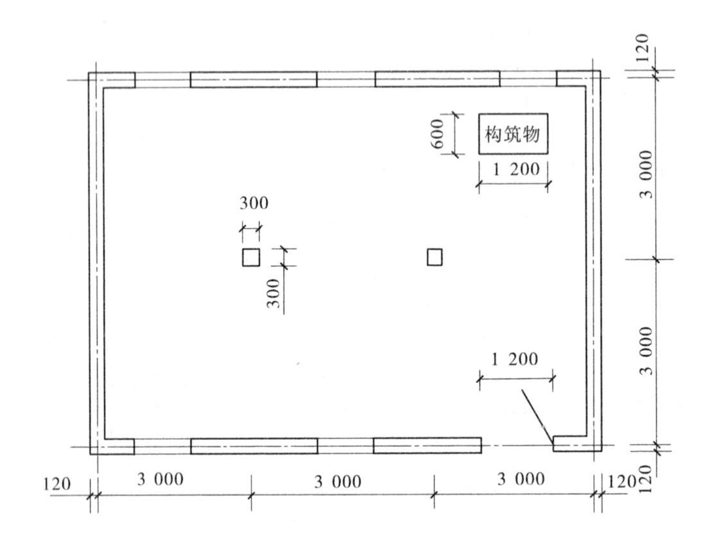

图 4-1 建筑物平面示意图

解 (1)计算水泥砂浆楼地面工程量。

$S=(3\times3-0.12\times2)\times(3\times2-0.12\times2)-1.2\times0.8=49.50(m^2)$

(2)编制工程量清单。

水泥砂浆地面工程量清单见表 4-2,报价见表 4-3。

表 4-2 水泥砂浆楼地面工程量清单

序号	项目编码	项目名称	项目特征描述	计量单位	工程数量
1	011101001001	水泥砂浆楼地面	20 mm 厚 1∶2 水泥砂浆抹面压实抹光(面层) 刷素水泥浆结合层一道(结合层) 60 mm 厚 C20 细石混凝土找坡层,最薄处 30 mm 厚 聚氨酯涂膜防水层厚 1.5~1.8 mm,防水层周边卷 150 mm 40 mm 厚 C20 细石混凝土随打随抹平 150 mm 厚 3∶7 灰土垫层	m^2	49.50

表 4-3　水泥砂浆楼地面清单综合单价分析表

项目编码	011101001001	项目名称		水泥砂浆楼地面				计量单位	m²	工程量	49.50
清单综合单价组成明细											
定额编号	定额项目名称	定额单位	数量	单价				合价			
				人工费	材料费	机械费	管理费和利润	人工费	材料费	机械费	管理费和利润
B1-1	水泥砂浆楼地面,20 mm	100 m²	0.495	1 230.72	518.50	47.01	203.61	609.21	256.66	23.27	100.79
人工单价		小计						609.21	256.66	23.27	100.79
96 元/工日		未计价材料费									
清单项目综合单价								20.00			
材料费明细	主要材料名称、规格、型号					单位	数量	单价（元）	合价（元）	暂估单价（元）	暂估合价（元）
	其他材料费							—	5.19	—	
	材料费小计							—	5.19	—	

2　楼地面镶贴(编码 011102)

楼地面镶贴包括石材楼地面、碎石材楼地面及块料楼地面三个清单项目,楼地面镶贴工程工程量清单项目设置及工程量计算规则如表 4-4 所示。适用楼面、地面所做的块料面层工程。

注意:(1)在描述碎石材的面层材料特征时可不用描述规格、品牌颜色。

(2)石材、块料与黏结材料的结合面刷防渗材料的种类在防护层材料种类中描述。

表 4-4　楼地面镶贴工程(编码 011102)

项目编码	项目名称	项目特征	计量单位	工程量计算规则	工作内容
011102001	石材楼地面	1.找平层厚度、砂浆配合比 2.结合层厚度、砂浆配合比 3.面层材料品种、规格、颜色 4.嵌缝材料种类 5.防护层材料种类 6.酸洗、打蜡要求	m²	按设计图示尺寸以面积计算。门洞、空圈、暖气包槽、壁龛的开口部分并入相应的工程量内	1.基层清理、抹找平层 2.面层铺设、磨边 3.嵌缝 4.刷防护材料 5.酸洗、打蜡 6.材料运输
011102002	碎石材楼地面				
011102003	块料楼地面	1.垫层材料种类、厚度 2.找平层厚度、砂浆配合比 3.结合层厚度、砂浆配合比 4.面层材料品种、规格、颜色 5.嵌缝材料种类 6.防护层材料种类 7.酸洗、打蜡要求			

【例 4-2】 图 4-1 所示为某建筑平面图,其楼面工程做法为:

(1)20 mm 厚磨光大理石楼面,白水泥浆擦缝。

(2)撒素水泥面。

(3)30 mm 厚 1∶4 干硬性水泥砂浆结合层。

(4)20 mm 厚 1∶3 水泥砂浆找平层。

(5)现浇钢筋混凝土楼板。试编制大理石楼面工程量清单及报价。

解 (1)计算工程量。

$S=(3\times3-0.12\times2)\times(3\times2-0.12\times2)-1.2\times0.8=49.50(m^2)$

(2)编制工程量清单。

石材楼地面工程工程量清单见表 4-5,报价见表 4-6。

表 4-5 石材楼地面工程量清单

序号	项目编码	项目名称	项目特征描述	计量单位	工程数量
1	011102001001	石材楼地面	20 mm 厚磨光大理石楼面(米黄色,600 mm×600 mm)撒素水泥面 30 mm 厚 1∶4 干硬性水泥砂浆结合层 20 mm 厚 1∶3 水泥砂浆找平层	m²	49.50

表 4-6 石材楼地面工程量清单综合单价分析表

项目编码	011102001001	项目名称		石材楼地面				计量单位	m²	工程量	49.50
清单综合单价组成明细											
定额编号	定额项目名称	定额单位	数量	单价				合价			
				人工费	材料费	机械费	管理费和利润	人工费	材料费	机械费	管理费和利润
B1-20	大理石楼地面,普通,干硬性水泥砂浆粘贴,20 mm	100 m²	0.495	2 984.64	11 561.23		493.78	1 477.40	5 722.81		244.42
A10-20	水泥砂浆找平层,在混凝土或硬基层上 20 mm 水泥砂浆(1∶3)	100 m²	0.495	840.42	430.82	47.01	144.54	416.01	213.26	23.27	71.55
人工单价		小计						1 893.40	5 936.06	23.27	315.97
87 元/工日		未计价材料费									
清单项目综合单价								165.02			
材料费明细	主要材料名称、规格、型号					单位	数量	单价(元)	合价(元)	暂估单价(元)	暂估合价(元)
	其他材料费							—	119.92	—	
	材料费小计							—	119.92	—	

3　橡塑面层(编码 011103)

橡塑面层包括橡胶板、橡胶卷材、塑料板、塑料卷材楼地面四个清单项目,橡塑面层工程工程量清单项目设置及工程量计算规则如表 4-7 所示。橡塑面层各清单项目适用于用黏结剂(如 CX401 胶等)粘贴橡塑楼面、地面面层工程。

表 4-7　橡塑面层工程(编码 011103)

项目编码	项目名称	项目特征	计量单位	工程量计算规则	工作内容
011103001	橡校板楼地面	1.黏结层厚度、材料种类 2.面层材料品种、规格、颜色 3.压线条种类	m^2	按设计图示尺寸以面积计算。门洞、空圈、暖气包槽、壁龛的开口部分并入相应的工程量内	1.基层清理 2.面层铺贴 3.压缝条装钉 4.材料运输
011103002	橡胶卷材楼地面				
011103003	塑料板楼地面				
011103004	塑料卷材楼地面				

4　其他材料面层(编码 011104)

其他材料面层包括地毯楼地面、竹木地板、金属复合地板、防静电活动地板四个清单项目,其他材料面层工程工程量清单项目设置及工程量计算规则如表 4-8 所示。

表 4-8　其他材料面层工程(编码 011104)

项目编码	项目名称	项目特征	计量单位	工程量计算规则	工作内容
011104001	地毯楼地面	1.面层材料品种、规格、颜色 2.防护材料种类 3.黏结材料种类 4.压线条种类	m^2	按设计图示尺寸以面积计算。门洞、空圈、暖气包槽、壁龛的开口部分并入相应的工程量内	1.基层清理 2.铺贴面层 3.刷防护材料 4.装钉压缝条 5.材料运输
011104002	竹木地板	1.龙骨材料种类、规格、铺设间距 2.基层材料种类、规格 3.面层材料品种、规格、颜色 4.防护材料种类			1.基层清理 2.龙骨铺设 3.基层铺设 4.面层铺贴 5.刷防护材料 6.材料运输
011104003	金属复合地板	1.龙骨材料种类、规格、铺设间距 2.基层材料种类、规格 3.面层材料品种、规格、颜色 4.防护材料种类			
011104004	防静电活动地板	1.支架高度、材料种类 2.面层材料品种、规格、颜色 3.防护材料种类			1.基层清理 2.固定支架安装 3.活动面层安装 4.刷防护材料 5.材料运输

5 踢脚线(编码 011105)

踢脚线包括水泥砂浆踢脚线、石材踢脚线、块料踢脚线、塑料板踢脚线、木质踢脚线、金属踢脚线、防静电踢脚线七个清单项目,踢脚线工程量清单项目设置及工程量计算规则如表 4-9 所示。

表 4-9 踢脚线(编码 011105)

项目编码	项目名称	项目特征	计量单位	工程量计算规则	工作内容
011105001	水泥砂浆踢脚线	1.踢脚线高度 2.底层厚度、砂浆配合比 3.面层厚度、砂浆配合比	1.m^2 2.m	1.按设计图示长度乘以高度以面积计算 2.按延长米计算	1.基层清理 2.底层和面层抹灰 3.材料运输
011105002	石材踢脚线	1.踢脚线高度 2.粘贴层厚度、材料种类 3.面层材料品种、规格、颜色 4.防护材料种类			1.基层清理 2.底层抹灰 3.面层铺贴、磨边 4.擦缝 5.磨光、酸洗、打蜡 6.刷防护材料 7.材料运输
011105003	块料踢脚线				
011105004	塑料板踢脚线	1.踢脚线高度 2.黏结层厚度、材料种类 3.面层材料品种、规格、颜色			1.基层清理 2.基层铺贴 3.面层铺贴 4.材料运输
011105005	木质踢脚线	1.踢脚线高度 2.基层材料种类、规格 3.面层材料品种、规格、颜色			
011105006	金属踢脚线				
011105007	防静电踢脚线				

个别项目还需要描述以下特征:

(1)石材、块料踢脚线描述粘贴层厚度、材料种类,勾缝材料种类,防护材料种类。

(2)现浇水磨石踢脚线描述面层厚度、水泥石子浆配合比,石子种类、规格、颜色,颜料种类、颜色,磨光、酸洗、打蜡要求。

(3)塑料板踢脚线描述黏结层厚度、材料种类。

(4)木质、金属、防静电踢脚线描述基层材料种类、规格,防护材料种类,油漆品种、刷漆遍数。

【例 4-3】 图 4-1 所示为某建筑平面图,室内为水泥砂浆地面,踢脚线做法为 1∶2 水泥砂浆踢脚线,厚度为 25 mm,高度为 150 mm。试编制水泥砂浆踢脚线工程量清单及报价。

解　(1)计算工程量。

$$L=(3\times3-0.12\times2)\times2+(3\times2-0.12\times2)\times2-1.2_{(门宽)}+(0.24-0.08_{(门框边)})\times 1/2\times2_{(门侧边)}+0.3\times4\times2_{(柱侧边)}=30.40(\text{m})$$

$$S=30.40\times0.15=4.56(\text{m}^2)$$

(2)编制工程量清单。

工程量清单见表4-10,报价见表4-11。

表4-10　水泥砂浆踢脚线工程量清单

序号	项目编码	项目名称	项目特征描述	计量单位	工程数量
1	011105001001	水泥砂浆踢脚线	25 mm厚1∶2水泥砂浆 踢脚线高150 mm	m^2	4.56

表4-11　水泥砂浆踢脚线清单综合单价分析表

项目编码	011105001001	项目名称	水泥砂浆踢脚线					计量单位	m^2	工程量	4.56
清单综合单价组成明细											
定额编号	定额项目名称	定额单位	数量	单价				合价			
				人工费	材料费	机械费	管理费和利润	人工费	材料费	机械费	管理费和利润
B1-6换	水泥砂浆踢脚线,(15+10)mm	100 m^2	0.0456	3554.88	580.86	59.45	588.12	162.10	26.49	2.71	26.82
人工单价		小计						162.10	26.49	2.71	26.82
96元/工日		未计价材料费									
清单项目综合单价								47.83			
材料费明细	主要材料名称、规格、型号					单位	数量	单价(元)	合价(元)	暂估单价(元)	暂估合价(元)
	其他材料费							—	5.81	—	
	材料费小计							—	5.81	—	

6　楼梯装饰(编码011106)

楼梯装饰包括石材楼梯面层、块料楼梯面层、拼碎块料面层、水泥砂浆楼梯面层、现浇水磨石楼梯面层、地毯楼梯面层、木板楼梯面层、橡胶板楼梯面层、塑料板楼梯面层九个清单项目,楼梯装饰工程量清单项目设置及工程量计算规则如表4-12所示。

表 4-12　楼梯装饰(编码 011106)

项目编码	项目名称	项目特征	计量单位	工程量计算规则	工作内容
011106001	石材楼梯面层	1.找平层厚度,砂浆配合比 2.黏结层厚度、材料种类 3.面层材料品种、规格、颜色 4.防滑条材料种类、规格 5.勾缝材料种类 6.防护层材料种类 7.酸洗、打蜡要求	m^2	按设计图示尺寸以楼梯(包括踏步、休息平台及≤500 mm 的楼梯井)水平投影面积计算。楼梯与楼地面相连时,算至梯口梁内侧边沿;无梯口梁者,算至最上一层踏步边沿加 300 mm	1.基层清理 2.抹找平层 3.面层铺贴、磨边 4.贴嵌防滑条 5.勾缝 6.刷防护材料 7.酸洗、打蜡 8.材料运输
011106002	块料楼梯面层				
011106003	拼碎块料面层				
011106004	水泥砂浆楼梯面层	1.找平层厚度,砂浆配合比 2.面层厚度、砂浆配合比 3.防滑条材料种类、规格			1.基层清理 2.抹找平层 3.抹面层 4.抹防滑条 5.材料运输
011106005	现浇水磨石楼梯面层	1.找平层厚度,砂浆配合比 2.面层厚度、水泥石子浆配合比 3.防滑条材料种类、规格 4.石子种类、规格、颜色 5.颜料种类、颜色 6.磨光、酸洗、打蜡要求			1.基层清理 2.抹找平层 3.抹面层 4.贴嵌防滑条 5.磨光、酸洗、打蜡 6.材料运输
011106006	地毯楼梯面层	1.基层种类 2.面层材料品种、规格、颜色 3.防护材料种类 4.黏结材料种类 5.固定配件材料种类、规格			1.基层清理 2.铺贴面层 3.固定配件安装 4.刷防护材料 5.材料运输
011106007	木板楼梯面层	1.基层材料种类、规格 2.面层材料品种、规格、颜色 3.黏结材料种类 4.防护材料种类			1.基层清理 2.基层铺贴 3.面层铺贴 4.刷防护材料 5.材料运输
011106008	橡胶板楼梯面层	1.黏结层厚度、材料种类 2.面层材料品种、规格、颜色 3.压线条种类			1.基层清理 2.面层铺贴 3.压缝条装钉 4.材料运输
011106009	塑料板楼梯面层				

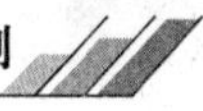

6.1 工程量计算

按设计图示尺寸以楼梯(包括踏步、休息平台及500 mm以内的楼梯井)水平投影面积计算。

(1)楼梯与楼地面相连时,算至梯口梁内侧边沿。

(2)无梯口梁者,算至最上一层踏步边沿加300 mm。

注意:楼梯侧面装饰及0.5 m^2以内少量分散的楼地面装修应按楼地面工程中零星装饰项目编码列项。楼梯底面抹灰按天棚工程相应项目编码列项。

6.2 项目特征

描述找平层厚度、砂浆配合比,面层材料品种、规格、品牌、颜色(面层厚度、砂浆或水泥石子浆配合比)。

除以上具有的共同特征外,个别项目需要描述以下特征:

(1)石材、块料楼梯面层描述黏结层厚度、材料种类,防滑条材料种类、规格,勾缝材料种类,防护层材料种类,酸洗、打蜡要求。

(2)水泥砂浆楼梯面描述防滑条材料种类、规格。

(3)现浇水磨石楼梯面描述防滑条材料种类、规格,石子种类、规格、颜色,颜料种类、颜色,磨光、酸洗、打蜡要求。

(4)地毯楼梯面描述基层种类,防护材料种类,黏结材料种类,固定配件材料种类、规格。

(5)木板楼梯面描述基层材料种类、规格,防护材料种类,黏结材料种类,油漆品种、刷漆遍数。

6.3 工程内容

工程内容包含基层清理、抹找平层、面层铺贴(或抹面层)、材料运输。

除以上具有的共同特征外,个别项目需要描述以下特征:

(1)石材、块料楼梯面层包含贴嵌防滑条、勾缝、刷防护材料、酸洗、打蜡。

(2)水泥砂浆楼梯面包含抹防滑条。

(3)现浇水磨石楼梯面包含贴嵌防滑条,磨光、酸洗、打蜡。

(4)地毯楼梯面包含固定配件安装、刷防护材料。地毡固定配件,是用于固定地毡的压棍脚和压棍。

(5)木板楼梯面包含基层铺贴、耐防护材料。

【例4-4】 如图4-2所示为楼梯贴花岗岩面层。其工程做法为:20 mm厚芝麻白磨光花岗岩(600 mm×600 mm)铺面;撒素水泥面(洒适量水);30 mm厚1∶4干硬性水泥砂浆结合层;刷素水泥浆一道。试编制该项目工程量清单及报价。

解 (1)计算工程量。

楼梯井宽度为250 mm,小于500 mm,所以楼梯贴花岗岩楼梯面层的工程量为

$S=(1.4\times2+0.25)\times(0.2+9\times0.28+1.37)=12.47(m^2)$

(2)编制工程量清单。

工程量清单见表4-13,报价见表4-14。

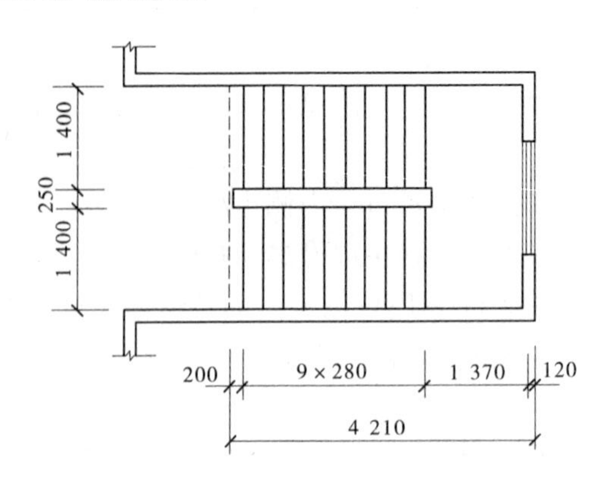

图 4-2　楼梯平面示意图

表 4-13　花岗岩楼梯面层工程量清单

序号	项目编码	项目名称	项目特征描述	计量单位	工程数量
1	011106001001	花岗岩楼梯面层	20 mm 厚芝麻白磨光花岗岩(600 mm×600 mm)铺面撒素水泥面(洒适量水) 30 mm 厚 1：4 干硬性水泥砂浆结合层 刷素水泥浆一道	m^2	12.47

表 4-14　花岗岩楼梯面层工程量清单综合单价分析表

项目编码	011106001001	项目名称		花岗岩楼梯面层				计量单位	m^2	工程量	12.47
清单综合单价组成明细											
定额编号	定额项目名称	定额单位	数量	单价				合价			
				人工费	材料费	机械费	管理费和利润	人工费	材料费	机械费	管理费和利润
B1-31	花岗岩楼梯，干硬性水泥砂浆粘贴，30 mm	100 m^2	0.124 7	4 654.08	10 598.35		769.98	580.36	1 321.61		96.02
人工单价		小计						580.36	1 321.61		96.02
96 元/工日		未计价材料费									
清单项目综合单价								160.73			
材料费明细	主要材料名称、规格、型号					单位	数量	单价（元）	合价（元）	暂估单价（元）	暂估合价（元）
	其他材料费							—	105.98	—	
	材料费小计							—	105.98	—	

7 台阶装饰(编码011107)

台阶装饰项目包括石材、块料、拼碎块料、水泥砂浆、现浇水磨石、剁假石台阶面六个清单项目,台阶装饰工程量清单项目设置及工程量计算规则如表4-15所示。

注意:(1)台阶面层与平台面层是同一种材料时,平台面层与台阶面层不可重复计算。当台阶计算最上一层踏步加300 mm时,平台面层中必须扣除该面积。如果平台与台阶以平台外沿为分界线,在台阶报价时,最上一步台阶的踢面应考虑在台阶的报价内。

(2)台阶侧面装饰不包括在台阶面层项目内,应按零星装饰项目编码列项。

表4-15 台阶装饰(编码011107)

项目编码	项目名称	项目特征	计量单位	工程量计算规则	工作内容
011107001	石材台阶面	1.找平层厚度、砂浆配合比 2.黏结层材料种类 3.面层材料品种、规格、颜色 4.勾缝材料种类 5.防滑条材料种类、规格 6.防护材料种类	m^2	按设计图示尺寸以台阶(包括最上层踏步边沿加300 mm)水平投影面积计算	1.基层清理 2.抹找平层 3.面层铺贴 4.贴嵌防滑条 5.勾缝 6.刷防护材料 7.材料运输
011107002	块料台阶面				
011107003	拼碎块料台阶面				
011107004	水泥砂浆台阶面	1.垫层材料种类厚度 2.找平层厚度、砂浆配合比 3.面层厚度、砂浆配合比 4.防滑条材料种类			1.基层清理 2.铺设垫层 3.抹找平层 4.抹面层 5.抹防滑条 6.材料运输
011107005	现浇水磨石台阶面	1.垫层材料种类、厚度 2.找平层厚度、砂浆配合比 3.面层厚度、水泥石子浆配合比 4.防滑条材料种类、规格 5.石子种类、规格、颜色 6.颜料种类、颜色 7.磨光、酸洗、打蜡要求	m^2	按设计图示尺寸以台阶(包括最上层踏步边沿加300 mm)水平投影面积计算	1.清理基层 2.铺设垫层 3.抹找平层 4.抹面层 5.贴嵌防滑条 6.打磨、酸洗、打蜡 7.材料运输
011107006	剁假石台阶面	1.垫层材料种类、厚度 2.找平层厚度、砂浆配合比 3.面层厚度、砂浆配合比 4.剁假石要求			1.清理基层 2.铺设垫层 3.抹找平层 4.抹面层 5.剁假石 6.材料运输

【例4-5】 如图4-3所示为台阶贴花岗岩面层,其工程做法为:30 mm厚芝麻白机刨花岗岩(600 mm×600 mm)铺面,稀水泥浆擦缝;撒素水泥面(洒适量水);30 mm厚1∶4干硬性水泥砂浆结合层,向外坡1%;刷素水泥浆结合层一道;60 mm厚C15混凝土;150 mm厚3∶7灰土垫层;素土夯实。

试编制花岗岩台阶工程量清单。

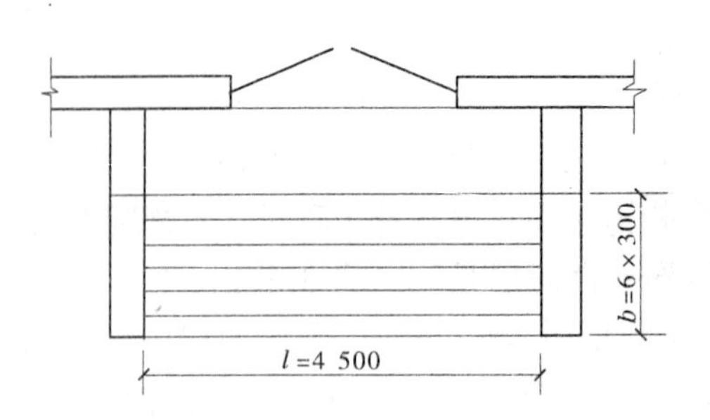

图 4-3　台阶平面示意图

解　(1)计算工程量。

$S=4.5\times(0.3\times6+0.3)=9.45(\mathrm{m}^2)$

(2)编制工程量清单。

工程量清单见表 4-16。

表 4-16　花岗岩台阶工程量清单

序号	项目编码	项目名称	项目特征描述	计量单位	工程数量
1	011107001001	花岗岩台阶面层	30 mm 厚芝麻白机刨花岗岩(600 mm×600 mm)铺面,稀水泥擦缝 撒素水泥面(洒适量水) 30 mm 厚 1∶4 干硬性水泥砂浆结合层,向外坡 1% 刷素水泥浆结合层一道 60 mm 厚 C15 混凝土 150 mm 厚 3∶7 灰土垫层	m^2	9.45

8　零星装饰项目(编码 011108)

零星装饰项目包括石材零星项目、碎拼石材零星项目、块料零星项目、水泥砂浆零星项目四个清单项目,零星装饰工程量清单项目设置及工程量计算规则如表 4-17 所示。

零星装饰项目适用于小面积(0.5 m^2以内)少量分散的楼地面装饰项目。

表 4-17　零星装饰(编码 011108)

项目编码	项目名称	项目特征	计量单位	工程量计算规则	工作内容
011108001	石材零星项目	1.工程部位 2.找平层厚度、砂浆配合比 3.黏结层厚度、材料种类 4.面层材料品种、规格、颜色 5.勾缝材料种类 6.防护材料种类 7.酸洗、打蜡要求	m^2	按设计图示尺寸以面积计算	1.清理基层 2.抹找平层 3.面层铺贴、磨边 4.勾缝 5.刷防护材料 6.酸洗、打蜡 7.材料运输
011108002	拼碎石材零星项目				
011108003	块料零星项目				
011108004	水泥砂浆零星项目	1.工程部位 2.找平层厚度、砂浆配合比 3.面层厚度、砂浆厚度			1.清理基层 2.抹找平层 3.抹面层 4.材料运输

课题 4.2　墙、柱面装饰与隔断、幕墙工程

墙、柱面装饰与隔断、幕墙工程适用于墙面抹灰、柱(梁)面抹灰、零星项目抹灰、墙面块料面层、柱(梁)面镶贴块料、镶贴零星块料、墙饰面、柱(梁)饰面、幕墙工程、隔断等清单项目。

1　墙面抹灰(编码 011201)

墙面抹灰包括墙面一般抹灰、墙面装饰抹灰、墙面勾缝、立面砂浆找平层四个清单项目,墙面抹灰工程量清单项目设置及工程量计算规则如表 4-18 所示。

表 4-18　墙面抹灰(编码 011201)

项目编码	项目名称	项目特征	计量单位	工程量计算规则	工作内容
011201001	墙面一般抹灰	1.墙体类型 2.底层厚度、砂浆配合比 3.面层厚度、砂浆配合比 4.装饰面材料种类 5.分格缝宽度、材料种类	m^2	按设计图示尺寸以面积计算。扣除墙裙、门窗洞口及单个>0.3 m^2 的孔洞面积,不扣除踢脚线、挂镜线和墙与构件交接处的面积,门窗洞口和孔洞的侧壁及顶面不增加面积,附墙柱、梁、垛、烟囱侧壁并入相应的墙面面积。 1.外墙抹灰面积按外墙垂直投影面面积计算 2.外墙裙抹灰面积按其长度乘以高度计算 3.内墙抹灰面积按主墙间的净长乘以高度计算 (1)无墙裙的,高度按室内楼地面至天棚地面计算 (2)有墙裙的,高度按墙裙顶至天棚地面计算 4.内墙裙抹灰面积按内墙净长乘以高度计算	1.基层清理 2.砂浆制作、运输 3.底层抹灰 4.抹面层 5.抹装饰面 6.勾分格缝
011201002	墙面装饰抹灰				
011201003	墙面勾缝	1.墙体类型 2.找平的砂浆厚度、配合比			1.基层清理 2.砂浆制作、运输 3.抹灰找平
011201004	立面砂浆找平层	1.墙体类型 2.勾缝类型 3.勾缝材料种类			1.基层清理 2.砂浆制作、运输 3.勾缝

一般抹灰包括石灰砂浆、水泥混合砂浆、水泥砂浆、聚合物水泥砂浆、膨胀珍珠岩水泥

砂浆和麻刀灰、纸筋石灰、石膏灰等。

装饰抹灰包括水刷石、水磨石、斩假石(剁斧石)、干粘石、假面砖、拉条灰、拉毛灰、甩毛灰、扒拉石、喷毛灰、喷涂、喷砂、滚涂、弹涂等。

【例 4-6】 如图 4-1 所示为建筑平面图,窗洞口尺寸均为 1 500 mm×1 800 mm,门洞口尺寸为 1 200 mm×2 400 mm,室内地面至天棚底面净高为 3.2 m,砖内墙采用水泥砂浆抹灰(无墙裙),具体工程做法为:喷乳胶漆二遍;5 mm 厚 1∶2 水泥砂浆抹面压实抹光;15 mm 厚 1∶3 水泥砂浆打底扫毛;砖墙。试编制内墙面抹灰工程工程量清单及报价。

解 (1)计算内墙抹灰工程量。

$S=(9-0.24+6-0.24)\times2\times3.2-1.5\times1.8\times5-1.2\times2.4=76.55(\text{m}^2)$

(2)编制工程量清单。

工程量清单见表 4-19,报价见表 4-20。

表 4-19 墙面一般抹灰工程量清单

序号	项目编码	项目名称	项目特征描述	计量单位	工程数量
1	011201001001	墙面一般抹灰	5 mm 厚 1∶2 水泥砂浆抹面压实抹光 15 mm 厚 1∶3 水泥砂浆打底扫毛	m^2	76.55

表 4-20 墙面一般抹灰工程量清单综合单价分析表

项目编码	011201001001	项目名称		墙面一般抹灰			计量单位	m^2	工程量	76.55	
清单综合单价组成明细											
定额编号	定额项目名称	定额单位	数量	单价				合价			
				人工费	材料费	机械费	管理费和利润	人工费	材料费	机械费	管理费和利润
B2-19	水泥砂浆抹砖墙,(15+5)mm	100 m^2	0.765 5	1 765.44	460.48	52.54	292.08	1 351.44	352.50	40.22	223.59
人工单价		小计						1 351.44	352.50	40.22	233.59
96 元/工日		未计价材料费									
清单项目综合单价								25.71			
材料费明细	主要材料名称、规格、型号				单位	数量		单价(元)	合价(元)	暂估单价(元)	暂估合价(元)
	其他材料费							—	4.60	—	
	材料费小计							—	4.60	—	

2 柱(梁)面抹灰(编码 011202)

柱(梁)面抹灰包括柱、梁面一般抹灰,柱、梁面装饰抹灰,柱、梁面砂浆找平,柱(梁)

面勾缝四个清单项目，柱(梁)面抹灰工程量清单项目设置及工程量计算规则如表 4-21 所示。

表 4-21　柱(梁)面抹灰(编码 011202)

项目编码	项目名称	项目特征	计量单位	工程量计算规则	工作内容
011202001	柱、梁面一般抹灰	1.柱体类型 2.底层厚度、砂浆配合比 3.面层厚度、砂浆配合比 4.装饰面材料种类 5.分格缝宽度、材料种类	m^2	1.柱面抹灰：按设计图示柱断面周长乘以高度以面积计算 2.梁面抹灰，按设计图示梁断面周长乘以长度以面积计算	1.基层清理 2.砂浆制作、运输 3.底层抹灰 4.抹面层 5.勾分格缝
011202002	柱、梁面装饰抹灰				
011202003	柱、梁面砂浆找平	1.柱体类型 2.找平的砂浆厚度、配合比			1.基层清理 2.砂浆制作、运输 3.抹灰找平
011202004	柱、梁面勾缝	1.墙体类型 2.勾缝类型 3.勾缝材料种类		按设计图示柱断面周长乘以高度以面积计算	1.基层清理 2.砂浆制作、运输 3.勾缝

【例 4-7】　某工程有现浇钢筋混凝土矩形柱 10 根，柱结构断面尺寸为 500 mm×500 mm，柱高为 2.8 m，柱面采用混合砂浆抹灰(无墙裙)，具体工程做法为：喷乳胶漆二遍；5 mm 厚 1∶0.3∶2.5 水泥石膏砂浆抹面压实抹光；13 mm 厚 1∶1∶6 水泥石膏砂浆打底扫毛；刷混凝土界面处理剂一道。试编制柱面抹灰工程工程量清单。

解　(1)计算柱面抹灰工程量。

$S=0.5\times4\times2.8\times10=56.00(m^2)$

(2)编制工程量清单见表 4-22。

表 4-22　柱面一般抹灰工程量清单

序号	项目编码	项目名称	项目特征描述	计量单位	工程数量
1	011202001001	柱面一般抹灰	5 mm 厚 1∶0.3∶2.5 水泥石膏砂浆抹面压实抹光 13 mm 厚 1∶1∶6 水泥石膏砂浆打底扫毛 刷混凝土界面处理剂一道	m^2	56.00

3　零星项目抹灰(编码 011203)

零星项目抹灰包括零星项目一般抹灰、零星项目装饰抹灰及零星项目砂浆找平三个清单项目。零星项目抹灰工程量清单项目设置及工程量计算规则如表 4-23 所示。

表 4-23　零星项目抹灰(编码 011203)

项目编码	项目名称	项目特征	计量单位	工程量计算规则	工作内容
011203001	零星项目一般抹灰	1.墙体类型 2.底层厚度、砂浆配合比 3.面层厚度、砂浆配合比 4.装饰面材料种类 5.分格缝宽度、材料种类	m^2	按设计图示尺寸以面积计算	1.基层清理 2.砂浆制作、运输 3.底层抹灰 4.抹面层 5.抹装饰面 6.勾分格缝
011203002	零星项目装饰抹灰	1.墙体类型 2.底层厚度、砂浆配合比 3.面层厚度、砂浆配合比 4.装饰面材料种类 5.分格缝宽度、材料种类			
011203003	零星项目砂浆找平	1.基层类型 2.找平的砂浆厚度、配合比			1.基层清理 2.砂浆制作、运输 3.抹灰找平

4　墙面块料面层(编码 011204)

墙面块料面层包括石材墙面、碎拼石材墙面、块料墙面和干挂石材钢骨架四个项目，墙面块料面层工程量清单项目设置及工程量计算规则如表 4-24 所示。

表 4-24　墙面块料面层(编码 011204)

项目编码	项目名称	项目特征	计量单位	工程量计算规则	工作内容
011204001	石材墙面	1.墙体类型 2.安装方式 3.面层材料品种、规格、颜色 4.缝宽、嵌缝材料种类 5.防护材料种类 6.磨光、酸洗、打蜡要求	m^2	按镶贴表面积计算	1.基层清理 2.砂浆制作、运输 3.黏结层铺贴 4.面层安装 5.嵌缝 6.刷防护材料 7.磨光、酸洗、打蜡
011204002	拼碎石材墙面				
011204003	块料墙面				
011204004	干挂石材钢骨架	1.骨架种类、规格 2.防锈漆品种遍数	t	按设计图示以质量计算	1.骨架制作、运输、安装 2.刷漆

5　柱(梁)面镶贴块料(编码 011205)

柱(梁)面镶贴块料包括石材柱面、块料柱面、拼碎块柱面、石材梁面、块料梁面五个清单项目，柱(梁)面镶贴块料工程量清单项目设置及工程量计算规则如表4-25所示。

注意：(1)挂贴方式是指对大规格的石材(大理石、花岗石、青石等)使用先挂后灌浆的方式固定于墙、柱面。

(2)干挂方式是指直接干挂法，是通过不锈钢膨胀螺栓、不锈钢挂件、不锈钢连接件、不锈钢钢针等，将外墙饰面板连接在外墙墙面。间接干挂法，是指通过固定在墙、柱、梁上的龙骨，再通过各种挂件固定外墙饰面板。

表4-25　柱(梁)面镶贴块料(编码011205)

项目编码	项目名称	项目特征	计量单位	工程量计算规则	工作内容
011205001	石材柱面	1.柱截面类型、尺寸 2.安装方式 3.面层材料品种、规格、颜色 4.缝宽、嵌缝材料种类 5.防护材料种类 6.磨光、酸洗、打蜡要求	m²	按镶贴表面积计算	1.基层清理 2.砂浆制作、运输 3.黏结层铺贴 4.面层安装 5.嵌缝 6.磨光、酸洗、打蜡
011205002	块料柱面				
011205003	拼碎块柱面				
011205004	石材梁面	1.安装方式 2.面层材料品种、规格、颜色 3.缝宽、嵌缝材料种类 4.防护材料种类 5.磨光、酸洗、打蜡要求			1.基层清理 2.砂浆制作、运输 3.黏结层铺贴 4.面层安装 5.嵌缝 6.刷防护材料 7.磨光、酸洗、打蜡
011205005	块料梁面				

6　镶贴零星块料(编码011206)

镶贴零星块料包括石材零星项目、块料零星项目、拼碎块零星项目三个清单项目，镶贴零星块料工程量清单项目设置及工程量计算规则如表4-26所示。

表4-26　镶贴零星块料(编码011206)

项目编码	项目名称	项目特征	计量单位	工程量计算规则	工作内容
011206001	石材零星项目	1.安装方式 2.面层材料品种、规格、颜色 3.缝宽、嵌缝材料种类 4.防护材料种类 5.磨光、酸洗、打蜡	m²	按镶贴表面积计算	1.基层清理 2.砂浆制作、运输 3.面层安装 4.嵌缝 5.刷防护材料 6.磨光、酸洗、打蜡
011206002	块料零星项目				
011206003	拼碎块零星项目				

7 墙饰面(编码 011207)

墙饰面只包括墙面装饰板一项。墙饰面适用于金属饰面板、塑料饰面板、木质饰面板、软包带衬板饰面等装饰板墙面,墙饰面工程量清单项目设置及工程量计算规则如表 4-27 所示。

表 4-27 墙饰面(编码 011207)

项目编码	项目名称	项目特征	计量单位	工程量计算规则	工作内容
011207001	墙面装饰板	1.龙骨材料种类、规格、中距 2.隔离层材料种类、规格 3.基层材料种类、规格 4.面层材料品种、规格、颜色 5.压条材料种类、规格	m^2	按设计图示墙净长乘以净高以面积计算。扣除门窗洞口及单个>0.3 m^2的孔洞所占面积	1.基层清理 2.龙骨制作、运输、安装 3.钉隔离层 4.基层铺钉 5.面层铺贴

8 柱(梁)饰面(编码 011208)

柱(梁)面装饰项目适用于除石材、块料装饰柱(梁)面外的装饰项目,柱(梁)饰面工程量清单项目设置及工程量计算规则如表 4-28 所示。

表 4-28 柱(梁)饰面(编码 011208)

项目编码	项目名称	项目特征	计量单位	工程量计算规则	工作内容
011208001	柱(梁)面装饰	1.龙骨材料种类、规格、中距 2.隔离层材料种类 3.基层材料种类、规格 4.面层材料品种、规格、颜色 5.压条材料种类、规格	m^2	按设计图示饰面外围尺寸以面积计算。柱帽、柱墩并入相应柱饰面工程量内	1.清理基层 2.龙骨制作、运输、安装 3.钉隔离层 4.基层铺钉 5.面层铺贴

【例 4-8】 某工程有独立柱 4 根,柱高为 6 m,柱结构断面为 400 mm×400 mm,饰面厚度为 51 mm,具体工程做法为:30 mm×40 mm 单向木龙骨,间距为 400 mm;18 mm 厚细木工板基层;3 mm 厚红胡桃面板,醇酸清漆五遍成活。试编制柱饰面工程工程量清单。

解 (1)计算柱饰面工程量。

$S_{柱}=(0.4+0.051_{(饰面厚度)}\times 2)\times 4\times 4\times 6=48.19(m^2)$

(2)编制工程量清单。

工程量清单见表 4-29。

表 4-29 柱面饰面工程量清单

序号	项目编码	项目名称	项目特征描述	计量单位	工程数量
1	011208001001	柱面饰面	30 mm×40 mm 单向木龙骨,间距 400 mm 18 mm 厚细木工板基层 3 mm 厚红胡桃面板,醇酸清漆五遍成活	m^2	48.19

9 幕墙工程(编码 011209)

幕墙工程包括带骨架幕墙和全玻(无框玻璃)幕墙两个清单项目,幕墙工种工程量清单项目设置及工程量计算规则如表 4-30 所示。

表 4-30 幕墙工程(编码 011209)

项目编码	项目名称	项目特征	计量单位	工程量计算规则	工作内容
011209001	带骨架幕墙	1.骨架材料种类、规格、中距 2.面层材料品种、规格、颜色 3.面层固定方式 4.隔离带、框边封闭材料品种、规格 5.嵌缝、塞口材料种类	m^2	按设计图示框外围尺寸以面积计算。与幕墙同种材质的窗所占面积不扣除	1.骨架制作、运输、安装 2.面层安装 3.隔离带、框边封闭 4.嵌缝、塞口 5.清洗
011209002	全玻(无框玻璃)幕墙	1.玻璃品种、规格、颜色 2.黏结塞口材料种类 3.固定方式		按设计图示尺寸以面积计算。带肋全玻幕墙按展开面积计算	1.幕墙安装 2.嵌缝、塞口 3.清洗

10 隔断(编码 011210)

隔断工程包括木隔断、金属隔断、玻璃隔断、塑料隔断、成品隔断及其他隔断六个清单项目,隔断工程量清单项目设置及工程量计算规则如表 4-31 所示。

注意:隔断上的门窗可包括在隔断项目报价内,也可单独编码列项,要在清单项目名称栏中进行描述,若门窗包括在隔断项目报价内,则门窗洞口面积不扣除。

表 4-31 隔断(编码 011210)

项目编码	项目名称	项目特征	计量单位	工程量计算规则	工作内容
011210001	木隔断	1.骨架、边框材料种类、规格 2.隔板材料品种、规格、颜色 3.嵌缝、塞口材料品种 4.压条材料种类	m^2	按设计图示框外围尺寸以面积计算。不扣除单个≤0.3 m^2 的孔洞所占面积;浴厕门的材质与隔断相同时,门的面积并入隔断面积内	1.骨架及边框制作、运输、安装 2.隔板制作、运输、安装 3.嵌缝、塞口 4.装钉压条
011210002	金属隔断	1.骨架、边框材料种类、规格 2.隔板材料品种、规格、颜色 3.嵌缝、塞口材料品种			1.骨架及边框制作、运输、安装 2.隔板制作、运输、安装 3.嵌缝、塞口

续表 4-31

项目编码	项目名称	项目特征	计量单位	工程量计算规则	工作内容
011210003	玻璃隔断	1.边框材料种类、规格 2.玻璃品种、规格、颜色 3.嵌缝、塞口材料品种	m^2	按设计图示框外围尺寸以面积计算。不扣除单个≤0.3 m^2的孔洞所占面积	1.边框制作、运输、安装 2.玻璃制作、运输、安装 3.嵌缝、塞口
011210004	塑料隔断	1.边框材料种类、规格 2.隔板材料品种、规格、颜色 3.嵌缝、塞口材料品种			1.骨架及边框制作、运输、安装 2.隔板制作、运输、安装 3.嵌缝、塞口
011210005	成品隔断	1.隔断材料品种、规格、颜色 2.配件品种、规格	1.m^2 2.间	1.按设计图示框外围尺寸以面积计算 2.按设计间的数量以间计算	1.隔断运输、安装 2.嵌缝、塞口
011210006	其他隔断	1.骨架、边框材料种类、规格 2.隔板材料品种、规格、颜色 3.嵌缝、塞口材料品种	m^2	按设计图示框外围尺寸以面积计算。不扣除单个≤0.3 m^2的孔洞所占面积	1.骨架及边框安装 2.隔板安装 3.嵌缝、塞口

课题 4.3　天棚工程

天棚工程适用于天棚抹灰、天棚吊顶、采光天棚工程及天棚其他装饰等清单项目。

1　天棚抹灰(编码 011301)

天棚抹灰适用于在各种基层(混凝土现浇板、预制板、木板条等)上的抹灰工程,其工程量清单项目设置及工程量计算规则如表 4-32 所示。

表 4-32　天棚抹灰(编码 011301)

项目编码	项目名称	项目特征	计量单位	工程量计算规则	工作内容
011301001	天棚抹灰	1.基层类型 2.抹灰厚度、材料种类 3.砂浆配合比	m^2	按设计图示尺寸以水平投影面积计算。不扣除间壁墙、垛、柱、附墙烟囱、检查口和管道所占的面积,带梁天棚、梁两侧抹灰面积并入天棚面积内,板式楼梯底面抹灰按斜面积计算,锯齿形楼梯底板抹灰按展开面积计算	1.基层清理 2.底层抹灰 3.抹面层

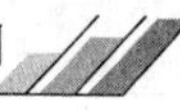

【例 4-9】　某天棚抹灰工程，天棚净长为 8.76 m，净宽为 5.76 m，楼板为钢筋混凝土现浇楼板，板厚为 120 mm，在宽度方向有现浇钢筋混凝土单梁 2 根，梁截面尺寸为 250 mm×600 mm，梁顶与板顶在同一标高，天棚抹灰的工程做法为：喷乳胶漆；5 mm 厚 1∶2 水泥砂浆抹面；7 mm 厚 1∶3 水泥砂浆打底；刷素水泥浆一道（内掺 107 胶）；现浇混凝土板。试编制天棚抹灰工程工程量清单。

解　(1)计算天棚抹灰工程量。

$S=8.76\times5.76+(0.6-0.12)_{(梁净高)}\times2_{(梁两侧)}\times5.76\times2_{(根数)}=61.52(m^2)$

(2)编制工程量清单。

工程量清单见表 4-33，报价见表 4-34。

表 4-33　天棚抹灰工程量清单

序号	项目编码	项目名称	项目特征描述	计量单位	工程数量
1	011301001001	天棚抹灰	5 mm 厚 1∶2 水泥砂浆抹面 7 mm 厚 1∶3 水泥砂浆打底 刷素水泥浆一道（内掺 107 胶）	m²	61.52

表 4-34　天棚抹灰工程量清单综合单价分析表

<table>
<tr><td>项目编码</td><td>011301001001</td><td colspan="2">项目名称</td><td colspan="4">天棚抹灰</td><td>计量单位</td><td>m²</td><td>工程量</td><td>61.52</td></tr>
<tr><td colspan="12">清单综合单价组成明细</td></tr>
<tr><td rowspan="2">定额编号</td><td rowspan="2">定额项目名称</td><td rowspan="2">定额单位</td><td rowspan="2">数量</td><td colspan="4">单价</td><td colspan="4">合价</td></tr>
<tr><td>人工费</td><td>材料费</td><td>机械费</td><td>管理费和利润</td><td>人工费</td><td>材料费</td><td>机械费</td><td>管理费和利润</td></tr>
<tr><td>B3-7</td><td>水泥砂浆抹现浇混凝土面天棚，(7+5)mm</td><td>100 m²</td><td>0.615 2</td><td>1 869.12</td><td>352.76</td><td>30.42</td><td>309.23</td><td>1 149.88</td><td>217.02</td><td>18.71</td><td>190.24</td></tr>
<tr><td colspan="2">人工单价</td><td colspan="6">小计</td><td>1 149.88</td><td>217.02</td><td>18.71</td><td>190.24</td></tr>
<tr><td colspan="2">96 元/工日</td><td colspan="6">未计价材料费</td><td></td><td></td><td></td><td></td></tr>
<tr><td colspan="8">清单项目综合单价</td><td colspan="4">25.62</td></tr>
<tr><td rowspan="3">材料费明细</td><td colspan="5">主要材料名称、规格、型号</td><td>单位</td><td>数量</td><td>单价（元）</td><td>合价（元）</td><td>暂估单价（元）</td><td>暂估合价（元）</td></tr>
<tr><td colspan="7">其他材料费</td><td>—</td><td>3.53</td><td>—</td><td></td></tr>
<tr><td colspan="7">材料费小计</td><td>—</td><td>3.53</td><td>—</td><td></td></tr>
</table>

2　天棚吊顶（编码 011302）

天棚吊顶包括天棚吊顶、格栅吊顶、吊筒吊顶、藤条造型悬挂吊顶、织物软雕吊顶、网架（装饰）吊顶六个清单项目，其工程量清单项目设置及工程量计算规则如表 4-35 所示。

天棚吊顶适用于形式上为非漏空式的天棚吊顶。

表 4-35　天棚吊顶(编码 011302)

项目编码	项目名称	项目特征	计量单位	工程量计算规则	工作内容
011302001	天棚吊顶	1.吊顶形式、吊杆规格、高度 2.龙骨材料种类、规格、中距 3.基层材料种类、规格 4.面层材料品种、规格 5.压条材料种类、规格 6.嵌缝材料种类 7.防护材料种类	m^2	按设计图示尺寸以水平投影面积计算。天棚面中的灯槽及跌级、锯齿形、吊挂式、藻井式天棚面积不展开计算。不扣除间壁墙、检查口、附墙烟囱、柱垛和管道所占面积,扣除单个 >0.3m^2 的孔洞、独立柱及与天棚相连的窗帘盒所占的面积	1.基层清理、吊杆安装 2.龙骨安装 3.基层板铺贴 4.面层铺贴 5.嵌缝 6.刷防护材料
011302002	格栅吊顶	1.龙骨材料品种、规格、中距 2.基层材料品种、规格 3.面层材料品种、规格 4.防护材料种类	m^2	按设计图示尺寸以水平投影面积计算	1.基层清理 2.龙骨安装 3.基层板铺贴 4.面层铺贴 5.刷防护材料
011302003	吊筒吊顶	1.吊筒形状、规格 2.吊顶材料种类 3.防护材料种类			1.基层清理 2.吊筒制作安装 3.刷防护材料
011302004	藤条造型悬挂吊顶	1.骨架材料品种、规格 2.面层材料品种、规格			1.基层清理 2.龙骨安装 3.铺贴面层
011302005	织物软雕吊顶				
011302006	网架(装饰)吊顶	网架材料品种、规格			1.基层清理 2.网架制作安装

(1)天棚吊顶形式包括平面、跌级、锯齿形、阶梯形、吊挂形、藻井形以及矩形、弧形、拱形等形式,如图 4-4 所示,应在清单项目中进行描述。

平面:是指吊顶面层在同一平面上的天棚。

跌级:是指形状比较简单,不带灯槽、一个空间只有一个“凸”或“凹”形状的天棚。

基层材料:是指底板或面层背后的加强材料。

(2)面层材料的品种是指石膏板(包括装饰石膏板,如纸面石膏板、吸声穿孔石膏板、嵌装式装饰石膏板等)、埃特板、装饰吸声罩面板(包括矿棉装饰吸声板、贴塑矿(岩)棉吸

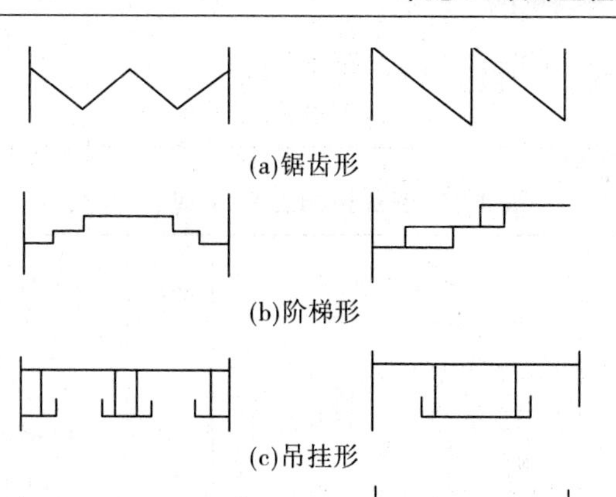

图4-4　天棚吊顶形式示意图

声板、膨胀珍珠岩石装饰吸声板、玻璃棉装饰吸声板等)、塑料装饰罩面板(钙塑泡沫装饰吸声板、聚苯乙烯泡沫塑料装饰吸声板(聚氯乙烯塑料天花板等)、纤维水泥加压板(包括穿孔吸声石棉水泥板、轻质硅酸钙吊顶板等)、金属装饰板(包括铝合金罩面板、金属微孔吸声板、铝合金单体构件等)、木质饰板(胶合板、薄板、板条、水泥木丝板、刨花板等)、玻璃饰面(包括镜面玻璃、镭射玻璃等)。

注意:在同一个工程中如果龙骨材料种类、规格、中距有所不同,或者虽然龙骨材料种类、规格、中距相同,但基层或面层材料的品种、规格、品牌不同,都应分别编码列项。

【例4-10】　如图4-1所示的建筑物平面示意图,设计采用纸面石膏板天棚吊顶,具体工程做法为:刮腻子喷乳胶漆二遍;纸面石膏板规格为1 200 mm×800 mm×6 mm;U形轻钢龙骨;钢筋吊杆;钢筋混凝土楼板。试编制纸面石膏板天棚工程量清单。

解　(1)计算天棚吊顶工程量。

$S=(3\times3-0.12\times2)\times(3\times2-0.12\times2)-0.3\times0.3\times2=50.28(\text{m}^2)$

(2)编制工程量清单。

工程量清单见表4-36。

表4-36　天棚吊顶工程量清单

序号	项目编码	项目名称	项目特征描述	计量单位	工程数量
1	011302001001	天棚吊顶	刮腻子喷乳胶漆二遍 纸面石膏板规格为1 200 mm×800 mm×6 mm U形轻钢龙骨 钢筋吊杆 钢筋混凝土楼板	m^2	50.28

3 采光天棚工程(编码 011303)

采光天棚工程工程量清单项目设置及工程量计算规则如表 4-37 所示。

表 4-37 采光天棚工程(编码 011303)

项目编码	项目名称	项目特征	计量单位	工程量计算规则	工作内容
011303001	采光天棚	1.骨架类型 2.固定类型,固定材料品种、规格 3.面层材料品种、规格 4.嵌缝、塞口材料种类	m^2	按框外围展开面积计算	1.清理基层 2.面层制作、安装 3.嵌缝、塞口 4.清洗

4 天棚其他装饰(编码 011304)

天棚其他装饰工程量清单项目设置及工程量计算规则如表 4-38 所示。

表 4-38 天棚其他装饰(编码 011304)

项目编码	项目名称	项目特征	计量单位	工程量计算规则	工作内容
011304001	灯带(槽)	1.灯带形式、尺寸 2.格栅片材料品种、规格 3.安装固定方式	m^2	按设计图示尺寸以框外围面积计算	安装、固定
011304002	送风口、回风口	1.风口材料品种、规格 2.安装固定方式 3.防护材料种类	个	按设计图示数量计算	1.安装、固定 2.刷防护材料

课题 4.4 油漆、涂料、裱糊工程

油漆、涂料、裱糊工程包括门油漆,窗油漆,木扶手及其他板条、线条油漆,木材面油漆,金属面油漆,抹灰面油漆,喷刷涂料,裱糊等八个清单项目。

1 门油漆(编码 011401)

门油漆项目包括木门油漆,金属门油漆等两个清单项目,其工程量清单项目设置及工程量计算规则如表 4-39 所示。

表4-39　门油漆(编码011401)

项目编码	项目名称	项目特征	计量单位	工程量计算规则	工作内容
011401001	木门油漆	1.门类型 2.门代号及洞口尺寸 3.腻子种类 4.刮腻子遍数 5.防护材料种类 6.油漆品种、刷漆遍数	1.樘 2.m^2	1.以樘计量,按设计图示数量计量 2.以平方米计量,按设计图示洞口尺寸以面积计算。以樘计量,按设计图示数量计量	1.基层清理 2.刮腻子 3.刷防护材料、油漆
011401002	金属门油漆				1.除锈、基层清理 2.刮腻子 3.刷防护材料、油漆

注意:(1)门类型应分为镶板门、木板门、胶合板门、装饰实木门、木纱门、木质防火门、连窗门、平开门、推拉门、单扇门、双扇门、带纱门、全玻门(带木扇框)、半玻门、半百叶门、全百叶门以及带亮子、不带亮子、有门框、无门框和单独门框等油漆,分别编码列项。另外,连窗门可按门油漆项目编码列项。

(2)腻子种类分为石膏油腻子(熟桐油、石膏粉、适量水)、胶腻子(大白、色粉、羧甲基纤维素)、漆片腻子(漆片、酒精、石膏粉、适量色粉)、油腻子(矾石粉、桐油、脂肪酸、松香)等。

(3)刮腻子要求指刮腻子遍数(道数)、满刮腻子、找补腻子等。

2　窗油漆(编码011402)

窗油漆项目包括木窗油漆和金属窗油漆两个清单项目,其工程量清单项目设置及工程量计算规则如表4-40所示。

表4-40　窗油漆(编码011402)

项目编码	项目名称	项目特征	计量单位	工程量计算规则	工作内容
011402001	木窗油漆	1.窗类型 2.窗代号及洞口尺寸 3.腻子种类 4.刮腻子遍数 5.防护材料种类 6.油漆品种、刷漆遍数	1.樘 2.m^2	1.以樘计量,按设计图示数量计量 2.以平方米计量,按设计图示洞口尺寸以面积计算	1.基层清理 2.刮腻子 3.刷防护材料、油漆
011402002	金属窗油漆				1.除锈、基层清理 2.刮腻子 3.刷防护材料、油漆

注意:窗类型应分为平开窗、推拉窗、提拉窗、固定窗、空花窗、百叶窗以及单扇窗、双扇窗、多扇窗、单层窗、双层窗、带亮子、不带亮子等分别编码列项。

3　木扶手及其他板条、线条油漆(编码011403)

木扶手及其他板条、线条油漆适用于木扶手油漆,窗帘盒油漆,封檐板、顺水板油漆,挂衣板、黑板框油漆,挂镜线、窗帘棍、单独木线油漆共五个清单项目,其工程量清单项目设置及工程量计算规则如表4-41所示。

表4-41　木扶手及其他板条、线条油漆(编码011403)

项目编码	项目名称	项目特征	计量单位	工程量计算规则	工作内容
011403001	木扶手油漆	1.断面尺寸 2.腻子种类 3.刮腻子遍数 4.防护材料种类 6.油漆品种、刷漆遍数	m^2	按设计图示尺寸以长度计算	1.基层清理 2.刮腻子 3.刷防护材料、油漆
011403002	窗帘盒油漆				
011403003	封檐板、顺水板油漆				
011403004	挂衣板、黑板框油漆				
011403005	挂镜线、窗帘棍、单独木线油漆				

注意:木扶手应区别带托板与不带托板,分别编码列项。

4　木材面油漆(编码011404)

(略)

5　金属面油漆(编码011405)

(略)

6　抹灰面油漆(编码011406)

(略)

7　喷刷涂料(编码011407)

(略)

8　裱糊(编码011408)

(略)

课题4.5　综合能力训练

1　计算楼地面工程工程量

【训练目的】 熟悉楼地面工程的清单项目划分和工程量计算规则,掌握楼地面工程工程量计算方法。

【能力目标】 能结合实际工程准确列出本课题分部分项工程清单项目并计算楼地面工程的工程量。

【原始资料】 ×××办公楼设计图(见附录)。

【训练步骤】

1.分析及列项

(略)

2.工程量计算

1)一层花岗岩地面

在一层除卫生间地面为耐磨地砖外,其他地面均为花岗岩地面。

一层地面工程量=房间的净长×房间的净宽

=(3.6−0.025−0.1)×(7.8+3.0−1.5−0.06−0.025)+

(3.9×4+9.0−0.1×2)×(7.8+3.0−0.025×2)+

(3.6−0.1−0.025)×10.75

=331.68(m^2)

2)花岗岩平台

花岗岩平台与台阶应以台阶外沿加300 mm为界,外侧为台阶,内侧为平台。

平台工程量=平台长×平台宽

=(16.8−2.1×2)×(2.4+1.2−0.225)

=42.53(m^2)

3)一层卫生间耐磨地砖地面

卫生间耐磨地砖地面工程量=卫生间的净长×卫生间的净宽

=(3.6−0.025−0.1)×(1.5−0.06−0.025)

=4.92(m^2)

4)卫生间耐磨地砖楼面

卫生间耐磨地砖楼面工程量=卫生间的净长×卫生间的净宽

=(3.6−0.025−0.1)×(1.5−0.06−0.025)

=4.92(m^2)

5)二层全玻磁化砖楼面

二层全玻磁化砖楼面工程量=房间的净长×房间的净宽

=(3.6−0.025−0.1)×(7.8+3.0−0.025×2)+

(3.9×4+9.0−0.2×3)×(7.8−0.1−0.025)+

(3.9×4+9.0+0.225−0.1)×(3.0−0.1−0.025)+

(3.6−0.225−0.025)×(3.0−0.025−0.15)

=302.10(m^2)

6)水泥砂浆台阶

水泥砂浆台阶工程量=台阶长×台阶宽

=3.31×(2.1+0.3)=7.94(m^2)

7)水泥砂浆平台

水泥砂浆平台工程量=台阶长×台阶宽

=3.31×(0.9−0.3)=1.99(m^2)

8)花岗岩台阶

花岗岩台阶工程量=台阶外围长×台阶外围宽-平台面积

=(2.4+1.2+2.1-0.225)×(3.9×2+9)-(16.8-2.1×2)×(2.4+1.2-0.225)

=49.46(m^2)

9)花岗岩踢脚线(直线型)

楼梯间踢脚线工程量={[(7.8+3.0-1.5-0.025-0.06)+(3.6-0.1-0.025)]×2+0.2×2$_{(柱侧)}$+0.125×2$_{(柱侧)}$-1.0-0.75-1.5+0.08×2$_{(门洞侧)}$+0.06×2×2$_{(门洞侧)}$}×0.12

=2.78(m^2)

一层踢脚线工程量

Ⓑ~Ⓓ/②~⑦ {[(3.9×4+9.0-0.1×2)+(7.8+3.0-0.025×2)]×2+0.45×4×2+0.2×2×2+0.125×2×2+0.06×2×3+0.08×2-1.0×3-8.2-0.5×2$_{(圆柱)}$}×0.12

=7.62(m^2)

Ⓑ~Ⓓ/⑦~⑧ [(10.75+3.475)×2+0.2×2+0.125×2+0.06×2×2-1.0×2]×0.12

=3.28(m^2)

二层踢脚线工程量

Ⓒ~Ⓓ/①~⑦ {[(3.9×4+3.6+9.0-0.1-0.025)+(3.0-0.025-0.1)+(3.0-0.025-0.15+0.2)$_{(柱侧)}$+(3.9×4+3.6+9.0-0.1+0.225)]+0.2×2×3$_{(柱侧)}$+0.125×5$_{(柱侧)}$+(0.225-0.15)×2+0.06×2×5-1.0×3$_{(M_2)}$-1.5×2$_{(M_5)}$)}×0.12

=9.30(m^2)

Ⓑ~Ⓒ/②~③ {[(7.8-0.1-0.025+3.475)+(3.9-0.1×2)]×2+0.06×2-1.0}×0.12

=2.62(m^2)

Ⓑ~Ⓒ/③~⑥ {[7.675+(3.9×2+9.0-0.1×2)]×2+0.125×2×2+0.06×2×2-1.5×2-0.5×2$_{(圆柱)}$}×0.12=5.43(m^2)

Ⓑ~Ⓒ/⑥~⑦ [(7.675+3.7)×2+0.06×2×2-1.0×2]×0.12

=2.52(m^2)

Ⓑ~Ⓒ/⑦~⑧ {[(10.75+3.475)×2+0.2×2+0.125×2+0.06×2×2-1.0×2]}×0.12

=3.28(m^2)

平台踢脚线工程量=[(0.2+0.225+0.15)+(0.125+0.225+0.15)]×0.12+[(1.65-0.06)×2+3.475-0.75+0.06×2]×0.12

=0.85(m^2)

总计:7.62+3.28+9.30+2.62+5.43+2.52+3.28+0.85=34.90(m^2)

10)花岗岩踢脚线(锯齿型)

楼梯梯段斜踢脚线工程量=$\sqrt{4.5^2+2.4^2}$$_{(斜段长)}$×2×0.12+(1/2×0.3×0.15)×15×2$_{(三角形)}$

=1.90(m^2)

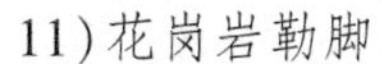
11)花岗岩勒脚

外墙花岗岩勒脚工程量=(外墙外边线长-台阶所占长度)×勒脚高度

$$=\{[32.25+(7.8+3.0+0.225\times2)]\times2-(3.9\times2+9.0-0.3\times6)-(3.31+0.37\times2)\}\times1.2$$

$$=81.54(\text{m}^2)$$

12)楼梯面层地面

楼梯面层地面工程量=楼梯间净进深×楼梯间净宽

$$=(7.8-1.5-0.06+0.15)\times(3.6-0.025-0.1)$$

$$=22.21(\text{m}^2)$$

13)楼梯不锈钢栏杆扶手

楼梯不锈钢栏杆扶手工程量 $=(4.5\times2+0.2_{(\text{每边延伸100})})\times1.13_{(\text{楼梯坡度系数})}\times2+0.1_{(\text{楼梯休息平台转弯处})}+1/2\times(3.6-0.025-0.1)+0.05_{(\text{转弯处增50})}$

$$=11.34(\text{m})$$

14)不锈钢防护栏杆

不锈钢防护栏杆工程量 $=(3.9-0.1-0.225)\times2+(3.9-0.25-0.1)\times2+(9-0.5)$

$$=22.75(\text{m})$$

注意:(1)楼地面工程的列项及工程量计算与楼地面的构造做法息息相关,列项时应详细了解各不同用途的房间楼面、地面的构造层次、装饰做法及材料选择,以便准确列项。

(2)在同一房间内,地面(楼面)出现不同做法时,一定要分别列项。

(3)楼梯面层与楼面层划分界限,台阶面层与平台面层的划分界限。

讨论:(1)如果本工程采用水泥砂浆踢脚线。清单工程量应如何计算?如果根据全国统一建筑装饰装修工程消耗量定额进行报价,则施工工程量应如何计算?

(2)楼地面工程中的整体面层、块料面层的清单计算规则与全国统一建筑装饰装修工程消耗量定额的计算规则有何不同?

(3)有地沟的房间中,如何计算地面清单工程量,地沟所占的面积应如何处理?是否直接从地面工程量中扣除?

(4)本例花岗岩平台面层是否可以与花岗岩地面面层合并为一项?

(5)楼梯底面抹灰工程量应如何计算?应执行什么清单项目?

(6)固定楼梯栏杆扶手的预埋铁件的费用应包括在哪个清单项目中?

2 计算墙、柱面工程工程量

【训练目的】 熟悉墙、柱面工程的清单项目划分和工程量计算规则,掌握墙、柱面工程工程量计算方法。

【能力目标】 能结合实际工程准确列出墙、柱面工程清单项目并计算工程量。

【资料准备】 ×××办公楼设计图(见附录)。

【训练步骤】

1.分析及列项

按前面基础知识所述,墙、柱面需完成的工作内容有基层清理、底层抹灰、面层抹灰(或装饰等)。根据附录墙柱面工程的工程做法,并结合建筑平面图及详图一一对应,应列项目见表4-42。

表4-42 墙、柱面工程应列清单项目

序号	项目编码	项目名称
1	011201001001	内墙抹灰 2 mm 厚麻刀灰抹面 9 mm 厚 1∶3石灰膏砂浆 5 mm 厚 1∶3∶9水泥石灰膏砂浆打底划出纹理 刷加气混凝土界面处理剂一道
2	011201001002	外墙抹灰 6 mm 厚 1∶2.5 水泥砂浆找平 6 mm 厚 1∶1∶6水泥石灰膏打底扫毛 6 mm 厚 1∶0.5∶4水泥石灰膏打底扫毛 刷加气混凝土界面处理剂一道
3	011201001003	女儿墙抹水泥砂浆 8 mm 厚 1∶2.5 水泥砂浆抹面 10 mm 厚 1∶3水泥砂浆打底扫毛 刷素水泥浆结合层一道(内掺建筑胶)
4	011202001001	柱面抹灰 2 mm 摩球刀灰抹面 9 mm 厚 1∶3石灰膏砂浆 5 mm 厚 1∶3∶9水泥石灰膏砂浆打底划出纹理 刷加气混凝土界面处理剂一道
5	011203001001	零星项目一般抹灰 8 mm 厚 1∶2.5 水泥砂浆抹面 10 mm 厚 1∶3水泥砂浆打底扫毛 刷素水泥浆结合层一道(内掺建筑胶)
6	011203001002	台阶挡墙抹面 8 mm 厚 1∶2.5 水泥砂浆抹面 10 mm 厚 1∶3水泥砂浆打底扫毛
7	011204003001	釉面砖内墙面 白水泥擦缝 贴 5 mm 厚釉面砖 8 mm 厚 1∶0.1∶2.5 水泥石灰膏砂浆结合层 10 mm 厚 1∶3水泥砂浆打底扫毛或划出纹道 刷加气混凝土界面处理剂一道(随刷随抹底灰)
8	011208001001	铝塑板圆柱面 4 mm 厚双面铝塑板 3 mm 厚三合板固定在木龙骨上 24 mm×30 mm 木龙骨中距 500 mm

2.工程量计算

1)内墙抹灰

一层:Ⓑ~Ⓓ/②~⑦ $(3.9\times4+9.0-0.1\times2+10.75)\times2\times(4.8-0.12)+(0.2\times2\times2+0.125\times2+0.285\times2_{(圆柱增加量)})\times4.68-2.1\times0.9\times4_{(C1)}-7.325\times3.7\times2_{(C4)}-8.2\times4_{(M1)}-1.0\times2.1\times3_{(M2)}=235.72(m^2)$

Ⓓ/①~② Ⓒ~Ⓓ/① $[(3.0-0.025-0.45)\times2+(3.6-0.025-0.1)+0.2\times2]\times4.68-1.0\times2.0_{(M2)}-1.5\times2.4_{(M4)}-1.5\times1.8_{(C2)}=33.47(m^2)$

Ⓑ~Ⓓ/ ⑦~⑧ $(10.75+3.475)\times2\times4.68+(0.125\times2+0.2\times2)\times4.68-1.0\times2.1\times2_{(M2)}-1.5\times1.8_{(C2)}-1.2\times1.2_{(C3)}-2.1\times1.8_{(C5)}=124.07(m^2)$

二层:

Ⓑ~Ⓒ/②~③ $[(7.8-0.1-0.025)+(3.9-0.1\times2)]\times2\times(3.9-0.12)-(1.0\times2.1)_{(C2)}-(3.56\times2.9)_{(C7)}=73.57(m^2)$

Ⓑ~Ⓒ/⑥~⑦ $73.57-1.0\times2.1_{(M2)}=71.47(m^2)$

Ⓑ~Ⓒ/③~⑥ $[(3.9\times2+9.0-0.1\times2+7.675)\times2]\times3.78+(0.125\times2\times2+0.285\times2)\times3.78-(1.5\times2.1\times2)_{(M5)}-(3.56\times2.9\times2)_{(C7)}-(8.5\times2.9)_{(C8)}$

$=135.97(m^2)$

Ⓑ~Ⓓ/⑦~⑧ $[(3.6-0.1-0.025)+10.75]\times2\times3.78+(0.125\times2+0.2\times2)\times3.78-1.0\times2.1\times2-1.5\times1.8_{(C2)}-2.1\times1.8_{(C5)}-1.2\times1.5_{(C6)}=97.52(m^2)$

Ⓒ~Ⓓ/①~⑦ $[(3.9\times4+9.0+3.6-0.025-0.1)+(3.0-0.025-0.1)+(3.0-0.025-0.15)+(3.9\times4+9.0)]\times3.78+(0.2\times7+0.125\times5+0.225-0.15)\times3.78-(2.1\times1.8\times7)_{(C5)}-(1.0\times2.1\times3)_{(M2)}-(1.5\times2.1\times2)_{(M5)}-(1.5\times1.8)_{(C2)}$

$=186.84(m^2)$

楼梯间抹灰工程量 $=(7.8-1.5-0.06+0.15+0.2)\times2\times(8.7-0.12)=113.08(m^2)$

卫生间外墙面抹灰工程量 $=[(3.6-0.025-0.1)\times4.8-0.75\times2.0\times2]_{(M2)}=13.68(m^2)$

卫生间上部墙体抹灰工程量 $=[(1.5+0.06-0.025)\times2+3.475]\times3.78-(1.2\times1.5)_{(C6)}$

$=22.94(m^2)$

总计:$235.72+33.47+124.07+73.57+71.47+135.97+97.52+186.84+113.08+13.68+22.94$

$=1\ 108.33(m^2)$

2)柱面抹灰

柱面刷涂料工程量 $=0.45\times4\times2\times4.68=16.85(m^2)$

3)外墙抹水泥砂浆

外墙抹水泥砂浆工程量 $=(32.25+11.25)\times2\times9.6-2.1\times0.9\times4_{(C2)}-1.5\times1.8\times4_{(C2)}-1.2\times1.2\times4_{(C3)}-7.325\times3.7\times2_{(C4)}-2.1\times1.8\times9_{(C5)}-1.2\times1.5\times2_{(C6)}-3.56\times2.9\times4_{(C7)}-8.5\times2.9_{(C8)}-8.5\times4.0_{(M1)}-1.5\times2.4_{(M4)}$

$=615.71(m^2)$

4)女儿墙抹水泥砂浆

女儿墙内侧抹灰工程量=女儿墙内边线长×抹灰高度

$=[(32.25-0.24\times2)+(7.8+3.0+0.225\times2-0.24\times2)]\times2\times(0.9-0.11-0.25-0.05)$

$=41.69(m^2)$

5)零星项目一般抹灰

压顶抹灰工程量=压顶顶面面积+压顶内侧立面面积+压顶挑檐底面积

$=(0.24+0.06)\times[(32.25-0.15\times2)+(7.8+3+0.225\times2-0.15\times2)]\times2+0.05\times[(32.25-0.3\times2)+(7.8+3+0.225\times2-0.3\times2)]\times2+0.06\times[(32.25-0.27\times2)+(7.8+3+0.225\times2-0.27\times2)]\times2$

$=35.06(m^2)$

雨篷周边抹灰工程量=雨篷外边线长×抹灰高度

$=(1.5\times2+3.6+0.225\times2)\times0.4$

$=2.82(m^2)$

楼梯侧面工程量=楼梯梯段斜长×梯段板高度+踏步三角形面积

$=[\sqrt{4.5^2+2.4^2}\times0.18+(1/2\times0.15\times0.3)\times15]\times2$

$=2.51(m^2)$

总计:35.06+2.82+2.51 $=40.39(m^2)$

6)台阶挡墙抹面

台阶挡墙抹面工程量=展开面积

$=(2.1+0.9)\times(1.12+0.08)+0.37\times(3.0+1.2)+1/2\times(2.4\times1.2)-1/2\times(0.15\times0.3)\times8$

$=12.83(m^2)$

7)釉面砖内墙面

一层卫生间$=(1.5-0.06-0.025)\times2+(3.6-0.1-0.025)\times2]\times(2.27-0.08)-0.75\times2-1.2\times1.2$

$=18.48(m^2)$

休息平台处卫生间釉面砖工程量$=(1.415\times2+3.475\times2)\times(4.76-0.08-2.38)-0.75\times2.0-1.2\times1.2$

$=19.55(m^2)$

总计:18.48+19.55 $=38.03(m^2)$

8)铝塑板圆柱面

室外圆柱铝塑板工程量=圆柱外围饰面周长×柱高×根数

$=1.57_{(饰面尺寸)}\times4.0\times2+0.385_{(饰面尺寸)}\times4.0\times2$

$=15.64(m^2)$

注意:(1)墙柱面抹灰工程项目特征的描述要特别注意抹灰的层数、每层的厚度及各层砂浆的强度等级,并且要在设计工程做法的基础上密切与工程实际相结合。

(2)对于零星项目的适用范围及计算规则,千万不要漏项。同时,应注意清单计算规则与《全国统一装饰装修工程消耗量定额》中相关项目计算规则的差别。

(3)柱抹灰工程量与柱饰面、镶贴块料面层工程量的区别。

(4)计算有墙裙的墙面抹灰和墙裙工程量时,扣减门窗洞口面积时要注意墙裙高度

与门窗洞口的高度关系,并应分段扣减。

讨论:(1)本例中圆柱面如采用大理石饰面,用水泥砂浆粘贴,则工程量应如何计算?

(2)墙面一般抹灰与墙面镶贴块料计算规则有何不同?

3 计算天棚工程的工程量

【训练目的】 熟悉天棚工程的清单项目划分和工程量计算规则,掌握天棚工程工程量计算方法。

【能力目标】 能结合工程施工图准确列出本课题分部分项工程清单项目,并准确计算天棚工程的工程量。

【资料准备】 ×××办公楼设计图(见附录)。

【训练步骤】

1.分析及列项

首先应熟悉本图纸天棚工程的工程做法,并结合建筑平面图及详图一一对应,明确不同做法的分界线。应列项目见表4-43。

表4-43 天棚工程应列清单项目

序号	项目编码	项目名称
1	011301001001	卫生间天棚抹水泥砂浆 5 mm 厚 1:2.5 水泥砂浆抹面 5 mm 厚 1:3水泥砂浆打底 刷素水泥浆结合层一道(内掺建筑胶)
2	011301001002	背立面雨篷底面抹水泥砂浆 5 mm 厚 1:2.5 水泥砂浆抹面 5 mm 厚 1:3水泥砂浆打底 刷素水泥浆结合层一道(内掺建筑胶)
3	011301001003	天棚抹混合砂浆 5 mm 厚 1:0.3:2.5 水泥石灰膏砂浆抹面 5 mm 厚 1:0.3:3水泥石灰膏砂浆打底扫毛 刷素水泥浆结合层一道(内掺建筑胶)

2.工程量计算

1)卫生间天棚抹水泥砂浆

卫生间天棚抹灰工程量 = 4.92 m^2(卫生间地面)

2个卫生间天棚抹灰共计:4.92×2 = 9.84(m^2)

2)背立面雨篷底面抹水泥砂浆

雨篷底面抹水泥砂浆工程量 = 雨篷水平投影面积

= 1.5×(3.6+0.225×2) = 6.08(m^2)

3)天棚抹混合砂浆

一层:$331.68_{(\text{地面})}-22.21_{(\text{楼梯间})}$+(3.0−0.225×2)×(0.4−0.12)×2×2+

(3.6−0.225×2)×0.28×2+(7.8−0.225−0.25)×(0.65−0.12)×2×2+

(7.8−0.15−0.075)×(0.65−0.12)×2×4+(3.9×4+9.0−0.45×3)×

$(0.75-0.12)\times 2=391.04(m^2)$

二层：$302.10+22.21+4.92+[(3.6-0.225\times 2)\times(0.4-0.12)\times 2\times 2]+[(30-0.225\times 2)\times 0.28\times 2\times 3]+[(7.8-0.225-0.25)\times(0.65-0.12)\times 2\times 2]+[(7.8-0.15-0.075)\times(0.65-0.12)\times 2\times 2]+(3.6-0.075-0.125)\times[0.25+(0.4-0.12)\times 2]=371.38(m^2)$

楼梯休息平台底面抹灰工程量＝休息平台底面面积+梯梁底面及侧面抹灰

$=[(1.65-0.06)\times(3.6-0.025-0.1)]+3.475\times[(0.35-0.1)+0.2+(0.35-0.18)+0.3+(0.4-0.1)+(0.4-0.15-0.18)]_{(TL底面和侧面)}$

$=10.00(m^2)$

楼梯底板抹灰工程量＝楼梯段斜长×梯段宽度

$=\sqrt{4.5^2+2.4^2}\times(3.6-0.025-0.1)=17.72(m^2)$

总计：$391.04+371.38+10.00+17.72=790.14(m^2)$

注意：(1)在计算天棚抹灰工程量时，不要机械套用地面面积而忽略梁侧抹灰面积。

(2)楼梯底面抹灰应按斜面积计算。

(3)计算天棚吊顶工程量时应扣除独立柱、0.3 m^2以上孔洞及与天棚相连的窗帘盒所占的面积。

讨论：本例中卫生间如采用木龙骨、铝塑板吊顶如何列项？如何计算工程量？

4 计算油漆、涂料、裱糊工程工程量

【训练目的】 熟悉油漆、涂料、裱糊工程的清单项目划分和工程量计算规则，掌握油漆、涂料、裱糊工程工程量计算方法。

【能力目标】 能结合实际工程准确列出本课题分部分项工程清单项目，并计算油漆、涂料、裱糊工程的工程量。

【资料准备】 ×××办公楼设计图(见附录)。

【训练步骤】

1.分析及列项

首先应根据附录的墙柱面工程、天棚工程的工程做法，列出相关油漆、涂料工程的清单项目，应列项目见表4-44。

表4-44 油漆、涂料、裱糊工程应列清单项目

序号	项目编码	项目名称
1	011407001001	内墙涂料 白色立邦乳胶漆
2	011407001002	柱面涂料 白色立邦乳胶漆
3	011407001003	外墙涂料 刷迪诺瓦外墙涂料

续表 4-44

序号	项目编码	项目名称
4	011407002001	天棚涂料 白色立邦乳胶漆
5	011407002002	卫生间天棚涂料 白色立邦乳胶漆
6	011407002003	背立面雨篷底面涂料 刷迪诺瓦外墙涂料

2.工程量计算

1)内墙涂料

内墙涂料同内墙抹灰。

内墙涂料工程量 = 1 108.33 m^2

2)柱面涂料

柱面涂料同柱面抹灰。

柱面涂料工程量 = 16.85 m^2

3)外墙涂料

外墙涂料同外墙抹灰。

外墙涂料工程量 = 615.71 m^2

4)卫生间天棚涂料

卫生间天棚涂料同卫生间天棚抹灰。

卫生间天棚涂料工程量 = 4.92 m^2

5)背立面雨篷底面涂料

背立面雨篷底面涂料同背立面雨篷底面抹灰。

背立面雨篷底面涂料工程量 = 6.08 m^2

6)天棚涂料

天棚涂料同天棚抹灰。

天棚涂料工程量 = 790.13 m^2

注意:本课题适用于单独发包的油漆、涂料工程,因此有关项目中已经包括油漆、涂料的不再单独列项。

讨论:本例中墙面、柱面涂料项目是否可并入墙面、柱面抹灰项目中?

5　其他工程

【训练目的】　熟悉其他工程的清单项目划分和工程量计算规则,掌握其他工程工程量计算方法。

【能力目标】　能结合实际工程准确列出其他工程清单项目并计算工程量。

【资料准备】　×××办公楼设计图(见附录)。

【训练步骤】

1.分析及列项

首先应熟悉附录其他工程所涉及的项目及其工程做法。应列项目见表 4-45。

表 4-45　其他工程应列清单项目

序号	项目编码	项目名称
1	011207001001	雨篷铝塑板饰面 4 mm 厚双面铝塑板 6 mm 厚纤维水泥加压板固定在木龙骨上 24 mm×30 mm 木龙骨中距为 500 mm 混凝土雨篷

2.工程量计算

雨篷铝塑板饰面工程量=雨篷的水平投影面积

$$=\frac{1}{2}\left[\frac{3.14r^2a}{360°}-\frac{d(r-h)}{2}\right]$$

其中,$r=10.09+0.125=10.215(\text{m})$

$d=3.0\times3+3.9\times2+0.125\times2=17.05(\text{m})$

$h=2.4+2.1+0.125-0.225=4.4(\text{m})$

$a=2\arcsin(\sin\alpha)=2\arcsin(\frac{8.525}{10.215})=113.14°$

雨篷铝塑板饰面工程量 $=\frac{1}{2}\times\left[\frac{3.14\times10.215^2\times113.14°}{360°}-\frac{17.05\times(10.215-4.4)}{2}\right]$

$=26.70(\text{m}^2)$

注意:弧形雨篷的水平投影面积应根据结施 6 所示尺寸计算,图中所示弧形半径为圆心至弧形梁中心线的长度,并非雨篷结构外边线的半径,所以不能直接用 10 090 mm 计算弓形面积。

讨论:墙柱面、天棚装饰中所需的压条、装饰线是否可按本课题相应项目单独列项?

思考与练习题

1.请说明下列各分项工程项目,在分部分项工程量清单项目名称栏内其项目特征需描述那些内容?

(1)块料楼地面。

(2)墙面一般抹灰。

(3)天棚吊顶。

(4)胶合板门。

(5)窗油漆。

(6)屋面卷材防水。

2.某楼地面工程做法为:

(1)20 mm 厚 1∶2 水泥砂浆压实抹光。

(2)刷素水泥浆结合层一道。

(3)100 mm 厚 C15 混凝土。

(4)150 mm 厚 3∶7 灰土。

如果其设计图示净长为 30 m,净宽为 18 m,试编制楼地面工程工程量清单。

单元5　工程量清单计价与招标投标

【知识要点】　本单元使学生了解工程量清单计价下的招标控制价的编制、投标报价的计算和策略、施工合同价款确定。通过本单元学习,应掌握根据工程图纸、预算定额及招标人发布的工程量清单,编制工程量清单计价下的招标控制价和投标报价。

【教学目标】　能够按照《建设工程工程量清单计价规范》(GB 50500—2013),根据工程图纸、预算定额及招标人发布的工程量清单,编制工程量清单计价下的招标控制价和投标报价。

课题5.1　工程量清单计价下招标控制价的编制

1　招标控制价的概念

招标控制价是指招标人根据国家或省级、行业建设主管部门颁发的有关计价依据和办法,按设计施工图纸计算的,对招标工程限定的最高工程造价。

随着工程量清单计价的全面实行,工程招标投标活动中将以工程量清单计价作为计价方式,投标人可根据国家发布的《建设工程工程量清单计价规范》(GB 50500—2013)、招标人提供工程量清单数量、企业自身情况报出具有竞争性的工程综合单价,以不低于成本的报价竞标。

招标人编制的招标控制价是业主对合同成交价的期望值,是同类工程社会平均值。在以往定额计价招标活动中,招标控制价的作用主要是商务标拒标、审标、评标、定标的依据。如以招标控制价的+3%、-5%为限,投标报价越接近-5%得分最高,而这个报价并不能反映企业管理水平、技术装备、人员素质,也不符合工程量清单计价本质。在清单计价招标活动中,招标人编制的招标控制价不再是商务标评标基准和中标依据,招标控制价仅作为拒标(防止投标人串标抬价)和审标(以不平衡报价获取高额利润,损害业主利益)的依据。商务标的评标、定标依据是:经评审的不低于成本的最低报价。在这种情况下,招标人编制的工程招标控制价具有其特殊的意义:

(1)招标控制价是招标人控制建设工程投资、确定工程合同价格的参考依据。

(2)招标控制价是衡量、评审投标人投标报价是否合理的尺度和依据。

(3)它可以防止潜在的投标人串通抬价的重大风险,还可以预防投标人采用不平衡报价(量多低价、量少高价,前期高价、后期低价,低价中标、高价索赔)方法带来损失。

因此,标的价格必须以严格认真的态度和科学的方法进行编制,应当实事求是,综合考虑和体现发包方和承包方的利益。没有合理的招标控制价可能会导致工程招标的失误,达不到降低建设投资、缩短建设工期、保证工程质量、择优选用工程承包商的目的。编制切实可行的招标控制价,真正发挥招标控制价的作用,严格衡量和审定投标人的投标报

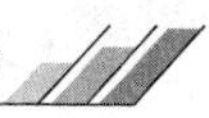

价，是工程招标工作能否达到预期目的的关键。

2　招标控制价的编制原则、依据和步骤

2.1　招标控制价的编制原则

工程招标控制价是招标人控制投资、确定招标工程造价的重要手段，工程招标控制价在计算时要力求科学合理、计算准确。招标控制价应当参考国务院和省（自治区、直辖市）人民政府建设行政主管部门制定的工程造价计价办法和计价依据以及其他有关规定，根据市场价格信息，由招标单位或委托有相应资质的招标代理机构和工程造价咨询单位以及监理单位等中介组织进行编制。工程招标控制价编制人员应严格按照国家的有关政策、规定，科学、公正地编制工程招标控制价。

在招标控制价的编制过程中，应遵循以下原则：

（1）根据国家统一工程项目划分、计量单位、工程量计算规则以及设计图纸、招标文件，并参照国家、行业或地方批准发布的定额和国家、行业、地方规定的技术标准规范以及要素市场价格确定工程量和编制招标控制价。

（2）招标控制价作为招标人的期望价格，应力求与市场的实际变化相吻合，要有利于竞争和保证工程质量。

（3）招标控制价应由直接工程费、间接费、利润、税金等组成，一般应控制在批准的建设工程投资估算或总概算（修正概算）价格以内。

（4）招标控制价应考虑人工、材料、设备、机械台班等价格变化因素，还应包括管理费、其他费用、利润、税金以及不可预见费、预算包干费、措施费（赶工措施费、施工技术措施费）、现场因素费用、保险等。采用固定价格的还应考虑工程的风险金等。

（5）一个工程只能编制一个招标控制价。

（6）招标人不得以各种原因任意压低招标控制价。

（7）工程招标控制价完成后应及时封存，在开标前应严格保密，所有接触过工程招标控制价的人员都负有保密责任，不得泄露。

2.2　招标控制价的编制依据

工程招标控制价的编制主要需依据以下基本资料和文件：

（1）国家或省级、行业建设主管部门颁布的计价定额和计价办法。

（2）工程招标文件中确定的计价依据和计价办法，招标文件的商务条款，包括合同条件中规定由工程承包方应承担义务而可能发生的费用，以及招标文件的澄清、答疑等补充文件和资料。在招标控制价计算时，计算要求和取费内容必须与招标文件中有关取费等的要求一致。

（3）工程设计文件、图纸、技术说明及招标时的设计交底，按设计图纸确定的或招标人提供的工程量清单等相关基础资料。

（4）国家、行业、地方的工程建设标准，包括建设工程施工必须执行的建设技术标准、规范和规程。

（5）采用的施工组织设计、施工方案、施工技术措施等。

（6）工程施工现场地质、水文勘探资料，现场环境和条件及反映相应情况的有关资料。

(7)招标时的人工、材料、设备及施工机械台班等的要素市场价格信息,以及国家或地方有关政策性调价文件的规定。

2.3 招标控制价的编制步骤

2.3.1 准备工作

首先,要熟悉施工图设计及说明,如发现图纸中有问题或有不明确之处,可要求设计单位进行交底、补充,做好记录,在招标文件中加以说明;其次,要勘察现场,实地了解现场情况及周围环境,以作为确定施工方案、包干系数和技术措施费等有关费用的依据;再次,要了解招标文件中规定的招标范围,材料、半成品和设备的加工订货情况,工程质量和工期要求,物资供应方式;最后,要进行市场调查,掌握材料、设备的市场价格。

2.3.2 收集编制资料

编制招标控制价需收集的资料和依据,包括招标文件相关条款、设计文件、工程定额、施工方案、现场环境和条件、市场价格信息等。总之,凡在工程建设实施过程中可能影响工程费用的各种因素,在编制招标控制价前都必须予以考虑,收集所有必需的资料和依据,达到招标控制价编制具备的条件。

2.3.3 计算招标控制价

招标控制价应根据所必需的资料,依据招标文件、设计图纸、施工组织设计、要素市场价格、相关定额以及计价办法等仔细准确地进行计算。

(1)以工程量清单确定划分的计价项目及其工程量,按照采用的工程定额或招标文件的规定,计算整个工程的人工、材料、机械台班需用量。

(2)确定人工、材料、设备及施工机械台班的市场价格,分别编制人工工日及单价表、材料价格清单表、机械台班及单价表等招标控制价表格。

(3)确定工程施工中的措施费用和特殊费用,编制工程现场因素、施工技术措施、赶工措施费用表以及其他特殊费用表。

(4)采用固定合同价格的,预测和测算工程施工周期内的人工、材料、设备、机械台班价格波动的风险系数。

(5)根据招标文件的要求,按工料单价计算直接费、确定其他直接费、现场经费、间接费和利润、计算税金,编制工程招标控制价计算书和招标控制价汇总表。或是根据招标文件的要求,通过综合计算完成分部分项工程所发生的直接费、其他直接费、现场经费、间接费、利润、税金,形成全费用单价即综合单价,按综合单价编制工程招标控制价计算书和标的价格汇总表。

2.3.4 审核招标控制价

计算得到招标控制价以后,应再依据工程设计图纸、特殊施工方法、工程定额等对填有单价与合价的工程量清单招标控制价计算书、招标控制价汇总表、采用固定价格的风险系数测算明细,以及现场因素、各种施工措施测算明细、材料设备清单等招标控制价编制表格进行复核与审查。工程量清单计价方式下招标控制价编制审核应注意的事项:

(1)内容是否完整包括分部分项工程量清单、措施项目清单和其他项目清单三部分。

(2)内容是否全面、正确包括四统一原则(统一编码、统一名称、统一计量、统一计算规则)。内容应包括项目编码、项目名称、计量单位和工程数量,应符合招标文件的要求,

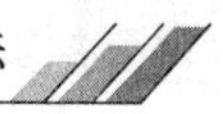

项目的特征描述要准确全面，防止产生误解，避免遗漏，应贯彻客观、公正、科学、合理的原则。

(3)措施项目清单包括的内容是否完整。

对于原来含在预算定额直接费里的措施费用(占工程直接费 10%~15%)，因这部分造价不构成工程实体，属于施工企业竞争报价范畴，企业在投标报价时，为使其报价具有竞争性基本上都不会全额计算，招标人在设立招标控制价时应考虑这部分因素。

(4)其他项目清单包括的内容是否完整。

(5)清单项目的描述是否全面准确。

3　招标控制价文件的主要内容

(1)招标控制价编制的综合说明。

(2)招标控制价，包括招标控制价审定书、工程量清单、招标控制价计算书、现场因素和施工措施费明细表、工程风险金测算明细表，主要材料用量表等。

(3)主要人工、材料、机械设备用量表。

(4)招标控制价附件，包括各项交底纪要，各种材料及设备的价格来源，现场的地质、水文、地上情况的有关资料，编制招标控制价所依据的施工方案和施工组织设计、特殊施工方法等。

(5)招标控制价编制的有关表格。

4　招标控制价表格

根据编制招标控制价采用的方法不同，表格也有所区别。

4.1　采用综合单价法编制招标控制价

(1)招标控制价编制说明。

(2)招标控制价汇总表。

(3)主要材料清单价格表。

(4)设备清单价格表。

(5)工程量清单价格表。

(6)措施项目价格表。

(7)其他项目价格表。

(8)工程量清单项目价格计算表。

4.2　采用工料单价法编制招标控制价

(1)招标控制价编制说明。

(2)招标控制价汇总表。

(3)主要材料清单汇总表。

(4)设备清单价格表。

(5)分部分项工程供料价格计算表。

(6)分部分项工程费用计算表。

5 招标控制价的编制

工程招标控制价是招标人控制建设投资、掌握招标工程造价的重要手段,工程招标控制价在计算时应科学合理、准确和全面。应严格按照国家的有关政策、规定,科学公正地编制工程招标控制价。

5.1 招标控制价的计算格式

工程招标控制价编制,需要根据招标工程的具体情况,如设计文件和图纸的深度、工程的规模和复杂程度、招标人的特殊要求、招标文件对投标报价的规定等,选择合适的类型和编制方法。

如果在招标时施工图设计已经完成,招标控制价应按施工图纸进行编制;如果招标时只是完成了初步设计,招标控制价只能按照初步设计图纸进行编制;如果招标时只有设计方案,招标控制价可用每平方米造价指标或单位指标等进行编制。

招标控制价的编制,除按设计图纸进行费用的计算外,还需考虑图纸意外的费用,包括由合同条件、现场条件、主要施工方案、施工措施等所产生费用的取定,如依据招标文件和合同条件的不同要求,选择不同的计价方式,考虑相应的风险费用;依据招标人对招标工程确立的质量要求和标准,合理确定相应的质量费用;依据招标人对招标工程确定的施工工期要求、施工现场的具体情况,考虑必须的施工措施费用和技术措施费用等。

根据我国现行工程造价的计算方法与习惯做法,在按工程量清单计算招标控制价时,单价的计算可采用工料单价法和综合单价法。

5.2 招标控制价的编制方法

5.2.1 以定额计价法编制招标控制价

定额计价法编制招标控制价采用的是分部分项工程量的直接费单价(或称为工料单价),仅仅包括人工、材料、机械费用。它分为单位估价法和实物量法。

5.2.2 以工程量清单计价法编制招标控制价

工程量清单计价法编制招标控制价时采用的单价主要是综合单价。用综合单价编制标的价格,要根据统一的项目划分,按照统一的工程量计算规则计算工程量,确定分部分项工程项目以及措施项目的工程量清单;然后分别计算其综合单价,该单价是根据具体项目分别计算的,综合单价确定以后,填入工程量清单表中,再与工程量相乘得到合价,汇总之后考虑规费、税金即可得到招标控制价。

5.3 编制招标控制价需要考虑的其他因素

(1)招标控制价必须适应目标工期的要求,对提前工期因素有所反映。

若招标工程的目标工期不属于正常工期,而需要缩短工期,承包方此时就要考虑施工措施,增加人员和施工机械设备的数量,加班加点,付出比正常工期更多的人力、物力、财力,这样就会提高工程成本,因此编制招标工程的招标控制价时,必须考虑这一因素,把目标工期对照正常工期,按提前天数给出必要的赶工费和奖励,并列入招标控制价。

(2)招标控制价必须适应招标人的质量要求,对高于国家验收规范的质量要求,应优质优价。

招标控制价计算时对工程质量的要求,是按照国家规定的施工验收规范来检查验收

的,但有时招标人往往还会提出须达到高于国家验收规范的质量要求,承包方为此要付出更多的费用,因此招标控制价的计算应体现优质优价。

(3)招标控制价计算时,必须合理确定间接费、利润等费用的计取。

间接费、利润等是招标控制价的重要组成部分,费用的计取应反映企业和市场的现实情况,尤其是利润,一般应以行业平均水平为基础。

(4)招标控制价应根据招标文件或合同条件的规定,按规定的工程发承包模式,确定相应的计价方式,考虑相应的风险费用。

(5)招标控制价必须综合考虑招标工程所处的自然地理条件和招标工程的范围等因素。

总之,编制一个比较理想的工程招标控制价,要把建设工程的施工组织和规划做得比较深入、透彻,有一个比较先进、切合实际的施工规划方案。要认真分析拟采用的工程定额、行业总体的施工水平和可能前来投标企业的实际水平,比较合理地运用工程定额编制招标控制价。此外,还要分析建筑市场的动态,比较切实地把握招标投标的形式,要正确处理招标人与投标人的利益关系,坚持公平、公正、公开、客观统一的基本原则。

课题 5.2 工程量清单计价下的投标报价计算

建设工程投标报价是投标人按照招标文件的要求及报价费用的组成,结合施工现场和企业自身情况自主报价。现阶段,我国规定的编制投标报价的方法有两种:一种是工料单价法,另一种是综合单价法。工料单价法是我国长期以来采用的一种报价方法,它是以政府定额或企业定额为依据进行编制的;综合单价法是一种国际惯例计算报价模式,每一项单价中已综合了各种费用。工程量清单计价下的投标报价采用综合单价法编制报价。

1 投标报价计算的原则

投标报价是承包工程的一个决定性环节,投标价格的计算是工程投标的重要工作,是投标文件的主要内容,招标人把投标人的投标报价作为主要标准来选择中标者,中标价也是招标人和投标人就工程进行承包合同谈判的基础。因此,投标报价是投标人进行工程投标的核心,报价过高会失去承包机会;而报价过低,虽然可能中标,但会给工程承包带来亏损的风险。因此,报价过高或过低都不可取,必须做出合理的报价。

(1)以招标文件中设定的发、承包双方的责任划分,作为考虑投标报价费用项目和费用计算的基础;根据工程发、承包模式考虑投标报价的费用内容和计算深度。

(2)以施工方案、技术措施等作为投标报价计算的基本条件。

(3)以反映企业技术和管理水平的企业定额作为计算人工、材料和机械台班消耗量的基本依据。

(4)充分利用现场考察、调研成果、市场价格信息和行情资料等编制基价,确定调价方法。

(5)报价计算方法要科学严谨、简明实用。

2 投标报价的主要内容

2.1 复核工程量

对工程招标文件中提供的工程量清单,在投标价格计算之前,要根据设计图纸对工程量进行校核。如果招标文件对工程量计算方法有规定,应按规定的方法进行计算。

2.2 确定单价、计算合价

在投标报价中,复核或者计算各个分部分项工程量的实物工程量以后,就需确定每一个分部分项工程的单价,并按招标文件中工程量表的格式填写报价,一般是按分部分项工程内容和项目名称填写单价与合价。

计算单价时,应将构成分部分项工程的所有费用项目都归入其中。人工、材料和机械费用应是根据分部分项工程的人工、材料和机械消耗量及其相应的市场价格计算而得的。一般来说,承包企业应建立自己的标准价格数据库,并据此计算工程的投标价格。在应用单价数据库针对某一具体工程进行投标报价时,需要对选用的单价进行审核评价与调整,使之符合拟投标工程的实际情况,反映市场价格的变化。

在投标报价编制的各个阶段,投标价格一般以表格的形式进行计算,投标报价的表格与招标控制价编制的表格基本相同,主要用于工程量计算、单价确定、合价计算等阶段。在每一阶段可以制作若干不同的表格以满足不同的需要。标准表格可以提高投标报价编制的效率,保证计算过程的一致性。此外,标准表格还便于企业内各个投标计算者之间的交流,也便于与其他人员包括项目经理、项目管理人员、财务人员的沟通。

2.3 确定分包工程费

来自分包人的工程分包费用是投标报价的一个重要组成部分,有时总承包人投标报价中的相当部分来自于分包工程费。因此,在编制投标价格时需有一个合适的价格来衡量分包人的报价,需熟悉分包工程的范围,对分包人的能力进行评估。

2.4 确定利润

利润是指承包人的预期利润,确定利润取值的目标是考虑既可以获得最大的可能利润,又要保证投标价格具有一定的竞争性。投标报价时承包人应根据市场竞争情况确定该工程的利润率。

2.5 确定风险费

风险费对承包人来说是个未知数,如果预计的风险没有全部发生,则可能预计的风险费有剩余,这部分剩余和计算利润加在一起就是盈余;如果风险费估计不足,则只有由利润来贴补,盈余自然就减少,甚至可能成为负值。在投标时,应根据该工程规模及工程所在地的实际情况,由有经验的专业人员对可能的风险因素进行逐项分析后确定一个比较合理的费用比率。

2.6 确定投标价格

将所有分部分项工程的合价累加汇总后就可得出工程的总价,但是这样计算的工程总价还不能作为投标价格,因为计算出来的价格有可能重复计算或漏算,也有可能某些费用的预估有偏差等,因而必须对计算出的工程总价做出某些必要的调整。调整投标价格应当建立在对工程盈亏分析的基础上,盈亏预测应用多种方法从多角度进行,找出计算中

的问题以及分析可以通过采取哪些措施降低成本、增加盈利，确定最后的投标报价。

3　投标报价的计算方法

3.1　工料单价法

所谓工料单价法是指根据工程量，按照现行预算定额的分部分项工程量的单价计算出定额直接费，再按照有关规定另行计算间接费、利润和税金的计价方法。

其编制步骤为：

(1)首先根据招标文件的要求，选定预算定额、费用定额。

(2)根据图纸及说明校核工程量清单中的工程量。

(3)差套预算定额，计算出定额直接费，差套费用定额及有关规定计算出其他直接费、现场管理费、间接费、利润、税金等。

(4)汇总合计，计算完整标价，见表 5-1。

表 5-1　工料单价法计算程序及内容

项目			计算方法	备注
直接工程费	直接费	人工费	Σ(人工费×分项工程量)	
		材料费	Σ(材料费×分项工程量)	
		机械费	Σ(机械费×分项工程量)	
	其他直接费		(人工费+材料费+机械费)×相应费率	
	现场经费			
间接费	企业管理费		直接工程费×相应费率	
	财务费			
	其他费用			
计划利润			(直接工程费+间接费)×计划利润率	
税金			(直接工程费+间接费+计划利润)×税率	
报价合计			直接工程费+间接费+计划利润+税金	

3.2　综合单价法

所谓综合单价法是指分部分项工程量的单价为全费用单价，全费用单价包括完成分部分项工程所发生的直接费、间接费、利润、税金等。

综合单价法编制投标报价的步骤为：

(1)首先根据企业定额或参照预算定额及市场材料价格，确定各分部分项工程量清单的综合单价，该单价包含完成清单所列分部分项工程的成本、利润和税金；

(2)以给定的分部分项工程的工程量及综合单价确定工程费；

(3)结合投标企业自身的情况及工程的规模、质量、工期要求等确定其他和工程有关的费用，见表 5-2。

表 5-2　综合单价法计算程序及内容

序号	项目	计算方法
1	综合单价合计	Σ工程量×综合单价
2	施工措施费(含技术措施、组织措施)	由施工企业自主报价
3	差价(人工、材料、机械)	参考管理部门的价格信息及市场情况
4	专项费用(社会保险费、工程定额测定费)	按规定计算
5	工程成本	1+2+3+4
6	利润	(1+2+4+5)×利润率
7	税金	(5+6)×税率
8	报价合计	5+6+7

3.3　总价浮动率报价法

按总价浮动率报价方法编制投标报价，主要适用于工程图纸不全、无法编制招标控制价或是工程急于开工来不及编制招标控制价的招标工程。

其具体步骤一般是：

(1)在招标文件中明确规定，工程施工图预算编制执行的定额，包括土建工程施工图预算、安装工程施工图预算、地方材料价格、工程取费等执行什么定额；施工过程中设计变更、隐蔽工程等的计算方法；政策性调整文件的执行规定。

(2)投标人在充分考虑工程动态因素(材料涨价、人工上调、定额调整等)、风险、承受能力和竞争环境的情况下自主报价。投标人只需要报总价的浮动率作为其投标报价。

(3)由建设单位在开工后一定时间内，根据招标文件中的规定，自行或委托有预算编制资格人员编出预算价，并经招标投标管理机构或其他中介机构审定，以此作为预算总价，然后以预算总价乘以(1±总价浮动率)，即为最终结算价。

课题 5.3　工程量清单计价下的投标报价策略与技巧

1　投标报价策略

投标报价策略是指建设工程承包商为了达到中标目的而在投标过程中所采用的手段和方法。

制定报价策略必须考虑投标人的数量、主要竞争对手的优势、竞争实力的强弱和支付

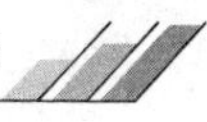

条件等因素，根据不同情况可计算出高、中、低三套报价方案。

1.1　常规报价策略

常规价格即中等水平的价格，根据系统设计方案，核定施工工作量，确定工程成本，经过风险分析，确定应得的预期利润后进行汇总。然后结合竞争对手的情况及招标方的心理底价对不合理的费用和设备配套方案进行适当调整，确定最终报价。

1.2　保本微利策略

如果夺标的目的是在该地区打开局面、树立信誉、占据市场或建立样板工程，则可采取微利保本策略。甚至不排除承担风险，宁愿先亏后赢。一般说来，此策略适用于下列情况：

(1)投标对手多、竞争激烈、支付条件好、项目风险小的项目。

(2)技术难度小、工程量大、配套数量多的项目。

(3)为开拓市场，急于揽活或投标人在建任务少等原因的项目。

1.3　高价策略

一般说来，符合下列情况的投标项目可采用高价策略：

(1)建设单位对投标人特别满意，希望发包给本承包商的项目。

(2)竞争对手少或较弱，各方面自己都占绝对优势的项目。

(3)支付条件不理想，风险大的项目。

(4)工期很短，设备和劳动力超常规的项目。

(5)专业技术要求高或有特殊要求的项目。

2　报价技巧

2.1　不平衡报价法

所谓不平衡报价法是指一个工程项目总报价基本确定后，通过调整内部某些分部分项工程的单价，既不提高总报价、不影响中标，又能在结算时得到更理想的经济效益。

一般可以考虑在以下几个方面采用不平衡报价：

(1)对能够先获得付款的分部分项工程(如土方、基础工程等)，可适当提高其综合单价；对后期施工的分部分项工程(如粉刷、油漆、电气设备安装等)单价适当降低。

(2)预计今后工程量会增加的项目，单价适当提高；预计工程量可能减少的项目，单价适当降低。

(3)设计图纸不明确，估计修改后工程量要增加的项目，可以提高单价。而工程内容解说不清楚的，可适当降低单价，待澄清后再重新定价。

(4)暂定项目，又叫任意项目或选择项目，对这类项目要具体分析。对暂定项目中实施的可能性大的项目，单价可报高些；预计不一定实施的项目，单价可适当报低些。

2.2　多方案报价法

多方案报价法是指对同一个招标项目除了按招标文件的要求编制一个投标报价外，还编制了一个或几个建议方案。多方案报价法有时是招标文件中规定采用的，有时是承包商根据需要采用的。承包商决定采用多方案报价法，通常主要有以下两种情况：

(1)发现招标文件中的工程范围很不具体、很不明确，或条款内容很不清楚、很不公正,或对技术规范的要求过于苛刻,可先按招标文件中的要求报一个价,然后说明假如招标人对合同要求作某些修改,报价可降低多少,由此可报出一个较低的价,吸引业主。

(2)发现设计图纸中存在某些不合理并可以改进的地方,或可以利用某些新技术、新工艺、新材料替代的地方,或者发现自己的技术和设备满足不了招标文件中设计图纸的要求,可以先按设计图纸的要求报一个价,然后另附上一个建议设计方案作比较,或说明在修改设计的情况下,报价可降低多少,这种情况,通常也称作修改设计法。

2.3 突然降价法

突然降价法是指为迷惑竞争对手而采用的一种竞争方法。通常的做法是,在准备投标报价的过程中预先考虑好降价的幅度,然后有意散布一些假情报,如打算弃标、按一般情况报价或准备报高价等,等临近投标截止日期前,突然降低报价,以期战胜竞争对手。

2.4 先亏后赢法

在实际工作中,有的承包商为了打入某一地区或某一领域,依靠自身实力,采取一种不惜代价只求中标的低报价投标方案。一旦中标之后,可以承揽这一地区或这一领域更多的工程任务,达到总体盈利的目的。

课题 5.4 工程量清单计价下的施工合同价款确定

1 施工合同价款的确定方式

住房和城乡建设部第 16 号令,即《建筑工程施工发包与承包计价管理办法》第十二条及施工合同示范文本第二十三条规定,合同价款的确定可以采用以下三种方式。

1.1 固定单价合同

实行工程量清单招标的工程应当采用固定单价合同,以体现风险共担的原则。双方在专用条款内约定合同价款包含的风险范围和风险费用的计算方法,在约定的风险范围内合同价款不再调整。风险范围以外的合同价款调整方法,应当在专用条款内约定。承、发包双方必须在合同专用条款中约定风险范围和风险费用的计算方法,并约定超出风险范围时的综合单价调整办法,具体调整办法可按下述原则执行:

(1)主要材料价格涨跌超出有经验的承包商可预见的范围时,材料单价可以调整。调整方法为:在按合同约定支付工程款时,若工程所在地造价管理部门发布的材料指导价上涨超过开标时材料指导价的 10%,10%以内部分由承包人承担,10%以外部分由发包人承担;若工程所在地造价管理部门发布的材料指导价下跌超过开标时材料指导价的 5%,5%以内部分由承包人受益,5%以外部分由发包人受益。

(2)分部分项单项工程量变更超过 15%,并且该项分部分项工程费超过分部分项工程量清单计价合计 1%的,增加部分的工程量或减少后剩余部分的工程量的综合单价由承包人提出,经发包人确认后,作为结算的依据。当分部分项工程量清单项目发生工程量变更时,其措施项目费用中相应的模板、脚手架工程量应作适当调整。

1.2 固定总价合同

实行工程量清单招标的工程,一般不宜采用固定总价合同形式。但工期在一年以内,

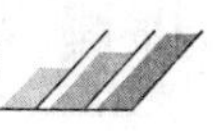

合同总价在500万元以内,并且施工图设计深度符合规定的工程,可采用固定总价合同。

采用固定总价合同的工程,招标人应给投标人提供足够的时间(从招标文件发出后,一般不少于7个工作日),在投标前复核确认清单工程量的准确性,修正招标文件中的缺陷或者错误,否则不得采用固定总价合同形式。

同时,发、承包双方必须在合同专用条款中约定合同价款的风险范围和风险费用的计算方法。原则上除设计变更、发包人更改经审定批准的施工组织设计、国家政策性调整外,合同价格一般不再调整。

1.3 可调价格合同

实行工程量清单招标的工程,一般不采用可调价格合同形式。确实需要采用的,发、承包双方应在合同中约定综合单价和措施费的调整方法。

2 对于材料、设备的价格约定

发包人提供材料设备的,材料设备价格由发包人提供,一般应以造价管理部门发布的指导价格或市场价格为准;发包人不得要求投标人在投标过程中对该部分的材料设备价格另行报价。发承包双方应在合同专用条款中约定甲供材料设备扣除的价格、时间、领料量超出或少于所报数量时价款的处理办法。没有约定时,宜按下述原则执行:

(1)承包人退还甲供材料设备价款时,按发包人在招标文件中给定的材料设备价格(含采购保管费)除以1.01后退给发包人(1%作为施工单位的现场保管费)。

(2)领料量超出承包人在投标文件中所报数量时,超出部分的材料设备价款由承包人按照市场价格支付给发包人;领料量少于承包人在投标文件中所报数量时,节余部分的材料设备归承包人。

3 对工期、质量的要求

双方对合同施工工期、工程质量及承包方式有特殊约定的,合同价款除包括工程造价外,还应包括工期补偿费、优良工程补偿费、赶工措施费和风险系数等费用。

特殊工程、高层建筑等工程在施工图纸全部出齐前需开工的,合同价款可以将暂估价列入条款中,但必须在合同中说明计算合同价款的原则和办法。

工期定额是在正常施工条件下社会平均劳动生产率水平的反映,建设单位不得任意压缩定额工期。招标文件中要求工期比工期定额提前的,投标人在报价时应计取相应的赶工措施费。发、承包双方应在合同中约定提前工期奖的计取方法,计算工期提前天数时,应以合同工期为准。

工程质量的标准和要求必须符合国家、行业或地方有关规定。对材料、设备、施工工艺和工程质量的检查与验收要求,发、承包双方应在合同中约定。承包方应严格按施工合同和标准规范要求组织施工。发包方要求工程质量达到优良等级的,应按优质价的原则,在合同中明确优良工程补偿费的数额或计算方法。

发、承包双方通过招标投标或双方协商合理确定合同价款,并按合同约定对价款进行适时的调整。工程造价应以定额预算价和相应取费标准为指导价格。

思考题与练习题

1.简述工程量清单计价下招标标底的作用、编制原则、依据和步骤。

2.简述工程量清单计价下招标标底文件的主要内容和编制方法。

3.简述工程量清单计价下投标报价的主要内容。

4. 简述综合单价法编制投标报价的步骤。

5. 简述工程量清单计价下的投标报价策略与技巧。

附　录

×××办公楼建筑及装饰装修工程招标文件

1.招标内容

×××办公楼工程的全部建筑及装饰装修工程，且所有材料均由投标人提供。

2.工程概况

本办公楼为二层，建筑面积752.32 m^2，采用框架结构，钢筋混凝土独立基础，施工工期3个月。施工现场邻近公路，交通运输方便，拟建建筑物东70 m处为城市交通道路，西100 m为单位活动场所，南7 m处有围墙，北65 m处有已建办公楼。

3.要求

(1)工程质量应符合《建筑工程施工质量验收统一标准》的要求。混凝土均采用商品混凝土，外墙勒脚装饰及室内地面、墙面块料均需为合格品，乳胶漆、塑钢窗均需为市场上的中档产品。

(2)考虑施工中可能发生的设计变更或清单有误，预留金额5万元。

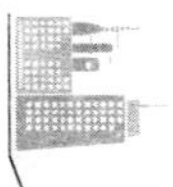

工程做法表

序号	施工做法名称	工程做法	施工部位
1	铺地砖楼面	1.10 mm 厚瓷质耐磨地砖(300 mm×300 mm)楼面,干水泥擦缝 2.撒素水泥面(洒适量清水) 3.20 mm 厚 1:4干硬性水泥砂浆结合层 4.60 mm 厚 C20 细石混凝土向地漏找坡,最薄处不小于 30 mm 厚 5.聚氨酯三遍涂膜防水层厚 1.5~1.8 mm,防水层周边卷起高 150 mm 6.20 mm 厚 1:3水泥砂浆找平层,四周抹小八字角(40 mm 厚 C20 细石混凝土随打随抹平) 7.150 mm 厚 3:7灰土垫层　8.素土夯实	卫生间地面(2.27 m 标高处做法仅为1~6,标号6后括号内做法为±0.000 m标高处)
2	花岗岩地面	1.20 mm 厚芝麻白磨光花岗岩(600 mm×600 mm)铺面,灌稀水泥浆擦缝 2.撒素水泥面(洒适量清水) 3.30 mm 厚 1:4干硬性水泥砂浆结合层 4.刷素水泥浆一道　5.60 mm 厚 C15 混凝土 6.150 mm 厚 3:7灰土垫层　7.素土夯实	一层地面
3	全玻磁化砖楼面	1.8 mm 厚米黄全玻磁化砖(600 mm×600 mm)铺面,干水泥擦缝 2.撒素水泥面(洒适量清水) 3.32 mm 厚 1:4干硬性水泥砂浆结合层 4.刷素水泥浆一道　5.现浇钢筋混凝土楼板	二层地面
4	铺花岗岩楼面	1.18 mm 厚的芝麻白磨光花岗岩(350 mm×1 200 mm) 2.2 mm 厚 Z5 强力黏结剂 3.20 mm 厚的 1:3水泥砂浆找平 4.现浇钢筋混凝土楼面	楼梯面层
5	水泥台阶	1.20 mm 厚 1:2.5 水泥砂浆抹面压实赶光 2.素水泥浆结合层一道 3.60 mm 厚 C15 混凝土(厚度不包括踏步三角部分)台阶面向外坡 1% 4.150 mm 厚 3:7灰土垫层　5.素土夯实	背立面台阶
6	花岗岩台阶	1.30 mm 厚芝麻白板刨花岗岩(350 mm×1 200 mm)铺面,稀水泥浆擦缝 2.撒素水泥面(洒适量清水) 3.30 mm 厚 1:4干硬性水泥砂浆结合层,向外坡 1% 4.刷素水泥浆一道　5.60 mm 厚 C15 混凝土 6.150 mm 厚 3:7灰土垫层　7.素土夯实	正立面台阶
7	散水	1.40 mm 厚 C20 细石混凝土撒 1:1水泥砂子,压实赶光 2.150 mm 厚 3:7灰土垫层　3.素土夯实向外坡 4%	
8	花岗岩踢脚	1.稀水泥浆擦缝　2.安装 12 mm 厚高 120 mm 花岗岩板 3.20 mm 厚 1:2水泥砂浆灌贴　4.刷界面处理剂一道	卫生间以外的房间(包括柱踢脚)
9	外墙涂料	1.喷(刷)外墙涂料 2.6 mm 厚 1:2.5 水泥砂浆找平 3.6 mm 厚 1:1.6 水泥石灰膏砂浆刮平扫毛 4.6 mm 厚 1:0.5:4水泥石灰膏砂浆打底扫毛 5.刷加气混凝土界面处理剂一遍	勒脚以上外墙
10	花岗岩外墙面	1.25 mm 厚毛石花岗岩板,稀水泥浆擦缝 2.50 mm 宽缝隙用 1:2.5 水泥砂浆灌缝 3.用双股 18 号钢丝将花岗岩石板与横向钢筋绑牢 4.Φ6 双向钢筋网,纵筋与锚固筋焊牢 5.墙内预埋Φ6 锚固钢筋,纵横间距 500 mm 左右	勒脚
11	釉面砖内墙面	1.白水泥擦缝 2.贴 5 mm 厚釉面砖 3.8 mm 厚 1:0.1:2.5 水泥石灰膏砂浆结合层 4.10 mm 厚 1:3水泥砂浆打底扫毛或划出纹道 5.刷加气混凝土界面处理剂一道(随刷随抹底灰)	卫生间墙面
12	内墙涂料	1.白色立邦乳胶漆 2.2 mm 厚麻刀灰抹面 3.9 mm 厚 1:3石灰青砂浆 4.5 mm 厚 1:3:9水泥石灰膏砂浆打底划出纹理 5.刷加气混凝土界面处理剂一道	卫生间以外的其他房间墙面(包括首层柱面)
13	水泥砂浆顶棚	1.白色立邦乳胶漆　2.5 mm 厚 1:2.5 水泥砂浆抹面 3.5 mm 厚 1:2.5 水泥砂浆打底 4.刷素水泥浆结合层一道(内掺建筑胶)	卫生间顶棚
14	混合砂浆顶棚	1.白色立邦乳胶漆 2.5 mm 厚 1:0.3:2.5 水泥石灰膏砂浆抹面 3.5 mm 厚 1:0.3:3水泥石灰膏砂浆打底扫毛 4.刷素水泥浆结合层一道(内掺建筑胶)	卫生间以外的其他房间顶棚
15	屋面	1.SBS 改性沥青卷材防水层(带砂、小片石保护层) 2.20 mm 厚 1:3水泥砂浆找平层 3.1:6水泥焦渣找 2%坡,最薄处 30 mm 厚 4.60 mm 厚聚苯乙烯泡沫塑料保温层	所有屋面
16	油漆	1.调和漆二遍　2.底油一遍　3.满刮腻子	木门扇油漆
17	铝塑板饰面	1.4 mm 厚双面铝塑板　2.6 mm 厚纤维水泥加压板固定在木龙骨上 3.24 mm×30 mm 木龙骨中距 500 mm　4.混凝土雨篷	雨篷
18	铝塑板饰面	1.4 mm 厚双面铝塑板　2.2 层 3 mm 厚三合板固定在木龙骨上 3.24 mm×30 mm 木龙骨中距 500 mm　4.混凝土圆柱	圆柱

门窗一览表

编号	洞口尺寸 宽度×高度 （mm）	名称	数量	备注
M_1	8 200×4 000	钢化全玻推拉门	1	厂家自理
M_2	1 000×2 100	夹板门	7	
M_3	750×2 000	夹板门	2	
M_4	1 500×2 400	全玻平开门	1	
M_5	1 500×2 100	夹板门	2	
C_1	2 100×900	塑钢固定窗	4	立面见立面图
C_2	1 500×1 800	塑钢推拉窗	4	立面见立面图
C_3	1 200×1 200	塑钢推拉窗	4	立面见立面图
C_4	7 325×3 700	钢化全玻窗	2	不锈钢包边
C_5	2 100×1 800	塑钢推拉窗	9	立面见立面图
C_6	1 200×1 500	塑钢推拉窗	2	
C_7	3 560×2 900	钢化全玻窗	4	不锈钢包边
C_8	8 500×2 900	钢化全玻窗	1	不锈钢包边

建筑设计说明

1.图中所注尺寸除标高以米计外，其余尺寸均以毫米计。

2.本工程为地上二层建筑物，室内外高差为 1.2 m，室外地坪以上建筑高度为 10.8 m。

3.本工程内外墙为加气混凝土，外墙 250 mm，内墙 200 mm，隔墙 120 mm。

4.过道门窗墙体阳角处均做 1∶2.5 水泥砂浆护角，高 2.0 m。

5.设备管道穿墙皮预留漏口，管道安装后应用 1∶2.5 水泥砂浆填实。

6.本工程中所有楼梯的栏杆扶手及护窗栏杆均选用不锈钢栏杆，楼梯栏杆高 1 000 mm。

7.木构件、铁件预埋应做防腐处理。

8.钢筋混凝土顶板抹灰，须事先用 1∶10 水碱洗净后再抹。

9.本图设计深度仅涉及土建工程及简单的装修，并对施工部位做了建议性装修标注。

10.施工时应遵守国家的有关规定、规程、规范及注意事项，确保工程质量，各专业图应互相参照，相互配合。

11.凡图中未注明者均按照国家标准（建筑工程及施工验收规范）的要求进行施工。

建施 1

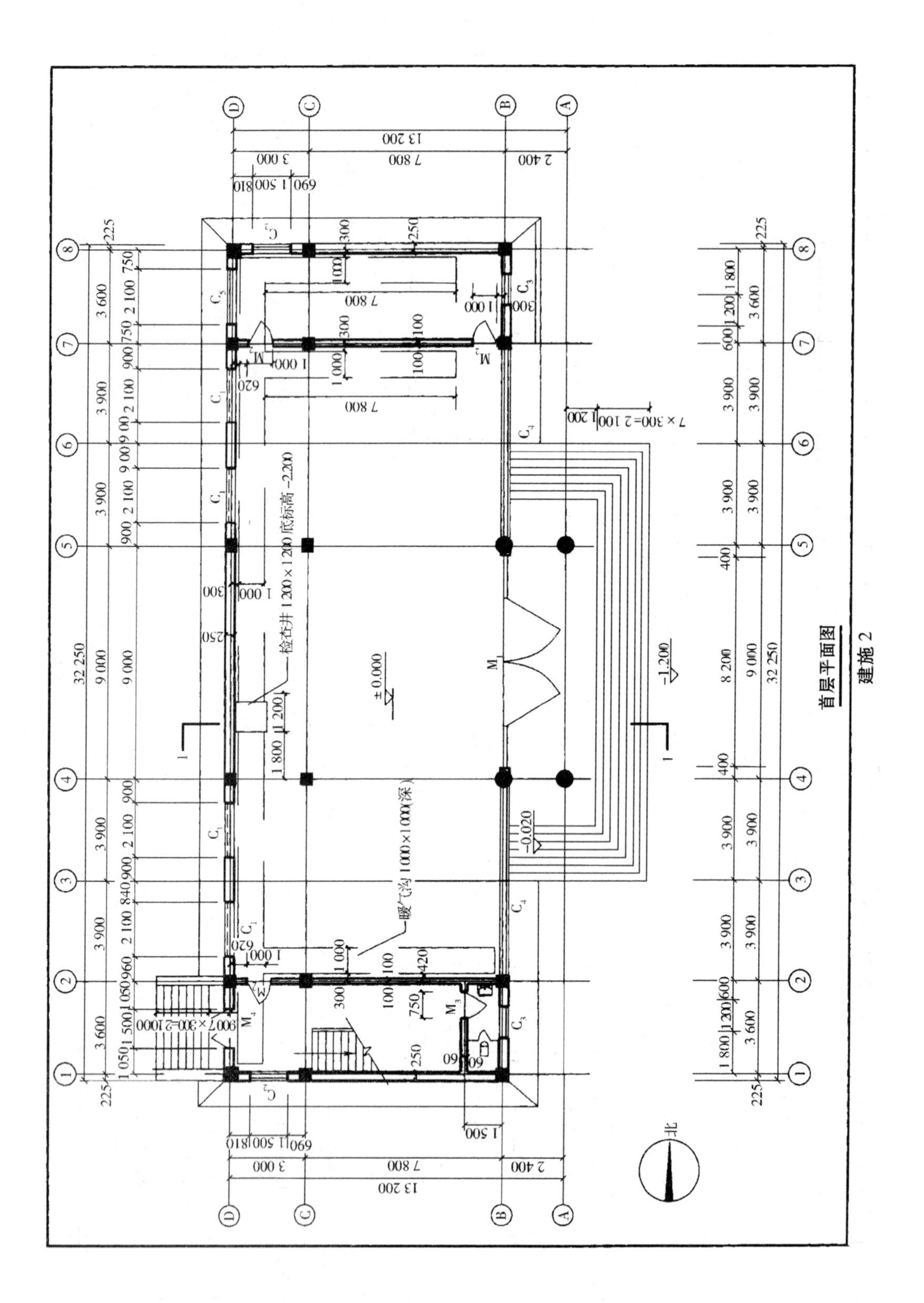
首层平面图
建施 2
检查井 1 200×1 200 底标高 -2.200
暖气沟 1 000×1 000(深)
±0.000
-0.020
-1.200
北

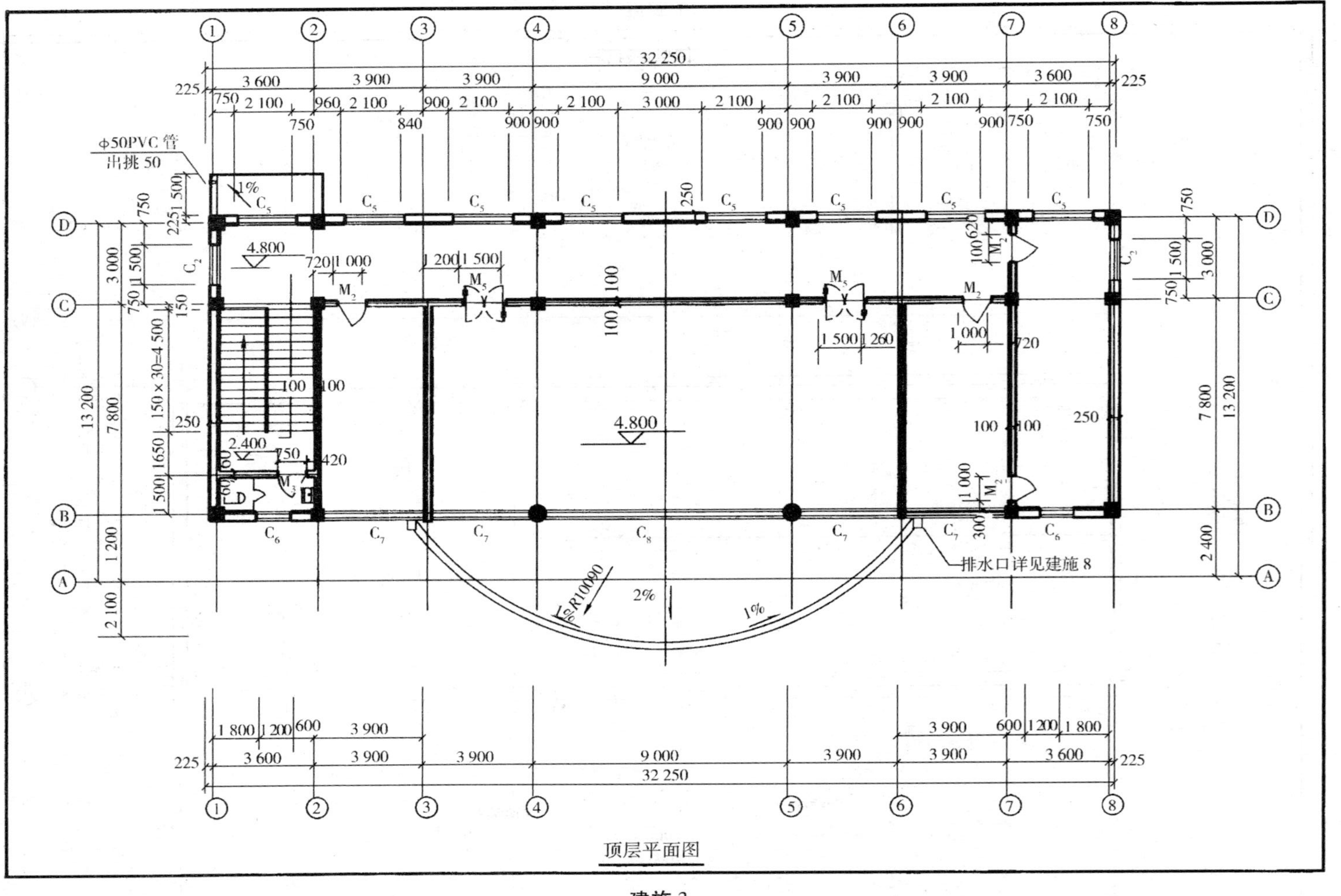
32 250
13 200
7 800
3 000
2 400
Φ50PVC管
出挑 50
4.800
2.400
150 × 30=4 500
M2
M3
M5
C2
C5
C6
C7
C8
2%
1%
R10090
排水口详见建施 8

顶层平面图

建施 3

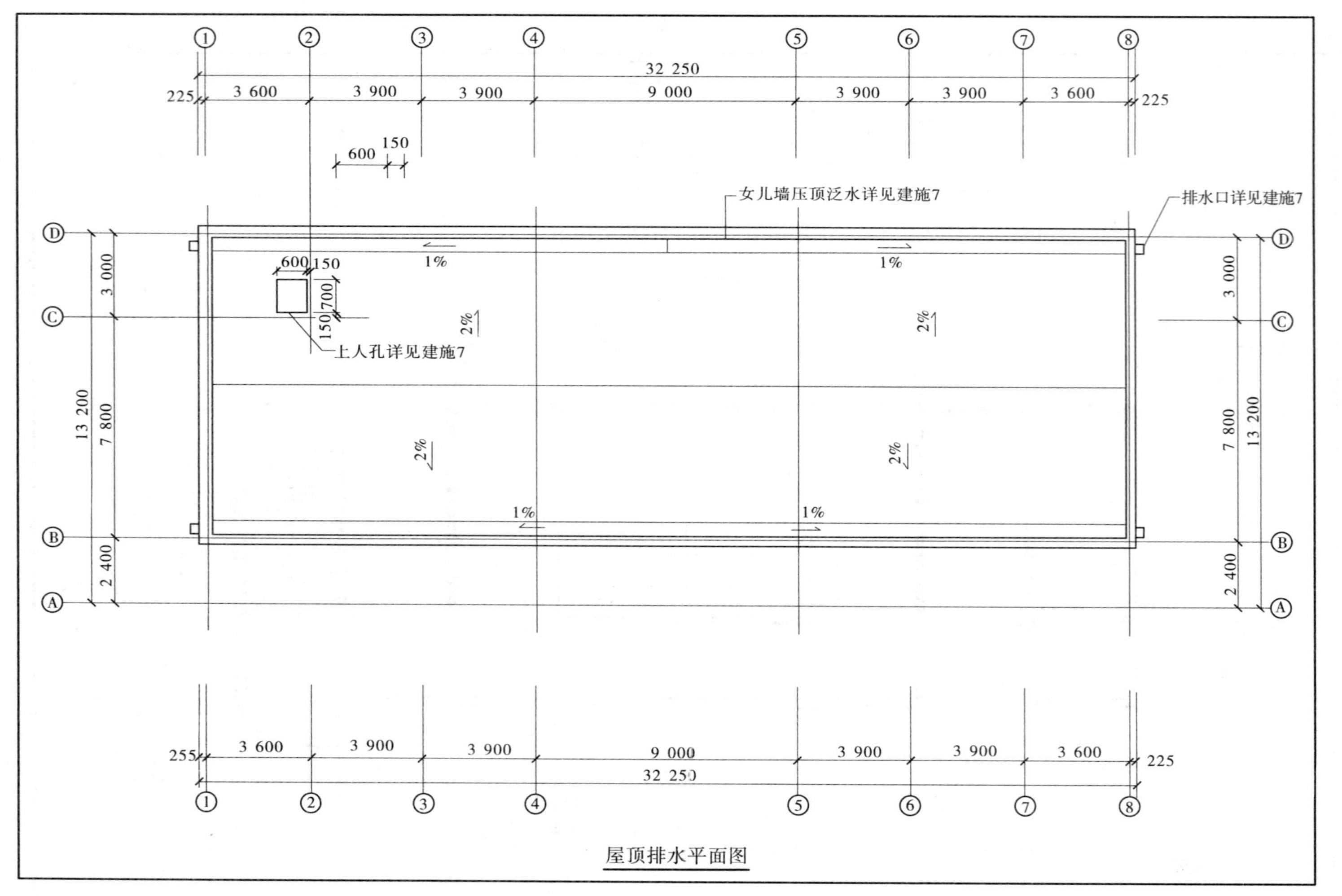
32 250
225
3 600
3 900
3 900
9 000
3 900
3 900
3 600
225
600
150
女儿墙压顶泛水详见建施7
排水口详见建施7
600
150
700
150
上人孔详见建施7
1%
2%
3 000
7 800
2 400
13 200
255
32 25)
屋顶排水平面图

建施 4

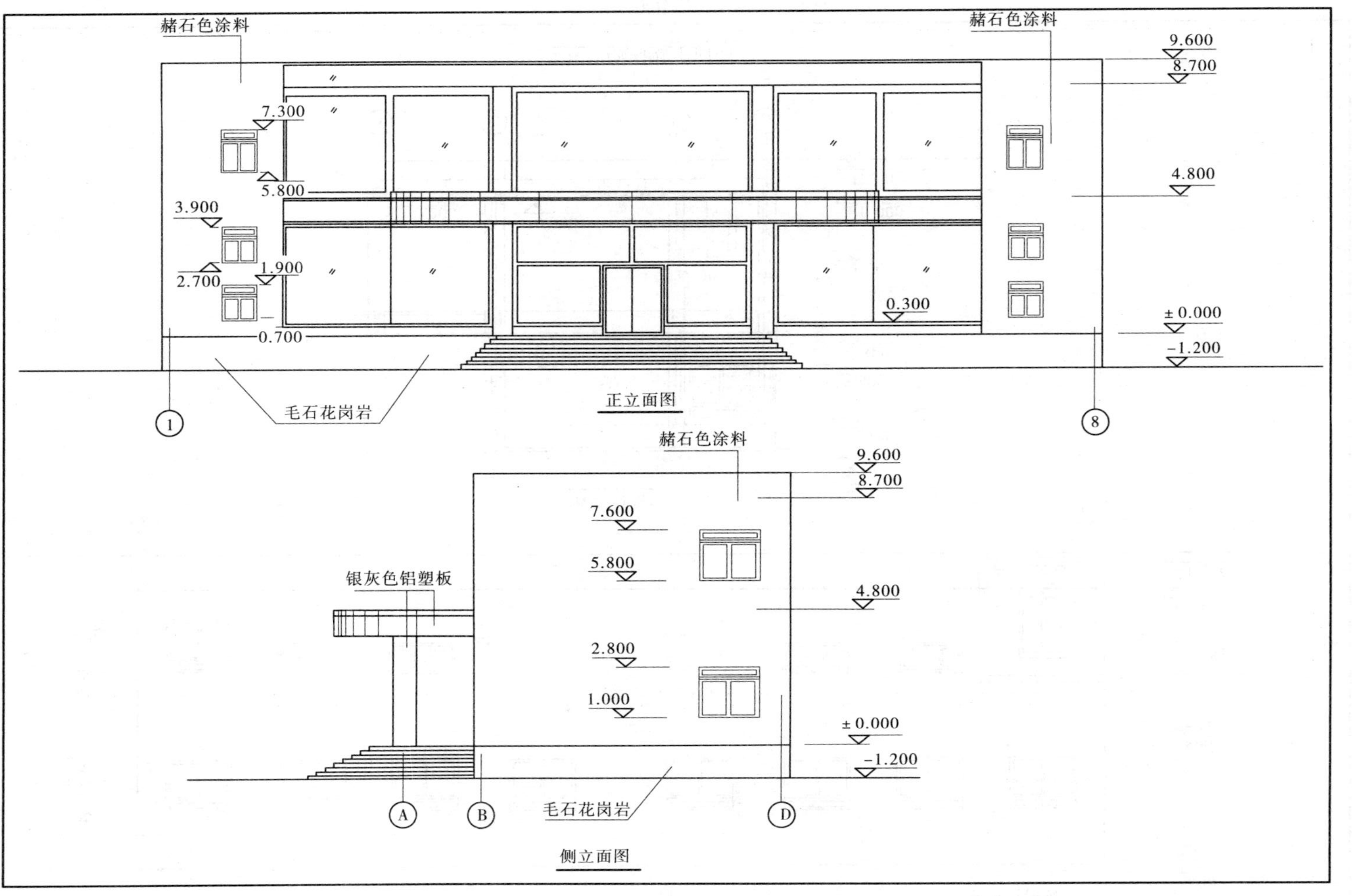

赭石色涂料
赭石色涂料
9.600
8.700
7.300
5.800
4.800
3.900
2.700
1.900
0.300
±0.000
0.700
-1.200
1
毛石花岗岩
正立面图
8
赭石色涂料
9.600
8.700
7.600
5.800
银灰色铝塑板
4.800
2.800
1.000
±0.000
-1.200
A
B
毛石花岗岩
D
侧立面图

建施 5

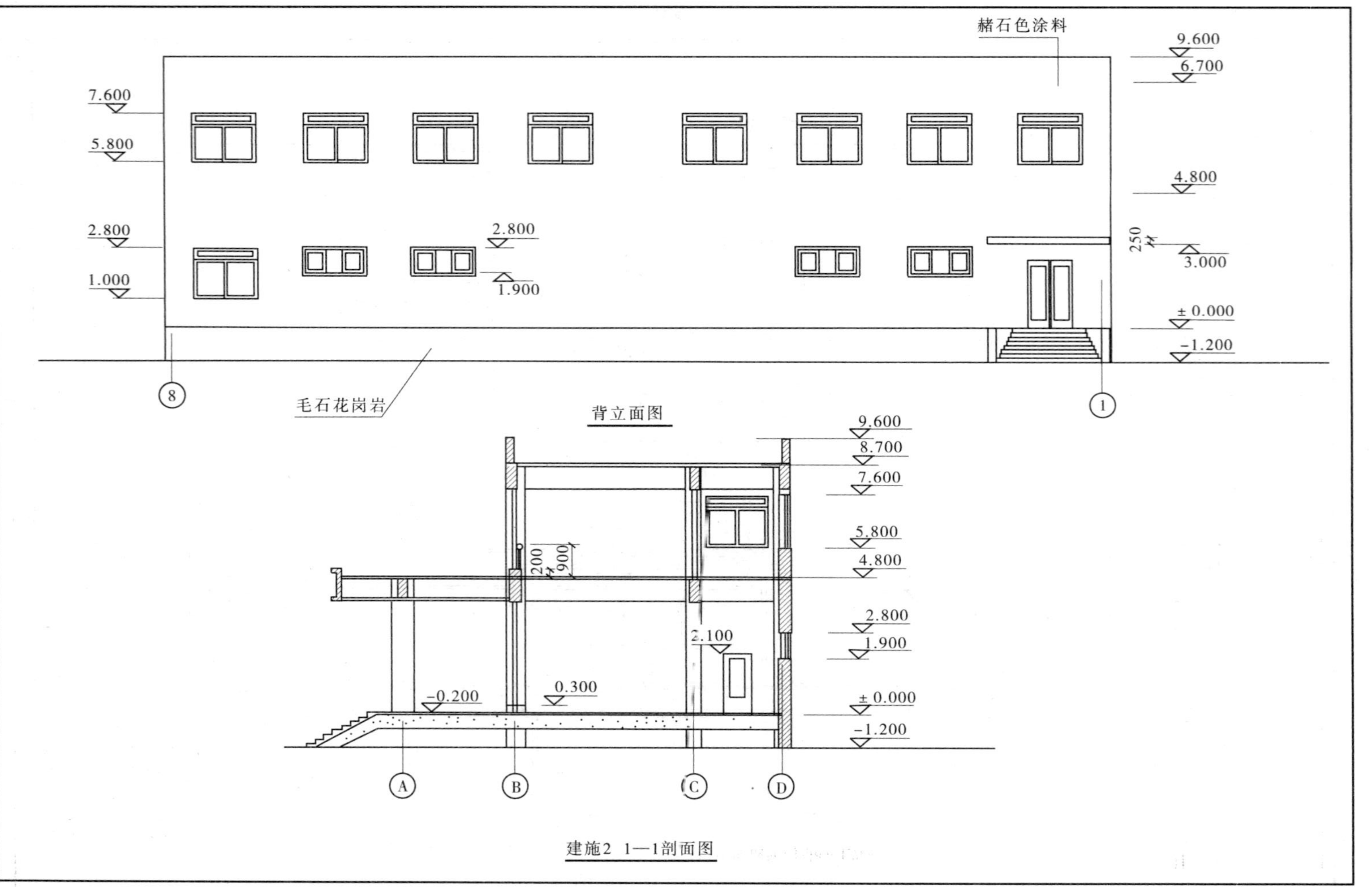
赭石色涂料
9.600
6.700
7.600
5.800
4.800
2.800
1.900
1.000
250
3.000
±0.000
-1.200
8
1
毛石花岗岩
背立面图
8.700
200
900
2.100
-0.200
0.300
A
B
C
D
建施2 1—1剖面图

建施 6

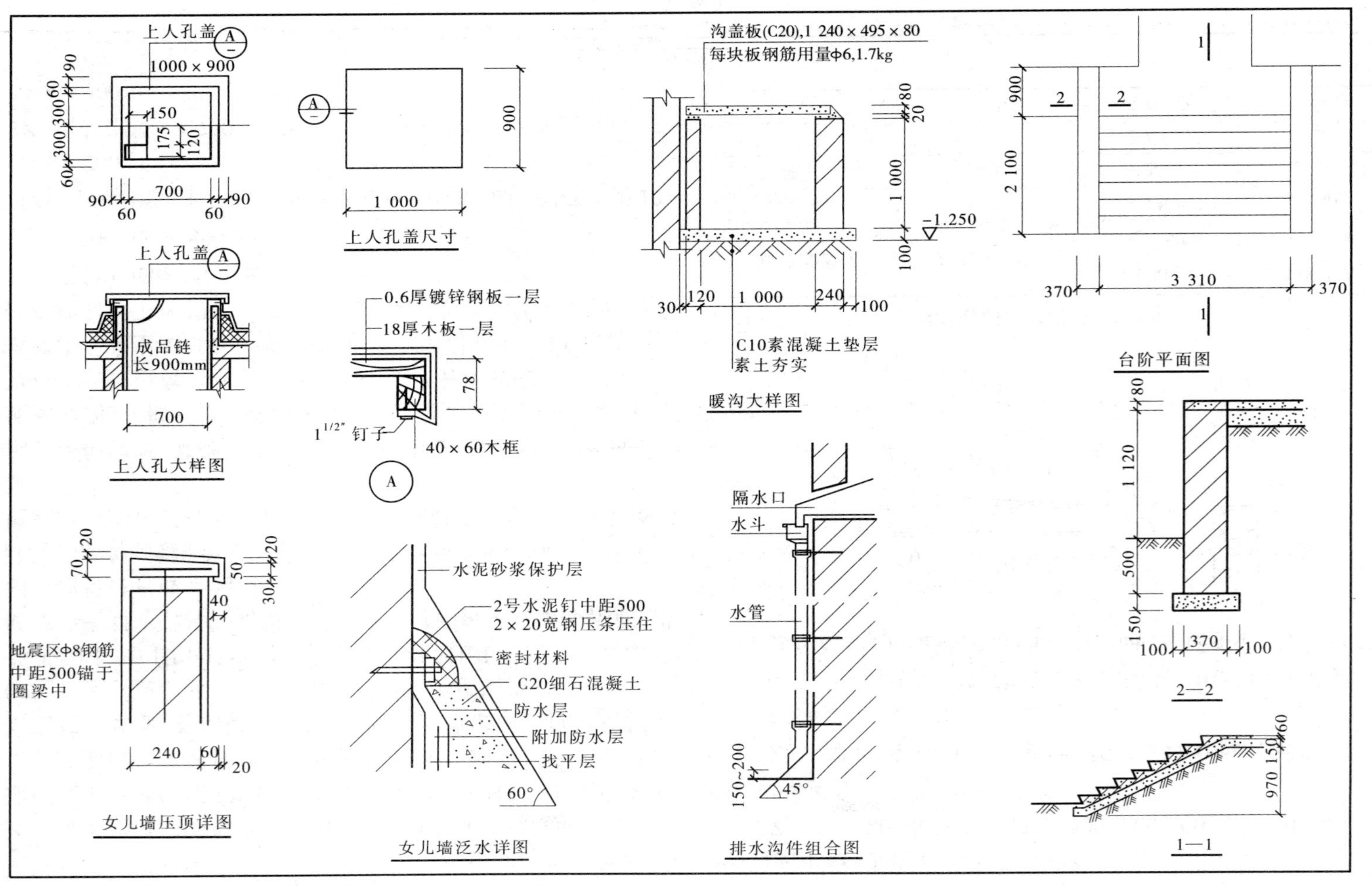

上人孔盖 1000×900
成品链长900mm
上人孔大样图
上人孔盖尺寸
0.6厚镀锌钢板一层
18厚木板一层
钉子
40×60木框
女儿墙压顶详图
地震区Φ8钢筋中距500锚于圈梁中
水泥砂浆保护层
2号水泥钉中距500
2×20宽钢压条压住
密封材料
C20细石混凝土
防水层
附加防水层
找平层
女儿墙泛水详图
沟盖板(C20),1 240×495×80
每块板钢筋用量Φ6,1.7kg
C10素混凝土垫层
素土夯实
暖沟大样图
隔水口
水斗
水管
排水沟件组合图
台阶平面图
2—2
1—1

建施 7

结构设计说明

1.图中所标注尺寸除标高以米计外,其余尺寸均以 mm 计。

2.地面以下墙体使用 MU10 普通烧结黏土砖,M7.5 水泥砂浆砌筑。地面以上墙体使用 A3.5 加气混凝土砌块,M7.5 混合砂浆砌筑。基础、基础梁、过梁、构造柱、圈梁混凝土强度等级为 C20,框架柱、梁、板为 C25,基础素混凝土垫层为 C15。

钢筋为Ⅰ级(HPP235,用ϕ表示),Ⅱ级(HRB335,用Φ表示)。

3.框架填充墙应沿柱高每隔 500 mm 配置两根ϕ 6 墙体拉筋,沿墙体通长设置或至洞边。

4.除注明者外,楼板受力钢筋的分布筋均为ϕ 6@ 200。

5.填充墙洞顶过梁按右图设置,填充墙过梁③钢筋统一为ϕ 6@ 200。

6.钢筋保护层厚:基础为 35 mm,梁、柱为 25 mm,板为 15 mm。

7.地基处理:基槽开挖至标高-3.5 m,将原土夯实,上打 1.0 m 厚 3∶7灰土,每边宽出基础 1 000 mm,要求分层夯实。

8.基底素混凝土 100 mm 厚,每边扩出基础外边缘 100 mm。

9.柱在地面以下保护层厚度改为 75 mm,即柱截面尺寸由

$Z_1$450 mm×450 mm→550 mm×550 mm;

$Z_2$500 mm→600 mm。

10.TZ_1 由基础梁~4.760 m,断面 240 mm×240 mm,配筋 4 Φ 12,ϕ 8@ 200。

TZ_2 由基础梁~4.760 m,断面 200 mm×200 mm,配筋 4 Φ 12,ϕ 8@ 200。

GZ_1 由基础梁~8.700 m,断面 240 mm×240 mm,配筋 4 Φ 12,ϕ 8@ 200。

GZ_2 自 4.760~8.700 m,断面 200 mm×200 mm,配筋 4 Φ 12,ϕ 8@ 200。

GZ_3 自基础梁~8.700 m,断面 200 mm×200 mm,配筋 4 Φ 12,ϕ 8@ 200。

11.女儿墙构造参见建筑物抗震构造详图 04G329—3,构造柱间距不大于 3 m,断面 240 mm×240 mm,配筋 4 Φ 12,ϕ 8@ 200。

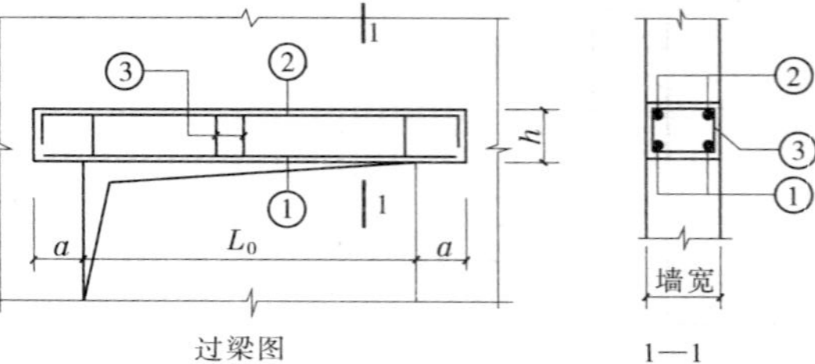

填充墙洞顶过梁表 (单位:mm)

洞口净跨 L_0	L_0≤1 000	1 000<L_0≤1 500	2 000<L_0≤2 500
梁高 h	120	120	180
支座长度 a	240	240	370
②	2 ϕ 10	2 ϕ 10	2 Φ 12
①	2 ϕ 10	2 Φ 12	2 Φ 14

结施 1

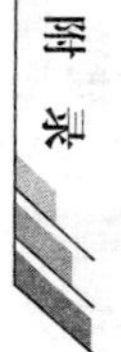

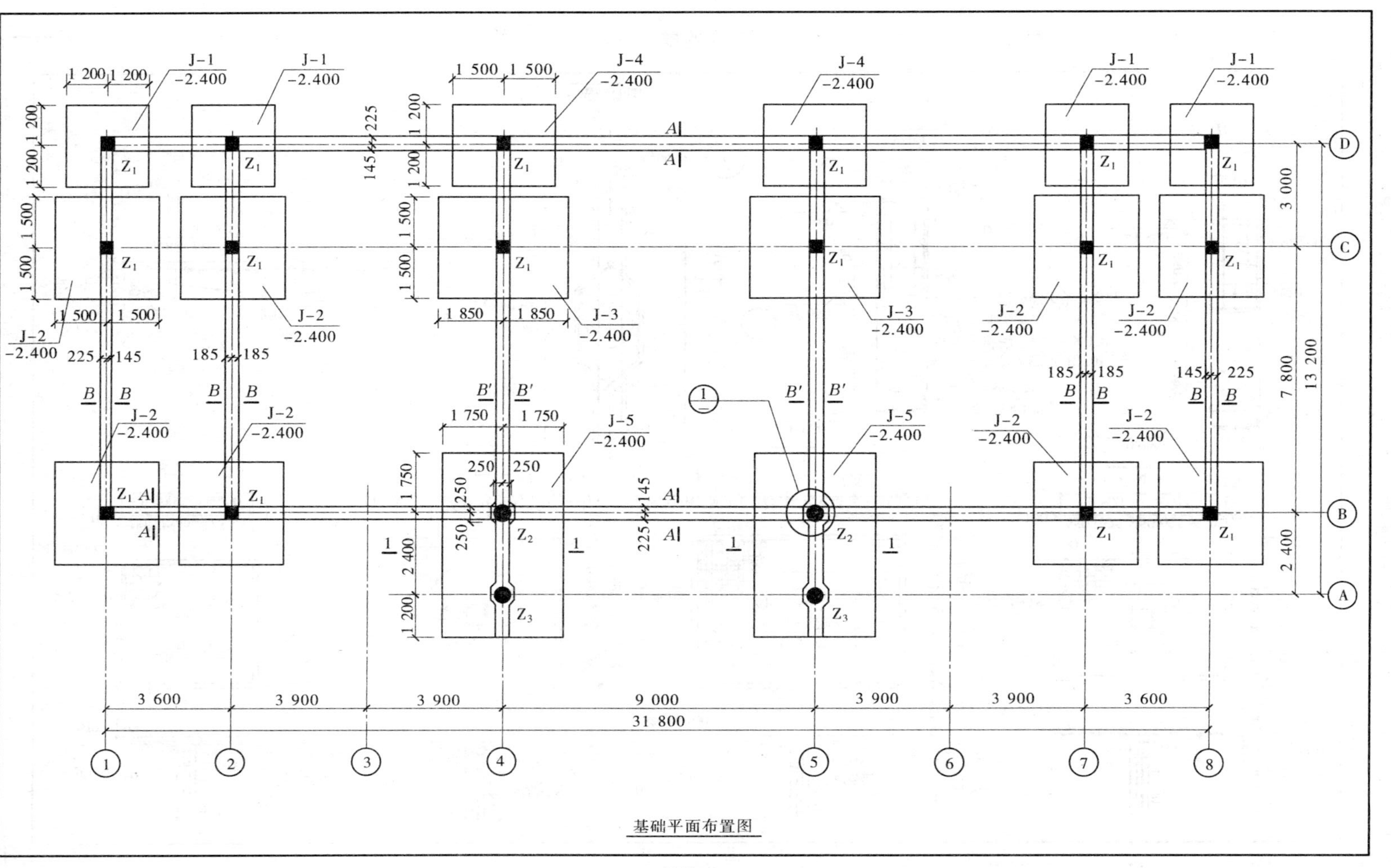

J-1
-2.400
J-2
-2.400
J-3
-2.400
J-4
-2.400
J-5
-2.400
Z1
Z2
Z3
1 200 1 200
1 500 1 500
1 850 1 850
1 750 1 750
250 250
225 145
185 185
145 225
3 000
7 800
2 400
13 200
3 600
3 900
3 900
9 000
3 900
3 900
3 600
31 800

基础平面布置图

结施 2

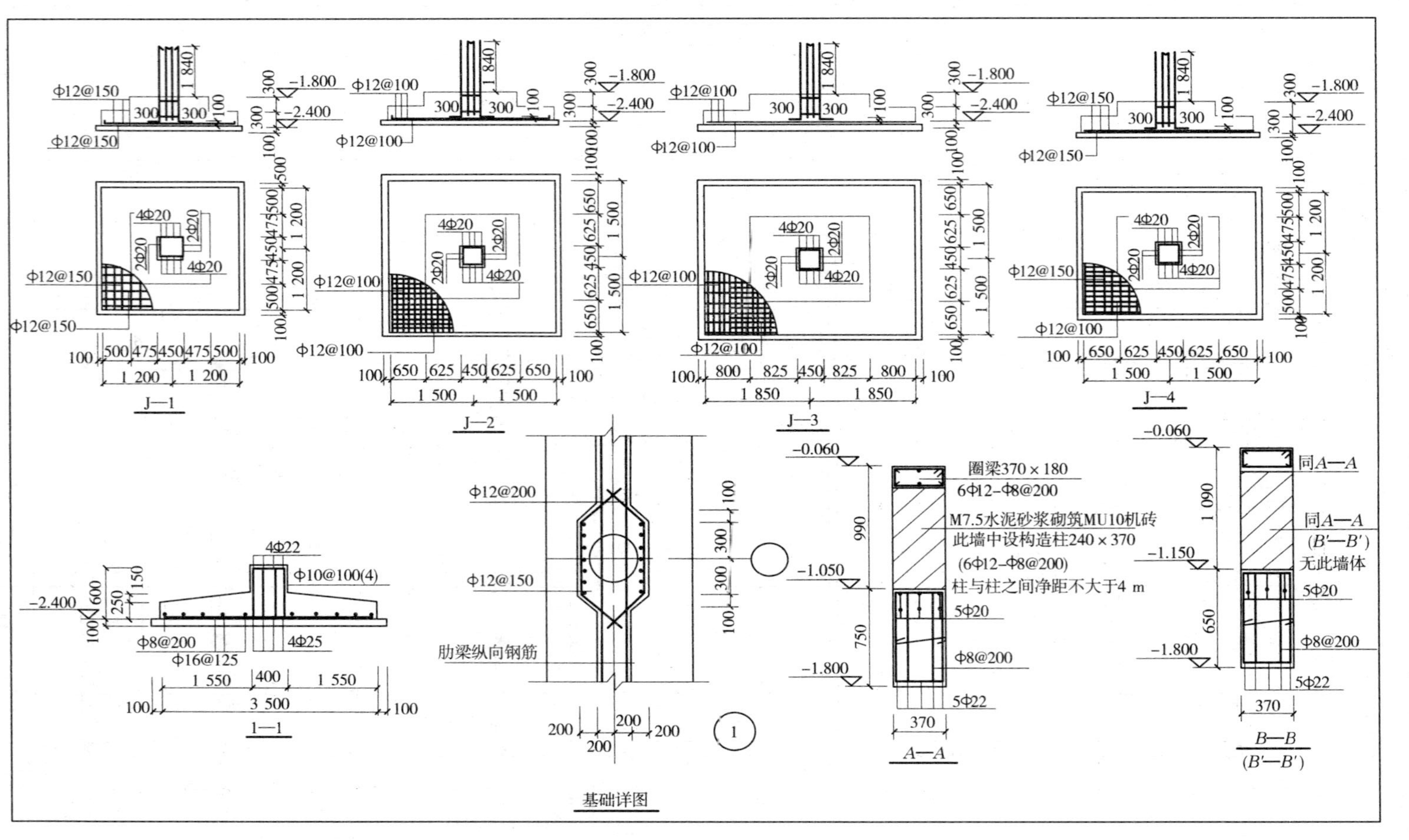

J—1
J—2
J—3
J—4
1—1
基础详图
A—A
B—B
(B'—B')
圈梁370×180
6Φ12–Φ8@200
M7.5水泥砂浆砌筑MU10机砖
此墙中设构造柱240×370
(6Φ12–Φ8@200)
柱与柱之间净距不大于4 m
同A—A
同A—A
(B'—B')
无此墙体
肋梁纵向钢筋
Φ12@200
Φ12@150
Φ10@100(4)
Φ8@200
Φ16@125
4Φ22
4Φ25
5Φ20
5Φ22
Φ8@200

结施 3

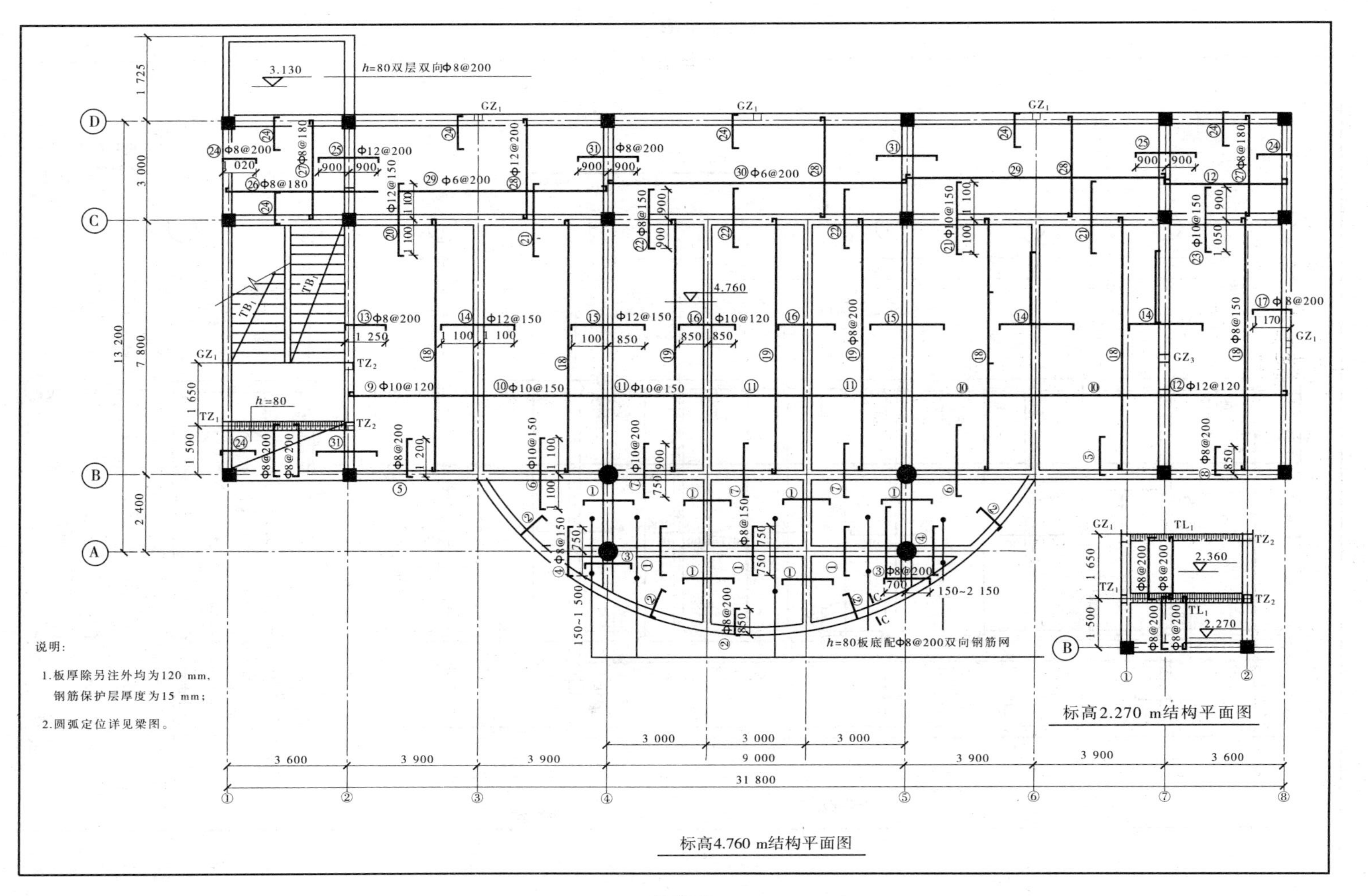

标高4.760 m结构平面图

结施 4

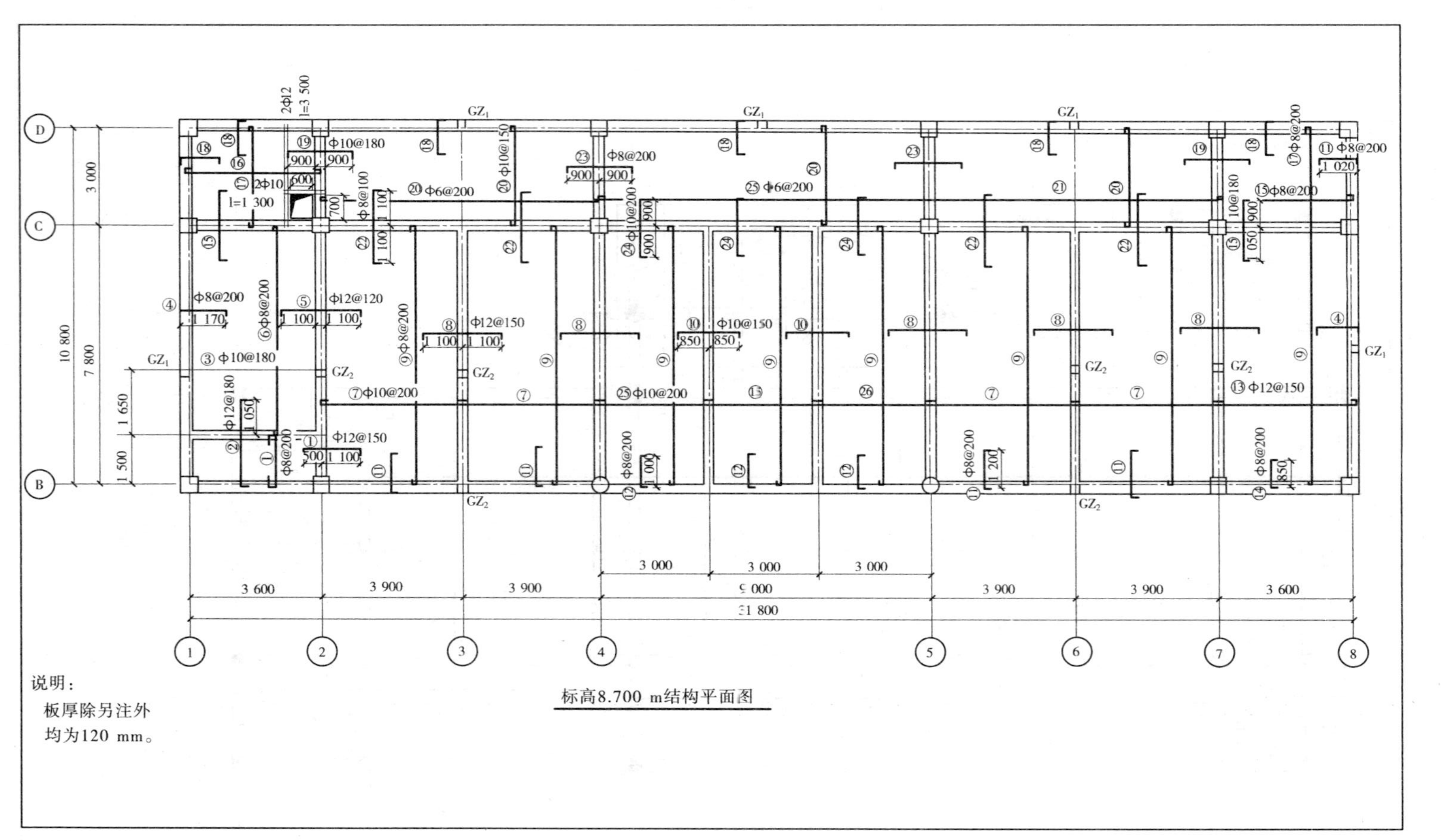
说明：
板厚除另注外
均为120 mm。
标高8.700 m结构平面图

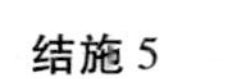
结施5

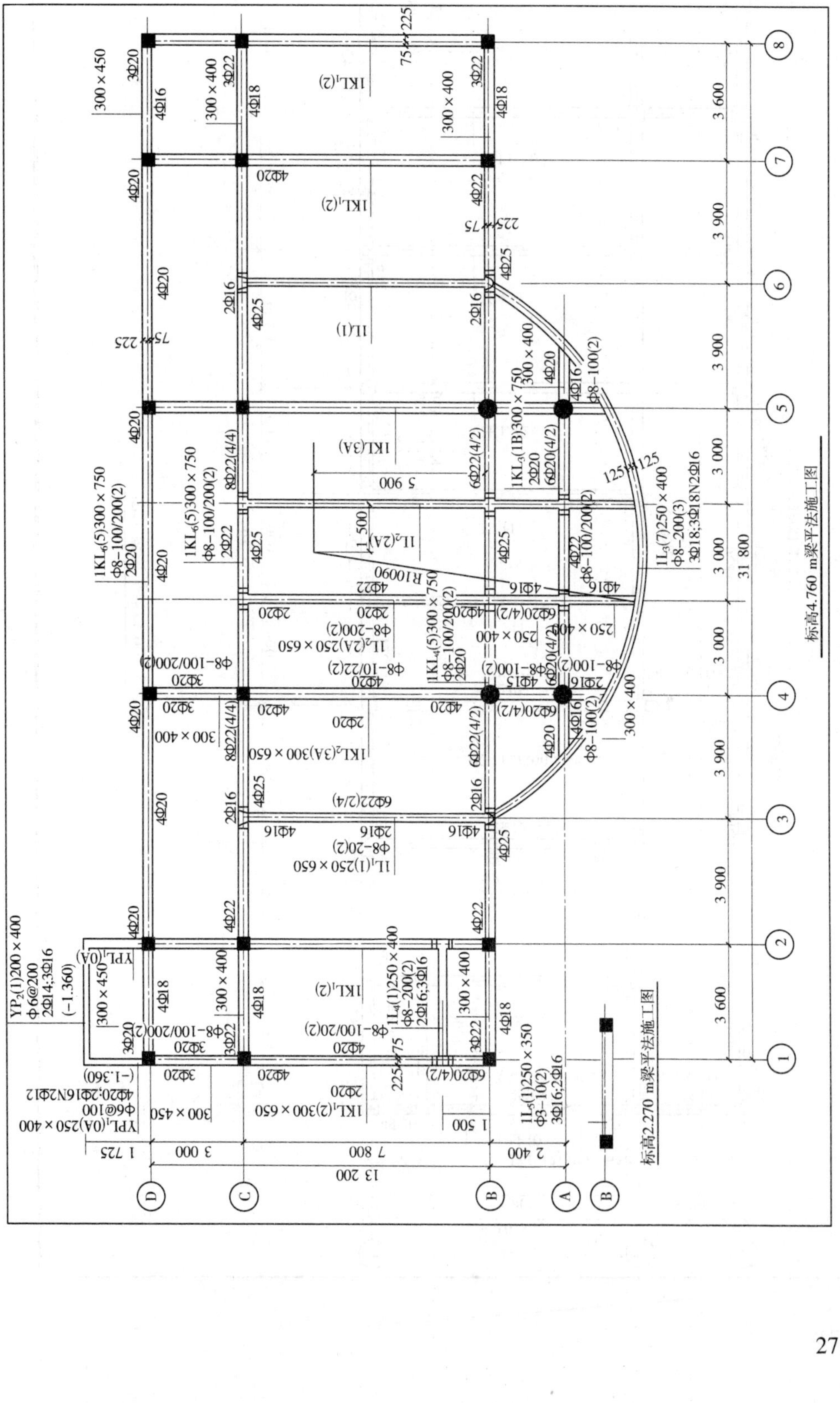

标高4.760 m梁平法施工图

标高2.270 m梁平法施工图

结施 6

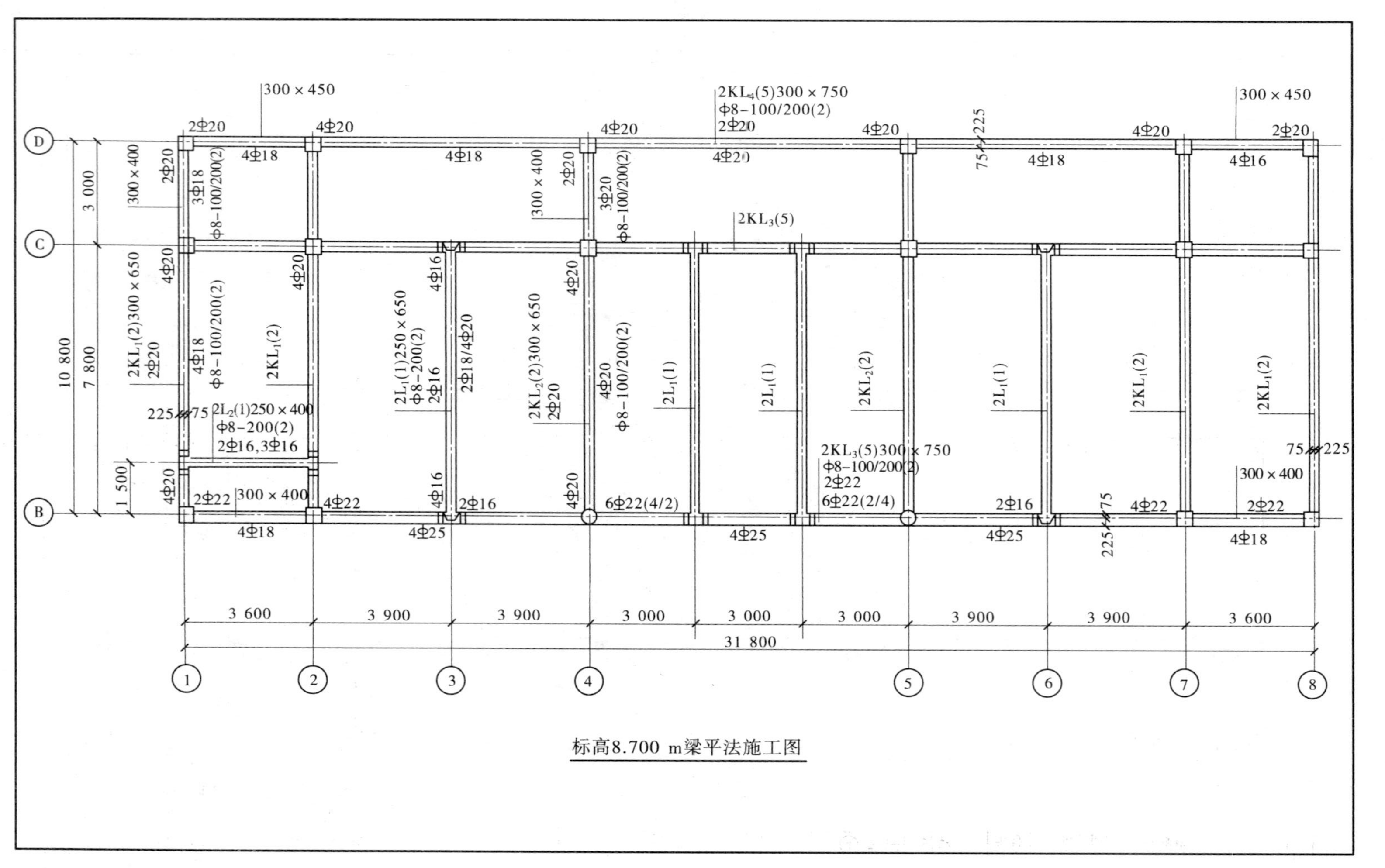

标高8.700 m梁平法施工图

结施 7

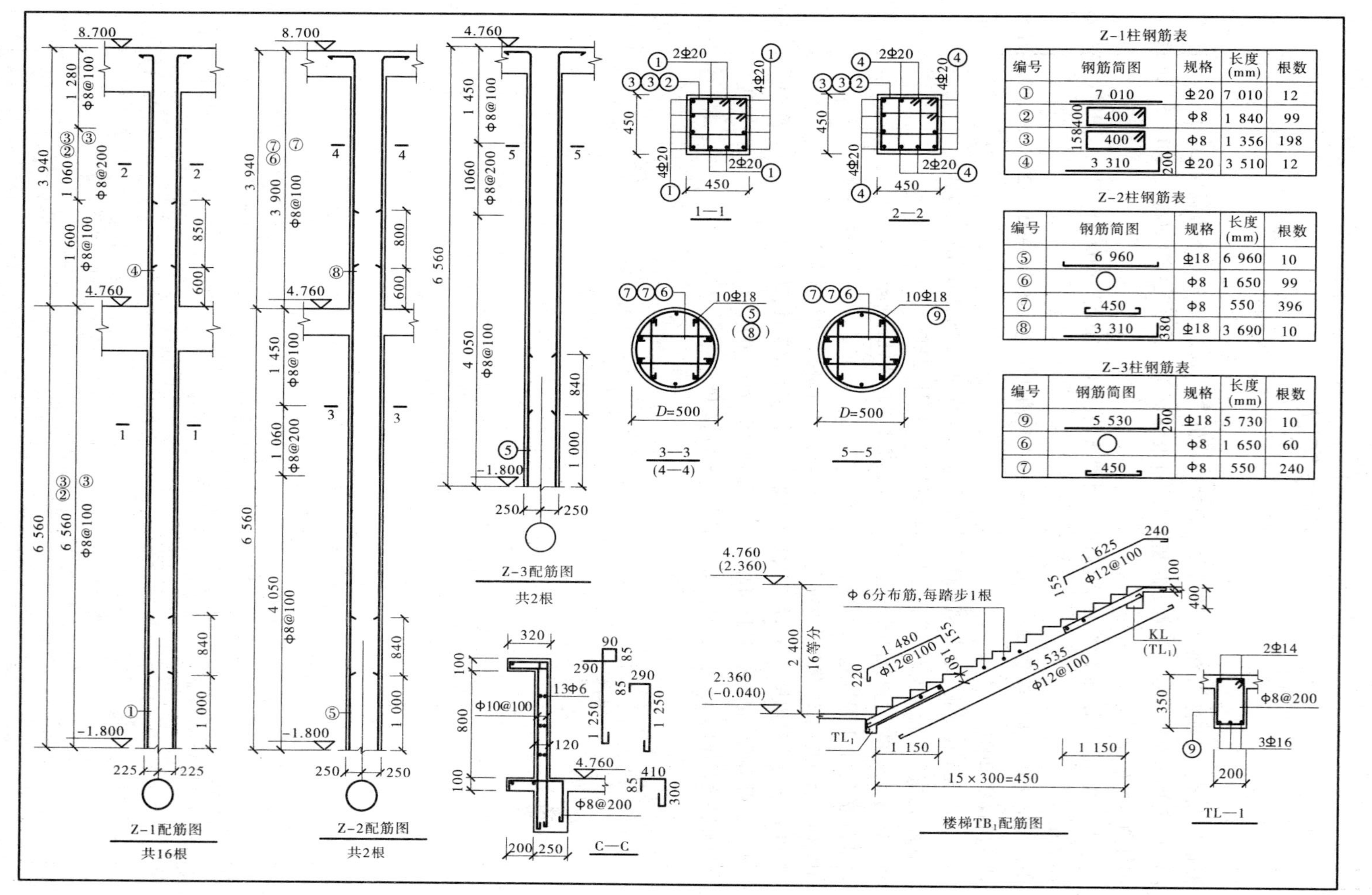

Z-1柱钢筋表

编号	钢筋简图	规格	长度(mm)	根数
①	7 010	Φ20	7 010	12
②	400 / 400	Φ8	1 840	99
③	158 / 400	Φ8	1 356	198
④	3 310 / 200	Φ20	3 510	12

Z-2柱钢筋表

编号	钢筋简图	规格	长度(mm)	根数
⑤	6 960	Φ18	6 960	10
⑥	○	Φ8	1 650	99
⑦	450	Φ8	550	396
⑧	3 310 / 380	Φ18	3 690	10

Z-3柱钢筋表

编号	钢筋简图	规格	长度(mm)	根数
⑨	5 530 / 200	Φ18	5 730	10
⑥	○	Φ8	1 650	60
⑦	450	Φ8	550	240

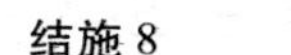
结施 8

参考文献

[1] 邵正荣,陈金良,刘连臣.建筑工程量清单计算与计价[M].郑州:黄河水利出版社,2010.
[2] 中华人民共和国住房和城乡建设部.建设工程工程量清单计价规范:GB 50500—2013[S].北京:中国计划出版社,2013.
[3] 中华人民共和国建设部.建筑工程建筑面积计算规范:GB/T 50353—2013[S].北京:中国计划出版社,2013.
[4] 中华人民共和国建设部.全国统一建筑装饰装修工程消耗量定额:GYD—901—2002[S].北京:中国计划出版社,2002.
[5] 王武齐.建筑工程专业工程量清单计价实用手册[M].北京:中国电力出版社,2006.
[6] 王朝霞.建筑工程计量与计价[M].北京:机械工业出版社,2007.
[7] 李宝英.建筑工程计量与计价[M].北京:中国建筑工业出版社,2006.
[8] 刘富勤,陈德方.工程量清单的编制与投标报价[M].北京:北京大学出版社,2006.
[9] 中国建设监理协会.建设工程投资控制[M].北京:知识产权出版社,2003.
[10] 刘伊生.建设工程招投标与合同管理[M].北京:机械工业出版社,2003.
[11] 刘钦.工程招投标与合同管理[M].北京:高等教育出版社,2003.
[12] 马楠.建设工程预算与报价[M].北京:科学出版社,2008.